国家出版基金项目
NATIONAL PUBLICATION FOUNDATION

中国果树科学与实践

板　栗

主　　编　沈广宁

副 主 编　田寿乐　曹　均

编　　委　(按姓氏笔画排序)

　　　　　王广鹏　孔德军　艾呈祥

　　　　　田寿乐　孙晓莉　孙瑞红

　　　　　沈广宁　曹　均　隗永青

　　　　　鲁周民

陕西新华出版传媒集团

陕西科学技术出版社

图书在版编目（CIP）数据

中国果树科学与实践．板栗/沈广宁主编．—西安：陕西科学技术出版社，2015.6

ISBN 978-7-5369-6451-8

Ⅰ．①中…　Ⅱ．①沈…　Ⅲ．①板栗—果树园艺　Ⅳ．①S66

中国版本图书馆 CIP 数据核字（2015）第 098624 号

中国果树科学与实践　板栗

出版者	陕西新华出版传媒集团　陕西科学技术出版社
	西安北大街 131 号　　邮编 710003
	电话（029）87211894　传真（029）87218236
	http：//www．snstp．com
发行者	陕西新华出版传媒集团　陕西科学技术出版社
	电话（029）87212206　87260001
印　刷	陕西思维印务有限公司
规　格	720mm×1000mm　16 开本
印　张	14.5
字　数	268 千字
版　次	2015 年 6 月第 1 版
	2015 年 6 月第 1 次印刷
书　号	ISBN 978-7-5369-6451-8
定　价	65.00 元

总　序

中国农耕文明发端很早，可追溯至远古 8 000 余年前的"大地湾"时代，华夏先祖在东方这块神奇的土地上，为人类文明的进步作出了伟大的贡献。同样，我国果树栽培历史也很悠久，在《诗经》中已有关于栽培果树和采集野生果的记载。我国地域辽阔，自然生态类型多样，果树种质资源极其丰富，果树种类多达 500 余种，是世界果树发源中心之一。不少世界主要果树，如桃、杏、枣、栗、梨等，都是原产于我国或由我国传至世界其他国家的。

我国果树的栽培虽有久远的历史，但果树生产真正地规模化、商业化发展还是始于新中国建立以后。尤其是改革开放以来，我国农业产业结构调整的步伐加快，果树产业迅猛发展，栽培面积和产量已位居世界第 1 位，在世界果树生产中占有举足轻重的地位。2012 年，我国果园面积增至约 1 134 万 hm^2，占世界果树总面积的 20％多；水果产量超过 1 亿 t，约占世界总产量的 18％。据估算，我国现有果园面积约占全国耕地面积的 8％，占全国森林覆盖面积的 13％以上，全国有近 1 亿人从事果树及其相关产业，年产值超过 2 500 亿元。果树产业良好的经济、社会效益和生态效益，在推动我国农村经济、社会发展和促进农民增收、生态文明建设中发挥着十分重要的作用。

我国虽是世界第 1 果品生产大国，但还不是果业强国，产业发展基础仍然比较薄弱，产业发展中的制约因素增多，产业结构内部矛盾日益突出。总体来看，我国果树产业发展正处在由"规模扩张型"向"质量效益型"转变的重要时期，产业升级任务艰巨。党的十八届三中全会为今后我国的农业和农村社会、经济的发展确定了明确的方向。在新的形势下，如何在确保粮食安全的前提下发展现代果业，促进果树产业持续健康发展，推动社会主义新农村建设是目前面临的重大课题。

科技进步是推动果树产业持续发展的核心要素之一。近几十年来，随着我国果树产业的不断发展壮大，果树科研工作的不断深入，产业技术水平有了明显的提升。但必须清醒地看到，我国果树产业总体技术水平与发达国家相比仍有不小的差距，技术上跟踪、模仿的多，自主创新的少。产业持续发展过程中凸显着各种现实问题，如区域布局优化与生产规模调控、劳动力成本上涨、产地环境保护、果品质量安全、生物灾害和自然灾害的预防与控制等，都需要我国果树科技工作者和产业管理者认真地去思考、研究。未来现代果树产业发展的新形势与新变化，对果树科学研究与产业技术创新提出了新的、更高的要求。要准确地把握产业技术的发展方向，就有必要对我国近几十年来在果树产业技术领域取得的成就、经验与教训进行系统的梳理、总结，着眼世界技术发展前沿，明确未来技术创新的重点与主要任务，这是我国果树科技工作者肩负的重要历史使命。

陕西科学技术出版社的杨波编审，多年来热心于果树科技类图书的编辑出版工作，在出版社领导的大力支持下，多次与中国工程院院士、山东农业大学束怀瑞教授就组织编写、出版一套总结、梳理我国果树产业技术的专著进行了交流、磋商，并委托束院士组织、召集我国果树领域近20余位知名专家于2011年10月下旬在山东泰安召开了专题研讨会，初步确定了本套书编写的总体思路、主要编写人员及工作方案。经多方征询意见，最终将本套书的书名定为《中国果树科学与实践》。

本套书涉及的树种较多，但各树种的研究、发展情况存在不同程度的差异，因此在编写上我们不特别强调完全统一，主张依据各自的特点确定编写内容。编写的总体思路是：以果树产业技术为主线和统领，结合各树种的特点，根据产业发展的关键环节和重要技术问题，梳理、确定若干主题，按照"总结过去、分析现状、着眼未来"的基本思路，有针对性地进行系统阐述，体现特色，突出重点，不必面面俱到。编写时，以应用性研究和应用基础性研究层面的重要成果和生产实践经验为主要论述内容，有论点、有论据，在对技术发展演变过程进行回顾总结的基础上，着重于对现在技术成就和经验教训的系统总结与提炼，借鉴、吸取国外先进经验，结合国情及生产实际，提出未来技术的发展趋势与展望。在编写过程中，力求理论联系实际，既体现学术价值，也兼顾实际生产应用价值，有解决问题的技术路线和方法，以期对未来技术发展有现实的指导意义。

本套书的读者群体主要为高校、科研单位和技术部门的专业技术人员，以及产业决策者、部门管理者、产业经营者等。在编写风格上，力求体现图文并茂、通俗易懂，增强可读性。引用的数据、资料力求准确、可靠，体现科学性和规范性。期望本套书能成为注重技术应用的学术性著作。

在本套书的总体思路策划和编写组织上，束怀瑞院士付出了大量的心血和智慧，在编写过程中提供了大量无私的帮助和指导，在此我们向束院士表示由衷的敬佩和真诚的感谢！

对我国果树产业技术的重要研究成果与实践经验进行较系统的回顾和总结，并理清未来技术发展的方向，是全体编写者的初衷和意愿。本套书参编人员较多，各位撰写者虽力求精益求精，但因水平有限，书中内容的疏漏、不足甚至错误在所难免，敬请读者不吝指教，多提宝贵意见。

编著者

2015 年 5 月

前　言

板栗（*Castanea mollissima*）属壳斗科栗属植物，原产我国，也称中国板栗。在世界经济栽培的栗属植物中的板栗、日本栗、欧洲栗和美洲栗 4 个种中，板栗的抗病性最强、坚果食用品质最优，以其良好的炒食品质而享誉海外，被誉为"东方珍珠"，是我国重要的传统出口果品。除在我国广泛栽培外，中国板栗也被美国、日本和欧洲等国引进，进行栽培或作为育种材料来改良本国栗的抗性与品质。

板栗是我国最早被采集食用和驯化栽培的果树之一。西安半坡村仰韶文化遗址发现的栗实遗留痕迹证明，早在 6 000 年以前板栗已被人类采集食用。《史记·货殖列传》中记载，"燕、秦千树栗……此其人皆与千户侯等"，证明板栗在春秋时期已具有很高的经济价值。虽然我国栽培板栗的历史悠久，但受诸多因素的影响，过去一直处于粗放管理状态。新中国成立后，随着农业生产的恢复以及对山区开发的需要，20 世纪 50～60 年代起，我国开始了系统的板栗研究工作。板栗树耐旱、耐瘠薄，兼具经济效益和生态价值，在效益推动和政策引导下，板栗生产得到了快速发展。70～80 年代全国板栗的总产量仅为 5 万～10 万 t，随着良种化生产的发展和栽培技术的提高，2000 年全国板栗的总产量突破 50 万 t。据《2013 年全国板栗产业调查报告》（中国林业出版社）统计，2012 年我国板栗的种植面积超过 180 万 hm²，覆盖全国 24 个省（市、自治区），总产量达 194.7 万 t，总产值为 207.2 亿元。板栗主要分布于条件恶劣的砂石山区和河滩谷地，在绿化美化荒山、涵养水源、水土保持和生态保护方面也发挥了重要的作用。

进入 21 世纪以后，板栗产量不断地跃升，但由于劳动力、生产资料等成本的增加以及贮藏加工等采后技术的发展相对滞后，出现了单位经济效益下降和滞销等问题。由于栗农的种植技术不能及时更新、栗园管理不当，导致大量果园郁闭，造成低产、低效。

在中国工程院院士、山东农业大学束怀瑞教授的大力支持下，陕西科学技术出版社策划了《中国果树科学与实践》这套书。我们组织了国内板栗产业技术领域多年从事板栗资源、育种、栽培、植保和采后研究的专家承担编写任务。按照全套书的总体要求，撰写人员在所从事的科研专长领域总结多年的科研与实践经验，以板栗产业技术为主线，按照"总结过去，分析现状，着眼未来"的基本思路，针对当前板栗产业中存在的主要问题，从科研、生产、生态和市场等多个角度，以应用性研究层面的发展成果和生产实践为主要论述内容，在对技术发展进步进行回顾总结的基础上，着重对近年来的技术成就进行归纳，并提出未来的发展趋势。

本书共 10 章。第一、二章由艾呈祥编写，第三、七章由田寿乐编写，第四、五章由我和孙晓莉编写，第六章由孔德军编写，第八章由孙瑞红编写，第九章由鲁周民编写，第十章由曹均、隗永青编写。王广鹏、孙岩为本书提供了部分板栗品种照片。

本书深入剖析了我国板栗产业的优势与制约因素，结合国外产业的现状与发展动向，理论联系实际，从技术沿革和生产实践的角度对板栗的科研与生产领域的各个方面展开论述与总结。全书力求突出重点、彰显特色，内容新颖、观点明确，在体现学术价值的同时兼顾生产实践和应用，以期为高校、科研单位的研究人员、技术推广部门的专业技术人员、产业决策者、管理者和生产经营者提供借鉴。

《中国果树科学与实践 板栗》是对我国板栗科学研究与产业发展进行系统总结的首次尝试，各位撰写者虽力求精益求精，但由于编著者的水平有限，书中难免有疏漏与错误之处，敬请专家、读者不吝指教，读后多提宝贵意见。

沈广宁

2015 年 2 月 20 日

目　录

第一章　栗属植物

栗属（Castanea）植物属壳斗科（Fagcese），目前主要有 7 个种，分布于北半球温带的广阔地域。其中分布在亚洲的有 4 个种：板栗（C. mollissima Bl.）、茅栗（C. sequinii Dode）和锥栗（C. henryi Rehd. & Wils.）是中国特有的 3 个种；日本栗（C. crenata Sieb. & Zucc.）分布在日本列岛和朝鲜半岛。美洲栗（C. dentata (Marsh.) Brokh.）和美洲榛果栗（C. pumila Mill.）2 个种分布在北美洲。欧洲大陆仅有欧洲栗（C. sativa Mill.）1 个种。

世界经济栽培的栗属植物主要为板栗、日本栗、欧洲栗和美洲栗（图 1-1）。美洲栗主要用作建筑用材，曾是北美东海岸的优势树种，后因 20 世纪 90 年代初栗疫病的侵入，现已濒临灭绝。另外，20 世纪 90 年代以来，中国浙江南部和福建北部地区有一定规模的大果型锥栗作为食用栗生产。

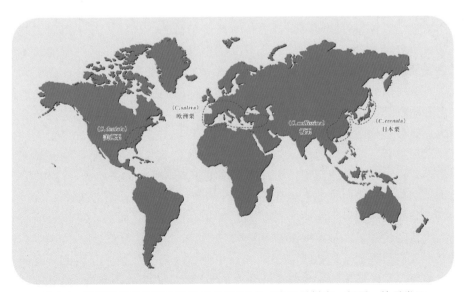

图 1-1　世界经济栽培栗的种类与分布（引自《中国果树志·板栗　榛子卷》）

第一节 栗属植物的起源与分布

几千年来，栗属植物作为食用、材用的原料，对亚洲、欧洲和北美洲的人类历史和繁衍起到过重要作用。在栗属植物的 7 个种中，板栗、欧洲栗、日本栗和锥栗主要以生产坚果为主，美洲栗以材用为主，也有相当数量的坚果生产。美洲栗因其树木材质好、高大挺拔且耐腐蚀，在 20 世纪之前曾为美国的主要建筑用材，在铁路建设、通讯设施以及家具制造业等领域被广泛采用。20 世纪 90 年代以来，在我国浙南、闽北一带锥栗发展较快。而茅栗和美洲榛果栗 2 个栗种尚未用作经济栽培。亚洲分布的 4 个种对栗疫病均具有一定的抗性，其中以板栗抗性最强，而欧美种对栗疫病无抗性。

板栗原产中国，是中国最早驯化利用的果树之一，以栽培面积广、产量高、品质佳而享誉海内外。在西安半坡村仰韶文化遗址中发现的大量栗坚果遗迹，证明早在 6 000 年前人类就开始食用板栗。在我国最早的民间诗歌《诗经》的《鄘风》《秦风》《郑风》《唐风》等多处提到板栗，证明汉代时板栗已经成为主要的经济栽培树种。

栗属植物是古老树种，有关其起源及遗传多样性中心的问题，一直是研究的热点之一。虽然多数学者认为栗属植物起源于中国大陆，但长期以来缺乏直接的科学证据，而且中国特有的栗属中的 3 个种究竟哪一个是原生起源种也尚待研究。

欧洲学者首先对欧洲栗居群遗传学开展了研究。Villani 等采用同工酶系统研究了分布于意大利、法国和土耳其的欧洲栗野生居群、同类群的遗传多样性及居群间的遗传距离。研究发现，土耳其同类群的遗传多样性显著大于意大利和法国的同类群，并且发现土耳其西部的欧洲栗同类群与意大利的同类群在居群分子遗传基础上比较一致，而且土耳其东部同类群的遗传杂合度较大。这种等位酶分子居群遗传学结果也与 Zohary 和 Hopf 的古孢粉学的研究结果相吻合。综合等位酶居群遗传学和古孢粉学的研究结果，欧洲学者得出的结论是：在武木冰川期，土耳其东部是欧洲栗唯一的避难地；冰川期后，欧洲栗初始由东向西扩散至土耳其西部，该期（从 4 万年前至公元前 1 500 年）的特点是长距离缓慢地居群自然扩散。其后，由土耳其西部主要经人为引种等人类活动扩散至古小亚细亚和希腊（从公元前 1 500 年至公元前 200 年），以后又经人们引种栽培扩散至意大利和地中海盆地的其他国家。由此，欧洲学者首先明确了欧洲栗的次生起源地和遗传多样性中心为东土耳其。

我国研究者黄宏文等研究了中国板栗 4 个品种群（华北、长江流域、东南、西南)的人工居群及茅栗、美洲栗自然居群的等位酶遗传多样性，并且与欧洲栗的研究结果比较，发现中国板栗具有的遗传多样性显著高于茅栗、美洲栗和欧洲栗。艾呈祥等以中国6大板栗品种群(华北、长江流域、西南、东南、西北与东北)和日本栗为试材，研究后发现：山东、江苏的中国板栗品种群具有较高的遗传多样性，中国板栗的遗传多样性水平高于日本栗。黄宏文等提出了世界栗属物种起源以中国板栗为原生种，以中国大陆为栗属植物遗传多样性中心，向西迁移形成欧洲栗的栗属系统进化的假说。艾呈祥等对陕西的宝鸡、略阳、勉县、汉中，甘肃的天水、两当、成县、康县、徽县，以及四川广元一带的秦巴山区野生板栗资源进行了系统的生物学调查，利用AFLP技术研究发现，甘肃徽县的居群遗传多样性最高。很显然，在世界栗属物种分布的丰富度、野生栗资源的蕴藏量以及遗传多样性方面，中国栗属种在世界栗属资源中占有很重要的地位。

目前多数研究者认为中国大陆是栗属植物的多样性中心，尽管这种认识尚缺少充足的证据。分布于中国大陆的3个栗属种，即中国板栗、茅栗、锥栗，不仅对世界栗属植物的起源、系统进化有着重要的作用，而且对世界栗属资源保护和可持续利用的战略决策有着决定性的作用。特别是分布于华中地区、神农架—三峡一带的中国栗属种的居群具有很高的遗传杂合度，居群的遗传变异幅度大，居群结构复杂，遗传基础极为丰富，是世界现有栗属植物遗传资源的宝库。深入研究中国栗属种质的资源现状，制定完善的资源保护及可持续利用的策略，将对我国丰富的栗属资源的开发具有重要的意义。

第二节　栗属植物的利用

一、栗属植物的栽培价值

栗树耐旱、耐瘠薄能力较强，栽培管理比较简便，作为先锋树种开发改造荒山、丘陵山地，能以一村一乡，甚至一个县的规模进行大规模栽培，受益面可广及每个农户。我国虽然地域广袤，但山区面积占国土总面积的2/3以上，且水资源不足的矛盾日益突出，栽培栗树既可以开发干旱瘠薄的砂石山区，又可以发展山区经济，具有重要的现实意义，因此，栗树产业在国民经济中占有相当重要的地位。

栗坚果含有丰富的淀粉和糖(淀粉和糖占栗果干物质的80%以上)，可以为人类提供所需的能量，是重要的木本粮食，素有"铁杆庄稼"和"树上粮仓"的美称，同时又是人们生活中喜爱的保健珍果。

栗果营养丰富，不仅含有丰富的淀粉和糖，还含有蛋白质、粗纤维、胡萝卜素、多种维生素、氨基酸以及钙、磷、钾等矿物质（表1-1），可供人体吸收和利用的养分高达98%，素有"干果之王"的美誉，在国外被赞誉为"人参果"。李时珍称它"熟者可食，干者可补；丰俭可以济时，疾苦可以备药，辅助粮食，以养民生"。

表 1-1　栗果实一般营养成分（可食部分）

品种	总糖/%	淀粉/%	蛋白质/%	脂肪/%	维生素C/(mg/100g)	氮/%	磷/(mg/100g)	钾/(mg/100g)	钙/(mg/100g)	镁/(mg/100g)
薄壳	9.1	29.36	7.26	4.76	35.46	1.37	262.90	893.75	129.35	145.90
红光	8.0	27.86	7.72	5.08	33.46	1.46	320.15	894.00	117.40	194.75
红栗	8.6	24.70	8.03	3.50	32.40	1.52	337.65	968.75	216.10	101.55
无花栗	10.2	23.33	10.28	4.55	37.47	1.94	384.45	987.50	143.30	208.50
徐家1号	12.9	29.70	8.90		47.90	1.68	240.20	675.00	207.10	111.80
郯城3号	10.7	33.7	7.26		41.00	1.37	218.30	512.50	121.40	135.30
燕山红	11.3	33.00	9.11		29.60	1.72	266.30	725.00	271.40	105.90
杂交35号	9.6	32.00	7.95		42.20	1.50	205.20	625.00	178.60	164.70
杂交119号	16.1	32.30	8.27		58.10	1.56	205.20	462.50	164.30	135.30

注：维生素C为还原型。引自《果树营养成分测定法》。

在适宜板栗种植的山区，大力发展板栗产业，变资源优势为产业优势，是山区脱贫、致富，进而实现小康、建设社会主义新农村的重要措施之一。在我国板栗主产区自古以来就有栗粮间作的传统，曾建造了很多面积达数千公顷，甚至数万公顷的大面积间作栗园。20世纪90年代以前，全国栗粮间作面积约占板栗种植总面积的50%左右，栗粮间作在立体农业经营模式中占有很高的地位。在间作方式下，发展板栗生产可以改善和保护生态环境。板栗作为重要的经济林树种，不仅为人类提供了食物、木材、药材和多种工业原料，还具有涵养水分、防止水土流失、维持生物多样性等多种生态保护功能。

二、栗属植物商业化栽培利用的现状

人类利用栗属植物已有几千年的历史，栗果实曾是亚洲、欧洲、北美前农业社会人们的主要采集食物。以现有考古资料考证，中国利用栗属植物的历史最长，西安半坡村遗址发掘出的大量栗果实的证据，使我国利用栗属植物的历史可追溯到 6 000 年以前。对栗属植物进行选育和繁殖，在亚洲和欧洲也有 2 000～3 000 年的历史。

我国对栗属植物的利用主要为板栗，其栽培品种也最为丰富，约有 300～400 个品种，但用于商品化栽培的品种仅有 50～100 个，按品种的主要园艺性状和地域分布可划分为东北、华北、长江流域、西北、西南及东南 6 个品种群。我国丰富的地方栽培品种为商业化主栽品种的进一步改良提供了丰富的遗传多样性的资源基础。在欧洲（根据各主要生产国发表的品种选育报道），西班牙有栽培品种、品系 149 个，瑞士有 45 个，意大利和法国的品种比较少，主要栽培品种各为 20 个左右，特别是在意大利，80％以上的商业化栽培品种为玛隆栗（Marroni）。在亚洲，除了中国大陆具有丰富的板栗栽培品种外，分布于东亚的日本和朝鲜半岛的日本栗，通过人们的长期栽培选育有 10 余个栽培品种。位于西亚的土耳其是欧洲栗的原始分布中心和最大的欧洲栗生产国，栽培品种至少在 120 个以上。在北美洲，美洲栗的主要用途是用材，用作经济栽培的食用栗主要为欧日杂种栗和少量的中国板栗，目前作为经济栽培的主要是大果栗，以内华达和银叶为授粉品种，3 者均为欧日栗杂交种。

欧洲栗、日本栗及欧日杂种栗栽培国对品种改良的选育工作，除高产、优质等常规选育种目标外，选育的重点集中在 4 个方面：一是提高单粒重，每千克籽数少于 48 粒；二是提早成熟，使成熟期在欧洲南部提早到 8 月下旬至 9 月上旬；三是提高品质，因欧洲栗和日本栗内种皮与种仁粘连不易剥离，且种皮味涩，选育种皮易剥离品种是提高加工产品质量的主要途径之一，而以中国板栗为杂交亲本可显著提高日本栗的内种皮易剥性；四是提高对栗疫病、墨水病、栗瘿蜂及栗食象等病虫害的抗性。

三、为挽救美洲栗的抗栗疫病育种研究

因引入一种病害而毁坏一个完整的优势植物种的例子有很多，最具代表性的例子就是美洲栗因栗疫病的传入被毁，植物引种史上的这一教训引起了世界各国植物学家的重视。美洲栗原始分布于美国东部阿巴拉契亚山脉，北至缅因州，南至佐治亚州、阿拉巴马州和密西西比州，西至密歇根州，加拿

大的安大略省亦有分布。1904 年夏季，护林员赫尔曼·W·默克尔于纽约 Bronx 动物园发现了栗疫病。此后 40 年，该病席卷美国东部所有天然栗树林，至 1950 年，栗疫病几乎完全毁灭了美洲栗，估计约 20 亿～40 亿株树被毁。

近 1 个世纪以来，美国的植物学家为挽救美洲栗进行了不懈的努力。美国农业部实施"美洲栗抗栗疫病育种计划"项目曾于 1912—1917 年和 1922—1938 年两次从中国大规模引种板栗，1910—1950 年用中国板栗与美洲栗为亲本进行了大量组合的杂交育种工作，并开展了栗疫病基因的遗传学研究。然而，由于对栗疫病抗性的遗传基础缺乏认识，由此产生了一些误解：一是美洲栗直立高大的生长特性与栗疫病感性成连锁遗传，中国板栗矮小树型与栗疫病抗性相连锁；二是栗疫病抗性可能受多基因控制；三是栗疫病抗性基因可能为隐性。基于以上认识，美国育种家在育种途径上仅局限于尽可能多地用中国板栗与美洲栗杂交，并大量筛选 F_1 代和少量的回交于中国板栗，希望从中得到既抗疫病又具有直立高大树形的美洲栗。很显然，如此育种并未获得成功。美国农业部被迫于 1960 年放弃了为挽救美洲栗而进行的抗栗疫病育种计划，以后挽救美洲栗的工作一度陷于低谷。

至 20 世纪 80 年代初，Burnham 等严格评价了美国从 20 世纪初以来在抗栗疫病育种上的全部工作，提出了采用回交育种方法来再造美洲栗，使其重返大自然的育种计划。其基本方案为：选择最具有抗性的中国板栗与现有残存的美洲栗杂交，获得至少具有部分抗性的 F_1 代，并对 F_1 代群体进行筛选，得到抗性最强的植株作为回交亲本；F_1 植株与美洲栗回交，并筛选出抗性强、生长及树形与美洲栗最相似的 BC_1 植株用作 BC_2 亲本；继续回交至 BC_3 和 BC_4。从理论上 BC_4 应具有 93％的美洲栗血统和美洲栗的各种特性。Burnham 的新育种方案主要是基于 2 个理论上的假设：一是中国板栗具有抗疫病基因并且至少呈部分显性；二是栗疫病抗性是受 2 个基因控制的质量性状。最近 Kubisiak 等在采用中美栗杂交 F_1 代作栗属基因连锁图时，初步证实了 Burnham 的理论假设。至 1996 年 Burnham 的再造美洲栗新计划已进入回交 BC_3 代阶段，取得了显著成果。然而，采用回交育种方法再造一个完整的、广域分布的植物种史无前例，涉及植物居群遗传学、生态学方面的诸多问题还有待解决。

黄宏文等针对栗疫病对美洲栗的为害只毁坏树体地上部分而不毁坏地下根系部分，且根系具有较强的再生能力，至今仍有大量残存的根蘖植株的现状，提出应首先对美洲栗现存居群进行遗传学研究，以评价美洲栗居群的遗传基础及与生存适应有关的遗传性状。依据对南起阿拉巴马州、北至纽约州的 13 个美洲栗自然居群的分子居群遗传多样性的评价，提出了美洲栗毁灭的居群遗传学原因和再造美洲栗回交育种中轮回回交亲本选择的依据。

综上所述，不难看出再造美洲栗，使其重返大自然的育种基础是采用中国板栗的抗疫病基因，能否成功挽救美洲栗的重要环节之一是选择出最具抗栗疫病的中国板栗，并成功地用于再造美洲栗的回交育种计划中。

参 考 文 献

[1] 艾呈祥，沈广宁，张凯，等. 秦巴山区野板栗居群遗传多样性 AFLP 分析 [J]. 植物遗传资源学报，2011，12(3)：408-412.

[2] 艾呈祥，张力思，魏海蓉，等. 部分板栗品种遗传多样性的 AFLP 分析 [J]. 园艺学报，2008，35(5)：747-752.

[3] 暴朝霞，黄宏文. 板栗主栽品种的遗传多样性及其亲缘关系分析 [J]. 园艺学报，2002，29(1)：13-19.

[4] 黄宏文. 从世界栗属植物研究现状看中国栗属资源保护的重要性 [J]. 武汉植物学研究，1998，16(2)：171-176.

[5] 柳鎏，蔡剑华，张宇和. 板栗 [M]. 北京：科学出版社，1988.

[6] 沈永宝，施季森，林同龙. 福建建瓯茅栗遗传多样性分析 [J]. 东北林业大学学报，2004，34(4)：445-46.

[7] 张宇和，柳鎏，梁维坚，等. 中国果树志·板栗 榛子卷 [M]. 北京：中国林业出版社，2005.

[8] 张宇和，王福堂，高新一. 板栗 [M]. 北京：中国林业出版社，1987.

[9] 周而勋，王克荣，陆家云. 中国东部 11 省(市)栗疫病的发生条件 [J]. 南京农业大学学报，1993，16(3)：44-49.

[10] Griffin G J, Elkins J R. Chestnut blight [M] //Roane M K, Griffin G J, Elkins JR. eds. Chestnut blight, Other *Endothia* Diseases, and the Genus *Endothia*. St. Paul, Minnesota：APS Press，1986：1-26.

[11] Villani F, Pigliucci, Benedettelli S. Genetic differentiation among Turkish chestnut (*Castanea sativa* Mill.)populations [J]. Heredity，1991，86：131-136.

[12] Zohary D, Hopf M. Domestication of Plants in the Old World [M]. Oxford：Clarendon Press，1988.

[13] Burnham C R. Breeding for chestnut blight resistance [J]. Nutshell，1982(35)：8-9.

[14] Kubisiak T L, Hebard F V, Nelson CD. Mapping resistance to blight in an interspeific cross in the genus *Castanea* using morphological, isozyme, RFLP, and RAPD markers [J]. Phytopathology，1997(87)：751-759.

第二章　中国板栗产业发展

中国是栗属资源大国，也是世界栗属植物分布最为广泛的区域，主要分布有板栗、锥栗和茅栗3个种，其中板栗的分布范围最广、种类最多，具有丰富的遗传多样性，为栗资源的遗传改良和新品种的选育提供了物质基础。板栗的优良特性和食用价值，很早就得到了人类的利用，从野生到品种化栽植的漫长过程中，一批优异种质被发掘并保存下来。但长期以来受各种因素的影响，中国板栗一直处于实生繁殖的状态，真正的良种化栽培兴起于20世纪60～70年代，伴随着全国板栗种质资源的普查同期展开。1977年，原江苏植物研究所根据坚果主要性状并结合产地，将全国板栗划分为6个品种群，奠定了目前板栗资源划分的标准。进入80年代以后，各产区板栗品种不断涌现，为我国板栗生产提供了充裕的资源。目前商业化栽培主导板栗生产，良种化栽培已是大势所趋，但同时，也存在品种混乱、品种结构不合理、非宜栽资源的遗失甚至绝迹、野生资源日益消萎等一系列问题，这些问题将严重影响板栗产业的可持续发展。回顾我国板栗生产几十年的经验和教训，即不能以牺牲栗属资源的多样性来换取板栗生产的阶段性繁荣，也不能因对栗属资源的过度保护而对板栗生产造成阻碍。因此，协调板栗的资源保护与开发利用，将是我国板栗良种化过程中必须解决的问题。

第一节　中国栗属植物的分布与利用

一、中国栗属植物的分布

栗属(*Castanea*)植物世界上有7个种，而在中国大陆分布的原生种有3个，板栗(*C. mollissima* Bl.)、茅栗(*C. seguinii* Dode)和锥栗(*C. henryi* Rehd. et Wils.）。除了在分类学上我国分布的栗属植物已正式命名的 3 个种外，在我国秦岭以南从汉水到长江中下游沿岸丘陵山区，还自然分布有 1 个野生种，称之为野板栗（C. mollissima spp.）。图 2-1 是中国栗属种分布图。另外，在我国辽宁丹东地区分布的丹东栗，其起源还有待考证，其基本形态特征与日本栗相似，目前与朝鲜栗归属于日本栗。

图例
Ⅰ　1
Ⅱ　1，2
Ⅲ　1，2，3
Ⅳ　1，2，3，4
1. 板栗　2. 茅栗
3. 锥栗　4. 野板栗

图 2-1　中国栗属种分布（引自《中国果树志·板栗　榛子卷》）

在我国分布的栗属植物的特点如下：

1. 板栗

板栗是中国栽培最早的果树树种之一，已有 2 000～3 000 年的栽培历史。在我国的栗属植物中，板栗的栽培面积最大，是我国食用栗的主要来源。我国板栗资源丰富，分布区域广阔，遍布吉林、辽宁、河北、北京、天津、山东、河南、安徽、江苏、浙江、福建、广东、台湾、广西、江西、湖南、湖北、四川、重庆、贵州、云南、陕西、甘肃及山西的局部地区共 24 个省（自治区、直辖市）。据不完全统计，全国现有各类栗属资源 400 份左右，其中国家板栗种质资源圃收集的有 320 余份，用于商业化栽培的有 50～100 个品种。2000 年，通过在全国范围内的调查，国家林业局先后将 20 余个县(市)命名为板栗之乡，如河北迁西、北京怀柔、山东费县、安徽金寨、湖北罗田、陕西镇安、河南新县等。

板栗叶披针形或长圆形，叶缘有锯齿。花单性，雌雄同株，雄花为葇荑花序。成熟后栗苞裂开，坚果脱落。坚果紫褐色，被黄褐色茸毛，或近光滑，果肉乳白至淡黄色，涩皮易剥离；坚果的可食部分为肥大的子叶，内含糖、淀粉、蛋白质、脂肪及多种维生素、矿物质。根系发达，有菌根共生。耐旱、耐瘠薄，宜于砂石山地和河滩谷地栽培，适合偏酸性土壤。木材致密坚硬、耐湿。枝条、树皮和总苞含单宁，可提取栲胶。

中国的板栗品种大致可分为北方栗和南方栗 2 大类：北方栗坚果较小，果肉糯性，含糖量高，涩皮易剥离，适于炒食；南方栗坚果较大，果肉偏粳性，含水量高，含糖量较低，适宜菜用。另外，在长江中下游及秦岭山区分布有野板栗，与板栗的叶片、花器和果实构造等的特征相同，植株矮小，为小乔木，高 2～5 m，坚果小，仅为 1～2 g，1 年中可连续 2～3 次连续开花结果，早果性强，又因性状与茅栗相似，二者常被混淆。

2. 锥栗

锥栗俗称榛子，分布在秦岭以南广大亚热带丘陵山区，包括甘肃、陕西、江苏、安徽、浙江、福建、台湾、江西、湖南、湖北、四川、贵州、云南、广东、广西等地。垂直分布于海拔高度为 500～2 000 m 的低山丘陵及山区，自然分布频率呈自南向北、自东向西逐渐减少的规律。在长江流域各地至南岭以北多用于造林，经济栽培区仅在浙江南部至福建北部一带，这里的锥栗为大果型锥栗。这一地带是锥栗的集中产区，如福建北部超过了 6 667 hm²（10 万亩），其中建瓯栽培面积占福建省栽培面积的 80% 以上。

锥栗为落叶乔木，树体高大，主干通直。叶互生，卵状披针形，长 8～17 cm，宽 2～5 cm，顶端长且渐尖，基部楔形至近圆形，叶缘锯齿具芒尖。雌雄花通常异序，雄花序生于小枝下部叶腋，雌花 1 朵，生于总苞内，数个总苞集合成序生于小枝上部叶腋。总苞球形，带刺，直径为 2～3.5 cm，总苞内着生的坚果仅 1 粒，卵圆形，顶端尖。种子含有淀粉、糖和蛋白质，味甜，生食和熟食风味俱佳。材质坚实，耐水湿，可用于枕木、家具、造船等。

在浙江兰溪和福建建瓯、政和等地已选育出一批优良品种用于栽培，如白露仔、麦塞仔、嫁接毛榛、乌壳长盲、黄榛、油榛、薄壳仔、大尖嘴榛、小尖嘴榛等。性喜温暖湿润环境，不耐高温干旱气候，自然分布区内的气候属亚热带至北亚热带。适宜的年平均气温为 16～21℃，年降水量为 1 000～

1 500 mm，年日照时间为 1 300～1 900 h，适宜的土壤多为 pH 值在 5 左右的红壤或黄壤。

3. 茅栗

茅栗分布于秦岭、大别山南端和长江中下游一线以南的广大丘陵山区，包括甘肃、陕西、河南、江苏、安徽、浙江、福建、台湾、江西、湖南、湖北、四川、贵州、云南、广东、广西等地，尤以中国西南及南部分布最多。其垂直分布于海拔 500～1 000 m 之间，与锥栗及板栗的分布有 1 个明显的界面。该栗种为野生种，很少有人工林存在，因坚果商品价值不大且难以做板栗砧木，故在分布区内仅作为薪炭林，呈次生林野生分布于山地丘陵。

茅栗为落叶小乔木或灌木，高 3～5 m。小枝灰色，有短茸毛。叶片为长椭圆形或椭圆状倒卵形，背面有鳞片状腺毛。雄花序直立，着生在新梢上部两性花序的基部。雌花 3 朵、聚生在总苞内，有连续开花习性，1 年开 2～3 次。总苞近椭圆形，通常含坚果 3 粒。坚果小，褐色，被茸毛，单粒重 1 g 左右，商品性不高。木材坚硬耐用，可制作农具和家具。

4. 野板栗

野板栗自然分布范围比板栗、茅栗和锥栗狭窄。以往的调查资料显示，其分布范围仅见于秦岭至长江中下游的陕西的宝鸡，甘肃的天水、康县，湖北，安徽和江苏南部，以及浙江西北部的低山丘陵，在重庆巫山、万州和四川广元等大巴山区也有发现。

野板栗与板栗极为相似，主要区别为：小乔木，高 2～5 m，1 年中有 2～3 次开花结果；坚果小，仅重 1～2 g，外果皮无光泽；实生苗进入结果期早，通常播种当年便可开花，第 2 年大量进入结果期；物候期也比板栗早；类型多，其中有坚果较大的类型，但不超过 5 g。野板栗坚果可供食用，但因果小食用价值低，很少做经济栽培，但可用作板栗砧木。长江中下游山区的群众在冬季首先进行樵山开园，选定适宜作砧木的野板栗植株，砍去周围杂树后就地嫁接建园。也有的将野板栗移栽到板栗园中再行嫁接。但野板栗砧是否有矮化作用，还有待于证实。野板栗与板栗间有性杂交亲和力高，杂种后代表现早稔性和早熟性，而且有的杂种实生树具有野板栗父本的 2～3 次结果习性。原江苏省植物研究所以野板栗为父本，与板栗品种"旱庄"和"九家种"杂交，杂种 1 代 2 年生苗结果株率分别达到 56％和 31％，均比同龄实生苗高20％以上。杂种坚果的大小变异幅度大，多为中间型，但也有接近母本的。

5. 日本栗

日本栗原产日本，在日本丰川、德川时代以前已有栽培，但直到大正年代后作为果树栽培才得到迅速发展。现在约有 100 个以上的品种资源，过去几乎全部来自偶然实生的选择，直到 20 世纪中期才有经人工杂交培育出的新品种，如古老的农家品种银寄，与中国栗杂交的杂种利平，50 年代育成的筑波等。90 年代后期，日本栗在我国辽宁丹东，山东文登、荣成及日照的东港区、岚山区，江苏新沂、邳州等地开始规模化发展，在加工企业的带动下，现已有规模化的经济栽培。

日本栗为小乔木，高可达 17 m，间或有大乔木类型。叶椭圆状披针形，先端锐尖，基部钝形或浅心脏形。叶缘有芒状锯齿，长 10～20 cm，叶表面脉上分布有短柔毛，背面有鳞片状腺点。总苞大，苞刺细长，坚果卵圆至扁圆形，宽 2.5 cm 以上，有尖顶，底座大，涩皮与果肉不易分离，果皮颜色红棕色，不如板栗的颜色深；炒食品质差，主要用于加工。花期为 5～6 月，果实 10 月成熟。日本栗与板栗在形态上的主要区别是：日本栗幼枝很快变得光滑无毛，叶片较狭长，叶缘密生针芒状锯齿，果形一般较大，坚果底座（脐点）大，几乎占坚果基部的全部，内种皮（涩皮）与果肉不易剥离等。

二、中国栗属植物资源的保护与利用

1. 栗属植物资源现状

板栗是高度杂合性树种，遗传多样性极其丰富。1991—1992 年，柳鎏等通过对云南 14 个地区（州）72 个县板栗产区的调查与种质的收集、观察和测定，发现云南板栗种质多样性十分丰富，并从生物学和生态地理学上分析了该省板栗多样性形成的基础。郎萍对我国西南地区云南、贵州、广西、湖南 4 省的栗属 3 个种的资源进行了调查，发现上述地区资源流失严重，利用率低，栗属野生资源和板栗品种资源都遭到了一定程度的破坏，对野生资源的利用仅限于捡果、作薪材。武汉市林业果树研究所的杨剑在实地调查及引种观察的基础上，对湖北 12 个主要地方板栗品种的经济性状进行了比较，并对湖北境内的野生板栗、茅栗、锥栗的特性及利用价值进行了评价，首次报道了 1 种适合于嫁接栽培板栗的茅栗居群。肖正东等在对安徽板栗产区调查的基础上，较全面地整理出了安徽大别山区 33 个板栗品种，其中有 13 个优良品种，如蜜蜂球、叶里藏、粘底板、二水早等，以及 12 个比较优良的品种和 8 个劣质品种。苏淑钗等以 19 个品种为样本，从物候期、生长结果习性和果实品质等主要性状方面，对华北品种群进行了评价。

纵观板栗资源的普查评价工作，在经历了 20 世纪 50～70 年代的全国板栗普查后，至今仍缺乏全国板栗资源的完整资料，现阶段主要的工作也局限于在以前基础上进行的居群多样性研究及品种评价。毋庸置疑，在经历了 30～40 年的大规模、有步骤的综合开发后，我国板栗生产在栽培面积、管理水平、品种化程度等主要方面都取得了明显的进步，但随着这种开发进程的不断深入，一些深层次的问题逐渐暴露，如在追求良种化的同时，人为地造成了其他栗属资源的毁坏甚至消失。我国南方部分栗产区无规划地直接用野生栗嫁接板栗品种，短期内虽提高了经济效益，但从长远看不仅造成对原生态的严重破坏，也不利于板栗产业的可持续发展。

2. 中国栗属资源的保护

中国栗属资源的保护对世界栗属资源的保护及可持续利用具有关键性的作用。为了更有效地保护中国栗属资源，首先要对现存资源进行全面调查，然后应从遗传学、分类学角度研究我国栗属植物的居群结构、分布特点及遗传多样性的区域差异，以制定针对今后我国栗属资源保护及可持续利用的策略。在目前尚未得到一致研究结果的情况下，我们首先应采取必要的措施来保护资源，避免以往在资源利用上的盲目性，防止我国宝贵的栗属资源在未得到充分发掘研究之前被破坏。

(1)停止以牺牲野生资源为代价的野生栗改造

为了提高经济效益，过去采用少数几个栽培品种大量地进行高接换种，变野生栗林为人工栽培林。一是盲目采用板栗高接改换野生茅栗，其结果是造成了大量的野生茅栗林被毁坏；再者是大规模地对野板栗进行"野改家"嫁接，其后果是在毁坏了大量野生资源的同时其得到的经济效益却不大。据黄武刚报道，大别山区因板栗品种化栽培较早，以及近些年林业资源的大规模开发，野生板栗资源大量消失，目前已经很难见到成片的野生板栗林，其基因丰富度明显不及秦岭地区。

(2)加强对茅栗的保护和正确利用

茅栗具有早实、丰产、1年多次结果等优良性状，是中国板栗等其他食用栗品种改良的优良亲本，在育种中可重点加以利用。当前需尽快选育一批适用于食品加工产业的茅栗品种，以满足加工的需求。杜绝"茅栗接板栗"的错误做法，南方栗产区茅栗嫁接板栗的传统由来已久，但各产区民间所称的茅栗，往往包括2个不同的种，一种是真正的茅栗，另一种是野板栗。有些地方对实生板栗也叫"毛栗"，"茅"和"毛"同音，"茅""野""毛"不分，加重了混乱状况。实际上，在生产中茅栗嫁接板栗亲和性差，成活率低，如分布在江西庐山、湖南邵阳、广西百色等地区的茅栗。

(3)保持种质资源的遗传多样性，避免大面积地嫁接单一品种

不经观察与选择地大面积高接换种必将造成种质的严重流失，同时还将引起基因匮乏、种性退化。据迁西、遵化的果农反映，由于长期沿用当地主栽品种"早丰"，新近发展的栗园已不同程度地出现了种性退化的现象，如品质下降、抗病性降低等。近年来，日本商人在我国沿海地区积极发展日本栗原料基地，这虽然带动了当地栗产业的发展，却也隐藏着令人担忧的问题。

早在 20 世纪 50 年代，日本的研究已发现日本栗涩皮不易剥离的性状具有花粉直感现象，后来 Tanak 的研究进一步证明了这一点。因此，对于在板栗产区建立日本栗生产基地，如果缺乏正确的认识和足够的应对措施，板栗的品质下降甚至出现种性退化现象将是大概率事件。

3. 建立种质资源圃，广泛收集、保存栗属种质资源

当今世界正面临着种质资源流失的危机。随着板栗生产良种化的推广，一些产区将会利用现有实生树嫁接优良品种，以致一些尚未被发掘的优良种质或具有育种价值的遗传基因将会随之流失。城镇建设、工厂建设以及交通水利等设施的发展也会危及板栗资源的保存。

世界各国均把种质作为产业发展的一种战略性资源，高度重视种质的收集、保存和利用研究，纷纷建立资源圃，从世界各地收集资源，进行种质研究和创新利用。和其他植物种质保存一样，建立板栗种质资源圃收集和保存种质，对未来板栗的生产和科研具有深远的战略意义。目前美国保存的栗属资源有 397 份，中国为 364 份，其次为日本 158 份、韩国 99 份、土耳其 28 份。随着分子生物学的发展，美国、日本、意大利、土耳其等国已将同工酶、RAPD、ISSR、SSR 和 AFLP 标记等技术应用于板栗遗传图谱的构建、基因定位、亲缘关系分析和品种鉴定等领域。目前，我国已开展了 DNA 分子标记构建板栗核心种质及富集板栗微卫星基因组文库、微卫星标记大规模提取等的技术研究。在板栗育种理论及技术研究方面，我国均以板栗资源收集和整理为基础，以资源评价为核心开展了相关的研究，由此奠定了种质资源在产业发展中的基础地位。

4. 规范板栗品种及其应用，系统开展新品种的育种工作

我国虽有 300～400 个已命名的地方栽培品种，但许多优良种质还有待发掘利用，如无花栗、无刺栗、矮生栗等尚无研究利用的报道。因目前栽培的品种同名异物、同物异名的现象广泛存在，品种混杂、品质不一致等问题已在很大程度上阻碍了我国栗产品走向世界。利用现代分子生物学技术如同工酶、RAPD 和 SSR 等进行品种鉴别，并发掘地方良种，将是我国食用栗品种走向标准化、产业化的重要途径，也将提高我国食用栗产品在世界市场上的地位。

我国虽然拥有许多栽培品种，并且野生资源丰富，但大多数品种栽培存在地方局限性，并且品质良莠不齐，难以适应大规模产业化生产的要求。现阶段，我国对板栗品种的改良主要是通过对现有实生栽培林的选择，系统地、有目的利用杂交育种等途径进行品种改良，已选育出部分品种在生产中应用。欧、美等国通过杂交育种进行品种改良已经有几十年的历史。法国利用抗性较强的日本栗和板栗与欧洲栗杂交，获得了抗性种

间杂种，其中有的已在生产上推广。美国培育大果型的抗病品种，获得了巨栗品种。日本致力于培育抗栗瘿蜂和涩皮容易剥离的品种，已经推出几个品种。我国具有得天独厚的资源优势，采用杂交等多种育种方法对现有品种进行改良，将为我国栗产业的可持续发展发挥强有力的技术支撑作用。

第二节　中国板栗栽培的历史与发展

一、板栗的栽培历史

板栗原产中国，也是我国驯化利用最早的果树之一。据考证，从山东临朐山旺发掘出中新世的大叶板栗化石，距今已有 1 800 万年。1954 年从西安半坡村仰韶文化遗址出土了大量的栗、榛、松子等坚果，证明远在 6 000 年前，栗已为人类所用。有关栗的文字记载可追溯到春秋战国时期，《诗经》《礼记》《山海经》《战国策》等古代文献多有提及，如《庄子·盗跖》载："古者禽兽多而人民少，于是民皆巢居以避之。昼拾橡栗，暮栖木上，……"可见在远古时代的先民就以栗为食。《诗经·鄘风·定之方》记载："树之榛栗，椅桐梓，爰伐琴瑟"，可见在春秋时期先民就开始栽植栗树。《左传》记载："诸侯伐郑，……魏绛斩行栗。"《十三经注疏春秋左传正义》注："行栗，表道树"，表明当时栗树已经作为行道树栽植。《广志》《西京杂记》《广群芳谱》等专著对地方品种有明确描述，如宋代苏颂编纂的《本草图经》有："兖州（今山东兖州）、宣州（今安徽宣城）者，最胜；……燕山栗，小而味最甘。"而《四时纂要》《便民图纂》《群芳谱》等则提到了板栗的栽培，如明代邝璠编著的《便民图纂》卷四"树艺类"中记载："栗腊月或春初，将种埋湿土中，待长六尺余移栽。二三月间，取别树生子大者，接之"，可见当时农民已经掌握了板栗的播种和嫁接技术。宋代药学著作《本草衍义》卷十八中有："栗欲干，莫如曝，欲生收，莫如润。沙中藏至春末夏初，尚如初收摘"，则反映出当时板栗的沙藏技术已经得到普及。板栗树为长寿命树种，至今在不少产区还存活有几百年甚至上千年的老栗树，如陕西长安县上王村的官栗园内还有很多 300 年以上的大栗树，其中有 1 株直径为 1.3 m 的大树，据估计在 500 年以上。泰山玉泉寺尚存有 10 余株古板栗树，据附近碑文记载，这批古树年龄已近千年。

二、新中国成立后我国板栗产业的发展

新中国成立后我国板栗生产的发展历程大致分为以下5个时期：

①恢复时期。由于战乱，新中国成立前后板栗生产处于荒芜状态，产量受到严重影响，1949年全国板栗产量已由1933年的4.2万t左右下降至不足2万t。新中国成立后，国家采取了一系列恢复生产的政策，20世纪50年代后期年产量恢复至4.9万t左右。

②弃毁时期。20世纪60年代，由于政策和自然的原因，板栗生产受到了严重冲击。此后，由于"文革"的冲击，全国板栗产量进一步骤降。

③恢复发展时期。从20世纪70年代开始，农村政策逐步得到落实，国家将板栗生产作为重要的出口物资和木本粮食，提高了栗农的生产积极性，同时新品种、新技术得到广泛的推广和应用，板栗生产迅速恢复发展，经济效益明显增加，1980年产量上升到了6.7万t。

④迅速发展时期。改革开放以来，随着农村生产联产承包责任制的实行，果品销售放开，板栗价格逐年上涨，20世纪80年代初，板栗平均价格为1.4元/kg，到1993年上涨到8～10元/kg，10年间价格上涨了6倍多，这极大地刺激了栗农发展板栗生产的积极性，板栗生产迅速发展。以山东板栗产区为例，据山东省林业厅的统计资料，从1979年起，栗园面积和产量逐年增加，1991年山东板栗种植总面积为3.73万hm²，年产板栗1.78万t，1996年总面积发展到17.6万hm²，年产量达到7.3万t，居全国第1位。同时，随着良种良法的配套推广，小面积板栗高产典型地区的单位面积产量已超过7 500 kg/hm²。

⑤以提高质量为主、以市场为导向的稳定发展时期。1997年全国板栗栽培面积达到顶峰，随后稳中有降，但由于大量新建园的投产和生产技术的进步，同期产量则持续攀升。我国加入WTO后，板栗生产再次面临巨大的机遇和挑战，在继续深耕国内市场的同时，也要面对国际市场提出的新要求，如产品加工性能、食品安全问题等。从2000年至今，我国在继续巩固板栗产量的同时，逐步进入了提质增效和无公害生产的可持续发展时期。

随着我国栽培技术的较大进步，板栗密植早产丰产典型不断涌现。20世纪70年代初，小面积成龄板栗园连续7年平均单产为4 770 kg/hm²；70年代中期达到7 500 kg/hm²；70年代末大面积栗园嫁接后2年产量达到1 485 kg/hm²，3年产量为3 630 kg/hm²，5年产量为4 465 kg/hm²；90年代初最高产量达到8 739 kg/hm²。

目前我国板栗产业正处于发展的关键时期，应该说是喜忧参半。板栗区

域化愈加明显、栽培品种集中分布、栽培技术比较先进、加工产品种类已比较多，产业竞争力逐步加强，这是可喜的方面。但产业中存在的问题也很突出，主要是板栗价格连续多年在低位徘徊，单位面积产量低、效益差；优良品种、加工品种少，贮藏保鲜技术还比较落后等。这些问题是多层次的，但究其原因主要是对市场的开拓力度不够或者说缺少对市场的精确预判和敏锐应对。

三、我国板栗的主要研究进展

我国的板栗研究工作起步较晚。新中国成立前，由于连年战乱，板栗生产遭到严重破坏，有关板栗的研究极少。新中国成立初期，国家实施休养生息和保护林木的政策，鼓励利用荒山、荒滩发展果树。20世纪60年代初，国家将板栗等干果作为木本粮食加以提倡，并逐步实行选种、无性繁殖等一系列良种品种化和半集约化栽培制度。50~60年代，原中国科学院南京中山植物园开始进行以板栗资源、遗传育种、生物学等为主要内容的基础理论和应用研究。山东省果树研究所、河北省昌黎果树研究所等单位也开展了资源调查和栽培技术等的研究工作。70年代后，随着全国经济的恢复和发展以及山区开发的需要，国家林业局先后于1974年和1977年两次召开全国板栗增产座谈会，明确提出以提高产量和质量为目标的研究方向。自此，以良种选育和早期丰产栽培技术为核心内容的应用研究在全国范围内逐渐展开。至80年代中期，科技部将"板栗良种选育"和"板栗早实丰产栽培技术"研究列入"七五"全国重点科技攻关项目，一些板栗主产区也都相继立项研究。在研究与生产密切结合的科技方针指引下，涌现出了一大批科研成果。在此基础上，90年代开始进入以应用推广和开发研究为主的阶段。进入21世纪，全国板栗主产区均已实现了品种化栽培。

1. 栗属资源研究

从1956年开始至20世纪60年代，在原南京中山植物园在张宇和的主持下，开展了全国板栗品种资源调查，先后调查了江苏、河北、北京、山东、安徽、浙江、河南、陕西、甘肃、湖北、广西、贵州12个省（自治区、直辖市）的板栗主产区，整理出全国板栗地方品种近300个，引进了50余个种质，在中山植物园内建立了栗树种质资源圃。山东省果树研究所于50年代建所初期即规划出果树"原始材料圃"，其中就包括板栗在内的6个树种，并于1961年栽植实生苗，1965年开始引接山东地方实生资源以及太湖流域的农家品种等，并保存有日本栗。国家果树种质资源板栗圃于1980年在山东省果树研究所建立，王凤才等承担了建圃工作，收集保存了国内外栗树种质120份，该圃现已保存了世界栗属资源 320 余份。在调查的基础上，汪嘉熙等将全国板栗品种划分成 6 个地方品种群。60 年代初，胡芳名主持调查了湖南省板栗资源，整理出全省 20 余个地方品种。1991 年，云南省科学技术委员会立项由柳鎏主持的"云南省板栗种质资源调查研究"课题，对 112 个具有优良经济性状或具有特殊遗传表型的单株进行了植物学及生物学特性记载，基本摸清了云南板栗的种质资源，筛选出 30 个优良种质，评价了云南板栗遗传变异的多样性及其总体品质优良的特点，并从生态地理学上提出云南是我国亚热带板栗分布区的一个独特产区。

20 世纪 60 年代，原江苏省植物研究所在江苏、浙江北部、安徽、湖北先后调查中注意到了自然分布在长江流域中下游产区、历史上用作板栗野生砧木的野板栗。1990 年柳鎏等又在重庆巫山及陕南秦巴山区发现了丰富的野板栗资源，为这一地区利用野生砧木资源就地嫁接、发展板栗生产开辟了新途径。2009 年，山东省果树研究所的艾呈祥通过对秦巴山区野板栗资源的调查，发现该区域的野板栗资源极其丰富，并发掘出陕西略阳县的"潘家野板栗"、四川广元的"新庙野板栗"、徽县高桥的"邱家野板栗"、天水东岔的"紫阳野板栗"等一批野生优异资源。由于野板栗与板栗栽培品种性状相似，在南方野板栗分布区有用野板栗就地改接板栗的历史，且不乏成功的例子。山东省果树研究所的王凤才则对野生栗是否能作为板栗的砧木持谨慎态度，问题主要集中在两者的亲和力以及是否有矮化效果等方面。赵丰才对安徽金寨县 5～30 年野生栗资源嫁接建园进行了调查，发现野生栗嫁接板栗后二者存在后期不亲和的问题，且随树龄的增加这种现象愈发明显。板栗与野板栗的关系较为复杂，二者的确切关系尚无定论。黄武刚通过对板栗野生居群和栽培品种叶绿体微卫星遗传多样性分析，得出"强烈暗示现有板栗各地方品种可能全部起源于秦岭南麓野生居群中的特殊群体"的结论，并推测出野生板栗向地方品种演化的路线有南北 2 条，北线演化延伸至燕山及山东半岛，南线则延伸至江苏北部和云贵高原。90 年代初，张辉在柳鎏的指导下与意大利自然科学院森林遗传研究所合作，进行了板栗群体遗传分子生物学研究，应用等位酶技术研究了我国板栗的群体遗传多样性、地方品种群间的遗传距离等相关问题，筛选出较合适的基因标记位点及构建了板栗遗传结构的空间变异模式，探讨了人工选择对板栗遗传多样性的影响，并初步推测出中国西南地区为板栗遗传多样性的中心。

2. 遗传学研究和良种选育

20 世纪 60 年代初，原南京中山植物园采用常规的有性杂交途径和嫁接方法，进行了栗属植物种间杂交亲和力及其遗传规律的研究。原中国科学院庐山植物园、湖南邵阳地区林业科学研究所、广西植物研究所等单位也相继进行了种间嫁接试验。研究结果表明，中国栗属的野生种与板栗间的杂交或嫁接的亲和力均以野板栗为最高，锥栗、茅栗的亲和力极低。南京中山植物园还研究观察了栗属种间杂种性状遗传的规律，结果表明，杂种一代中早稔性和早熟性为显性遗传；茅栗与板栗的杂种苗表现出叶背同时具有双亲特有的鳞片状腺毛和星状毛，这一现象于1964年在浙江长兴板栗与茅栗的混交林中发现二者的自然杂种中得到了进一步证实。1963年南京中山植物园引进原产浙江兰溪的锥栗品种曹苟栗坚果，播种繁殖后，发现在实生后代中出现明显的性状分离现象，其叶片形状和毛茸特点，除10%～20%的苗木为中间型外，其余的分属锥栗和板栗2个类型，部分实生苗还出现板栗型的混合花型及卵圆形的芽和宽阔的托叶，这些特征与锥栗迥然不同，因此确认曹苟栗是锥栗与板栗的自然杂种。

板栗育种工作于20世纪60年代初开始进行。山东省果树研究所于20世纪60年代在刘培烈的主持下，结合资源调查，在山东省选出了一批板栗优良类型，并发现了无刺、无花、红栗等具有育种价值的遗传变异类型。从70年代开始，尤其是在"全国板栗增产座谈会"后，以科研院所和大专院校为先导，在地方政府主管部门的积极支持下，板栗良种选育工作在全国范围迅速展开。河北省昌黎果树研究所的王福堂等从1971年开始选种，于1976年将初选出的160个单系建成选种圃进行比较鉴定。1974—1976年，原江苏省植物研究所进一步组织开展板栗良种选优工作，与全国资源调查引种比较筛选出的地方品种一起，建立了良种试验园进行比较鉴定。在此期间，山东省果树研究所的赵永孝、王凤才等在山东省的实生苗中选出了红光、红栗、无花栗、金丰、宋家早、郯城207等6个优良品种。辽宁、湖北、河南、安徽、广西、浙江等地也分别初选出了一批优良品种。"七五"期间，山东省果树研究所、河北省昌黎果树研究所、北京市农林科学院林业果树研究所、江苏省中国科学院植物研究所、辽宁省经济林研究所合作承担了国家科技攻关课题"板栗良种选育研究"。通过区域试验和生产试验，选出了一批高产优质的优良品种，如山东的华丰、华光，河北的燕山短枝、燕奎，北京的燕山红、燕丰、燕昌，辽宁的辽丹15、辽丹58、辽丹61、辽丹24。同时筛选出一批矮化资源，如东沟8709、东沟05、宽矮化等。原江苏省植物研究所选出了具有不同食用品质和成熟期特性的配套品种：九家种、处暑红、短扎、青扎、焦扎、尖顶油栗。这一批研究成果已在各省推广应用，其中江苏选出的品种，如处暑红、短扎，向北引种至辽宁丹东，向南引种至亚热带丘陵山区，均表现出了良好的栽培性状。

南京中山植物园做了大量的栗属种间和品种间杂交，他们以野板栗为母本，以九家种为父本，于20世纪50年代末、60年代初进行杂交，得到一批杂种实生苗，并以"钟山"系列命名，其中的几个单株具有野板栗的丰产性和九家种的若干栽培性状，尽管后来未见有新品种在生产中应用，但却是国内唯一能够借鉴的资料。山东省果树研究所在育种工作中取得了卓有成效的进展，该所于1972年开始进行人工杂交育种尝试，历时10余年的努力，培育出具有野板栗遗传背景的杂交品种华丰、华光等品种。目前山东省果树研究所已培育出不同成熟期、不同用途的板栗品种20余个，并在生产中推广应用。

3. 生物学特性研究

20世纪50年代后期，原南京中山植物园、河北省昌黎果树研究所、山东省果树研究所等单位开始了栗树生物学特性的研究。研究范围涉及种子及幼苗生物学、生长及开花结果生物学。南京中山植物园的蔡剑华等于60年代初的种子及幼苗生物学研究的结果表明，板栗种子的休眠期长达2～3个月，且休眠期的长短与种和品种的特性关系密切。汪嘉熙等对板栗发育生理的研究结果发现，板栗从童期进入发育期，叶片形态发生明显的变化，即由叶背光滑无毛转为布满星状毛，汪嘉熙等称前者为"幼态叶"，称后者为"成熟态叶"。这一研究结果，为育种工作的早期鉴定和栽培中的苗木鉴定提供了重要依据。有关科研单位和大专院校对板栗的生长和开花结果生物学进行了大量的研究。河北省昌黎果树研究所的刘焕伦、陈霜莹研究了板栗结果枝长度和产量的关系。1977—1978年，刘培烈等研究了板栗光合作用的影响因子。山东农业大学、华中农业大学等研究了板栗年生长周期中枝条、叶片中的养分变化规律。原山东省莱阳农业技术学校的李中涛、山东省果树研究所的王凤才从形态学上进行了板栗花芽分化的研究，探明了板栗混合芽雄花序原基在芽形成当年的6～8月完成大部分分化，雌花原基在次年初开始形成，5月完成分化。花芽分化的研究为合理地进行肥水管理提供了重要的依据。80～90年代，安徽农学院、辽宁省经济林研究所等从生物学特性、营养水平等不同角度对空苞产生的原因进行了探讨，并且提出了减少空苞产生的技术途径。90年代后，随着现代科研条件的不断改善，有关板栗的生理生化研究逐渐深入。秦岭等研究了板栗菌根的特征及两者的共生关系。刘庆忠等对板栗、日本栗的光合特性进行了研究。雄性不育现象在栗属植物及其杂交后代中普遍存在，河北农业大学的李保国等对此进行了专门研究。苏淑钗对板栗的矿质营养与施肥进行了专门论述，浙江林业科学研究院则从树体营养角度对板栗二次结实的机理进行了研究。

4. 栽培技术研究

长期以来，板栗被认为是低产树种而不受生产重视。1975年开始，江苏省中国科学院植物研究所、山东费县土产公司采取就地嫁接、矮化密植和集约管理的技术，研究了板栗增产的潜力和技术途径。通过试验，费县土产公司在周家庄 2.05 亩(1 亩≈666.7 m^2)5 年生的砧木嫁接树平均亩产 490 kg，其中 0.964 亩密度为每亩 222 株的小区达到折合亩产 524.27 kg 的高产纪录。江苏省中国科学院植物研究所在江苏沂沭河冲积土上的密度为每亩 111 株的 5.2 亩 7 年生小砧嫁接试验园，获得了亩产 535 kg 的高产纪录。试验成果通过试验园的示范作用极大地推动了我国板栗栽培技术的革新。"六五"和"七五"期间，山东省果树研究所主持、组织了全国板栗良种选育和栽培技术协作攻关，研究推广了良种和良法综合配套技术，对板栗产量和质量的提高起到了较大的推动作用。1989 年，由山东省果树研究所主持制订了《板栗丰产林》国家标准，由林业部颁布实施。在此期间，改进了嫁接技术，推广了改土施肥和整形修剪技术及灌溉技术。在丘陵山区栗园试验推广栗粮间作、栗园覆草、地膜覆盖和穴贮肥水等技术，使我国板栗栽培技术管理水平有了新的提高。同时，创造的基于"实膛修剪"的各种修剪技术对纠正板栗一直沿用的"清膛修剪"，实现板栗内膛结果起到了重要作用。进入 21 世纪后，由于板栗良种化的逐渐普及，针对良种生长结实特性的配套栽培技术更加受到重视，如对树形的研究、高效肥水利用、简化修剪、果园机械化、病虫害安全防治等。标准化栽培是实现板栗产业高效可持续发展的基础，各板栗主产区为规范板栗栽培，颁布了一大批地方标准或生产技术规程。

5. 贮藏与加工研究

(1)贮藏研究

板栗坚果虽然有木质化的外壳保护，但是贮藏期的病虫害以及湿度条件等原因，常常造成霉变、腐败、变质等损失。1959 年北京市农林科学院通过试验，提出栗仁失水 50% 时的含水量是保持生命力的临界含水量。江苏省中国科学院植物研究所的试验结果显示：贮藏性与品种和采收成熟度关系密切，晚熟品种焦扎、重阳蒲、尖顶油栗等的耐贮性远高于处暑红、油光栗等早熟品种。关于腐败、霉变的诱因，中国林业科学研究院林业研究所和南京农业大学分别在华北和南京进行了调查研究。经分离鉴定，两地均有近 10 种贮藏期病害。南京农业大学的殷恭毅于 20 世纪 70 年代进一步进行了研究后认为，一些病菌是在雌花开放时通过柱头侵入的，这一发现为采用综合技术提高板栗的贮藏性提供了重要依据。1974 年，在广西桂林地区发生板栗出口运输途中栗果大量腐败造成严重损失的事件后，广西植物研究所接受了贮藏技术研究的任务。在朱国兴的主持下进行了多途径的试验，取得了用钴 60 源照射抑制板栗贮藏期种子萌发和腐败的成功经验。随着板栗产量的迅速增加，板栗的贮藏问题日益受到重视。安徽农学院的李文忠等在板栗液膜保鲜贮藏等方面进行了深入研究。江苏省中国科学院植物研究所通过综合试验，提出了采前田间防治病虫和适时采收、贮前消毒和表面干燥预处理，以及冷库和麻袋内衬打孔塑料薄膜袋保鲜这 3 个关键的"板栗贮藏保鲜综合技术"。湖北省农业科学院原子能研究所的张金木等在贮藏期辐照处理及合理使用塑料袋等包装材料研究方面也取得了良好的效果。西北农林科技大学、山东果树研究所研究了气调库在板栗贮藏方面的应用，完善了板栗低温冷藏工艺技术，通过"边示范、边推广、边辐射"的技术路线，示范推广了采收及预处理技术、低温冷藏和气调贮藏保鲜技术，取得了良好的社会经济效益。此外，湖南、辽宁等省也开展了相关的研究。

(2)加工研究

我国对板栗进行加工由来已久。100 多年前，栗粉制成的点心进入宫廷，成为宫廷食品。与此同时，糖炒栗子、栗子羹也成为大众食品。在近 1 个世纪的时间里，一些欧洲国家，尤其是意大利和法国，栗子的加工业突飞猛进，日本、韩国也相继跟进，而在我国直至 20 世纪的 90 年代才开始引起重视。中国食品发酵工业研究所的文剑经过多年研究，开发出板栗饮料，已在河南、河北投放生产，并受到市场的认可。江苏省中国科学院植物研究所于 1992 年开始，先后承担了江苏和云南的有关板栗加工工艺的研究，在柳鎏和毕绘蟾的主持下，除了系列制品的工艺研究外，与意大利山地农业公司及韩国树木遗传研究所合作，进行了板栗坚果理化性状与加工品质关系的研究，为我国板栗加工品种原料的选择及相关工艺的应用提供了重要依据。张力田、黄宏文、胡小松、兰彦平等针对影响板栗加工品质的栗仁褐变现象，从生物化学、栽培学、加工工艺学等多角度进行了深入研究。山东省药物研究所研究了板栗花的活性成分，从板栗花中分离出 2 个新黄酮苷类化合物。西北农林科技大学对板栗壳化学成分进行了初步研究，初步判断板栗壳中含有酚类、有机酸、糖、多糖(或苷类)、黄酮(或皂苷类)、植物甾醇(或三萜)、内酯、香豆素(或其苷类)和鞣质等化学成分。华南农业大学研究了板栗壳天然色素对油脂的抗氧化作用，为板栗壳的废物利用增添了新途径。

为充分发挥板栗主产区的区位优势，全国许多主要产区逐渐开展了板栗深加工的研究和开发，并向综合开发利用的方向发展。以盛产燕山板栗著称的迁西、遵化产区，开发出了各式炒栗机械、板栗酒、板栗速食品，用板栗碎枝做基质培育栗蘑、用板栗花序加工化妆品、用栗壳和栗蓬加工木炭，以及栗酱、栗蓉等商品。最近 10 年间，由于品牌意识的不断提升，国内涌现出许多涉及板栗的著名商标，如"绿润""恩好""紫玉""迁西板栗""胡子板栗""金寨板栗""小亮点"等品牌。美国绿润公司(American Lorain Corporation)是较早进驻我国，专门从事板栗贸易的外资企业，也是我国最大的板栗加工企业，集团现有山东绿润食品公司、北京绿润食品有限公司、湖北罗田绿润食品有限公司等 7 家分公司，研发的板栗产品多达 200 余种，较早地占据了国内的中高端市场，不仅创造了较高的经济效益，而且带动提升了国内相关加工企业的技术水平。

第三节　我国板栗发展的成就与挑战

一、板栗发展成就

我国板栗已有 2 000～3 000 年的栽培历史，但有记载的系统地开展板栗研究是在新中国成立后开始的。新中国成立前，因饱受战乱的影响，全国的板栗面积、产量大幅减少。新中国成立后，随着板栗生产的逐渐恢复，资源调查、品种选育以及丰产栽培技术研究等工作相继开展。长期以来，由于沿用实生繁殖、分散稀植、粗放管理甚至放任不管的传统生产方式，产量一直低而不稳，如 1978 年的全国平均每公顷的板栗产量仅为 240 kg。改革开放后，随着良种的选育和嫁接繁殖技术的推广，板栗的产量和效益大幅提高，促进了板栗产业的快速发展。

（1）种质资源的评价与创新不断突破

各地科技工作者根据当地的气候特点及板栗生长发育规律，充分利用当地资源，在优质高产基因资源的利用、短枝型优良资源的利用、特殊性状资源的利用、早熟品种资源的利用和经济观赏型资源的利用等方面均取得了不同程度的进展，选出了一批含糖量高、糯性强、产量高、抗逆性强、深受栗农欢迎和市场青睐的板栗新品种。

随着对板栗基因性状的深入研究，板栗隐性基因正在被应用。山东省果树研究所利用野板栗×板栗和红栗×泰安皮薄杂交育成了华光、华丰、红栗 1号，山东农业大学、华南农业大学通过辐射诱变育成了山农辐栗、农大 1 号，这些成果标志着我国在应用板栗隐性资源方面有了新的进展，在父母本显、隐性遗传基因变异规律方面积累了宝贵的资料，为今后开展板栗基因资源利用研究打下了基础。

近年来，对板栗种质资源的研究取得了一定的进展，利用现代分子标记技术对板栗栽培品种的遗传背景和遗传基础进行了多样性分析、栗疫病分子标记及其种质创新，这些对种质资源的开发利用、制定科学的资源保护策略以及新品种的选育具有重要的指导意义。暴朝霞和黄宏文采用 9 个酶系统的 15 个同工酶位点，对 89 个地方板栗品种进行了遗传多样性分析，发现了在遗传构成上同地域的板栗品种具有遗传关系相近的特点。田华等采用 8 对微卫星分子标记对中国板栗的 28 个自然居群进行了遗传多样性与遗传结构分析，群体间遗传分化系数为 0.016～0.278，Mantel 的检测结果表明，中国板栗居群的遗传距离与地理距离之间无显著相关性。

（2）栽培技术不断创新

实生繁殖、分散稀植、粗放管理的传统经营方式，逐步被集约化的园艺栽培方式所取代。1971 年，山东省果树研究所率先在蓬莱县小柱村建立了 0.152 hm²（2.28 亩）试验园，在 1972—1979 年的 8 年中，平均每 667 m² 栗园年产栗 280 kg，最高年份达 459 kg。这一结果摘掉了栗是低产低效果树的"帽子"，使科技人员和生产者看到了板栗增产的潜力和希望。在山东费县开展的板栗计划密植丰产栽培配套技术研究，历经 21 年（1976—1996 年），完成了由幼树密植早期丰产，到间移变化密度保持稳产，再到利用间移大树重建新园的 1 个周期的配套技术研究，取得了 5 项重要成果。在费县大田庄乡周家庄村 1976 年建立的 1 366.7 m² 试验园，1980 年每 667 m² 的产量达到 524 kg，首次突破 500 kg 大关。在薛庄镇彭家岚子等 15 个村的 66.7 hm² 试验园，1986 年（5 年生栗园）平均每 667 m² 产栗 200.1 kg，开创了我国栗幼树大面积丰产的先例。山东日照市林业局的王云尊于 1990 年在日照三庄镇建立的 0.262 hm² 矮化密植丰产试验园，至 2001 年的 11 年中，平均每 667 m² 的产量为 520.5 kg，其中自 1994 年起，连续 3 年突破 500 kg，并且树高不足 2 m。1997 年，该试验园平均每 667 m² 的产量达到 706 kg，创造了国内的最高纪录。目前，平均每 667 m² 的产量在 300 kg 以上的栗园，在栽培技术先进的栗产区已随处可见。同时，在其他栗产区也由点到面，发展迅速。这些实例，使生产经营者确立了"栽培板栗也是高效农业"的理念。在许多板栗主产区，板栗产业已被列为当地的主导产业。

我国在栗的栽培技术方面取得的成果也得到了国际同行的认可。在第二届栗国际研讨会上，美国专家称"在（栗）精耕细作方面，中国是独一无二的"。此外，我国在栗低产大树的改良，解决栗和茅栗的嫁接亲和问题，改进嫁接技术、嫁接繁殖、节水灌溉和植保技术的变革与发展，栗贮藏加工技术的创新与完善等方面，均取得了丰硕成果。

（3）国家和地方标准体系更加完善

我国于 1988 年制定了国家标准《板栗丰产林》（GB9982—88），1989 年制定了适用于栗生产、收购和销售的国家标准《板栗》（GB10475—89），1993 年又制定了商业行业标准《板栗储藏》（SB/T 10192—1993），2002 年中华全国供销合作总社发布了适用于栗果检测、包装、运输的行业标准《板栗》（GH/T 1029-2002），2008 颁布了国家标准《板栗质量等级》（GB/T 22346—

2008)。2000年以后，各栗主产地区的各级地方标准密集出台。以上标准的颁布实施，标志着我国栗产业已经步入了标准化和商业化的轨道，有力地规范和促进了板栗产业的发展。

（4）安全生产愈加受到重视

安全食品（也称作广义的无公害食品）是指从产品的种植、收获、贮藏、运输到加工，都采用无污染的生产资料和技术，实行从田间到餐桌的全程监控、卫生、营养与安全的食品。目前我国将安全食品主要分为无公害食品、绿色食品和有机食品，并制订了相应的检测标准。

在大力发展生态农业、开展"无公害食品行动计划"和国内外市场"绿色壁垒"日益强化的共同作用下，山东、北京、河北、河南、湖北、江西、浙江和四川等地，均已出台各自的无公害食品、绿色食品和有机食品生产技术规范，用于指导板栗生产基地的生产。这些生产基地的生产大多数是由板栗加工企业推动的，也有一部分由技术人员推动并参与试点，还有一部分是中外合作建立的。河北兴隆县有4个重点产栗村，经日本专家考察认定，成为两家日本公司的板栗有机食品生产基地。尽管当前的板栗安全生产还有待进一步规范，但这代表了板栗产业的必然方向，也是提高板栗经济价值的一项重要措施。

（5）经营变革初见成效

近年来，随着经济体制改革的深入，各产区在栗园经营方式上，均实行了形式不同、带有现代农业特征的经营模式。如出现了一批种植规模在十几公顷、几十公顷，可以称得上是"板栗庄园"的专业经营大户。再如，山东日照市的黄墩镇以公司为龙头，农户和科技人员参与，采用"公司＋农户＋科技"的模式，建成规模666.7 hm^{2}的栗园，形成了产业链密切衔接的生产联合体。据曹尚银等报道，河南信阳地区的板栗生产基本实现了育苗专业化、建园基地化、加工贮藏工厂化与营销队伍专业化。这些经营模式具有较强的活力，都较大幅度地提高了劳动生产率，为栗园经营由传统的小生产向专业化、规模化、集约化、社会化大生产的现代栗园转变迈出了重要的一步。这种规模化、集约化的生产和专业化的经营，有力地促进了板栗产量的大幅增长和种植效益的不断提高，使我国板栗的产量和效益实现了跨越式的发展。

二、板栗产业面临的机遇与挑战

中国是世界上最主要的栗生产国，2012年板栗总产量达194.7万t，占世界栗总产量的80％以上。多年来，由于对国际市场的开拓不足以及受国际贸易壁垒的限制，我国板栗销售以国内市场为主，出口量不足总产量的10％。中国板栗是当今世界最优良的品种之一，其风味独特、果皮明亮、涩皮易剥，特别是对栗疫病、墨水病的抗性在栗属植物中最强，这一特性弥足珍贵，因为欧美和日本的栗生产受这2种病的为害尤其严重，已限制了栗产业的发展。尽管近年来欧美和日本积极开展对我国板栗的引种工作以及利用中国栗与其本国栗进行杂交育种试验，但至今未能达到中国栗具有的预期性状。

虽然发达国家的栗产量远低于中国，但他们的市场容量却相当巨大。为了满足庞大的市场需求，发达国家须大量地进口栗。过去因为国际贸易壁垒，中国板栗很难进入欧美等国。加入WTO后，中国板栗产量高且价格极具竞争优势，在国际市场占据主导地位的潜力非常巨大。目前我国板栗产地主要集中在河北、山东、河南、安徽、湖北等省，其中以河北迁西、山东莒南、安徽金寨、湖北罗田、河南新县等均是我国重要的板栗生产基地县。

在面对机遇的同时我们也应清醒地看到，中国板栗受到挑战的因素也很多。国际上已建立了一套比较完整的栗评价体系，对品种、大小、成熟度、色泽、农药残留等都有严格的规定。而我国目前尚无完整的与国际市场接轨的板栗质量标准，还在依据国内市场的要求生产。长期以来，为提高板栗产量和防治病虫害，过度依赖使用化肥和化学农药，导致天敌减少、病虫害抗药性增强、农药残留过高，在栽培环节就降低了安全标准，这些均无法适应国际市场的要求。

面对机遇和挑战，我国板栗必须有相应对策：

①发展主栽优势品种，进一步培育优良品种，建立良种园，对引进和选育出的优良品种分区域建立早、中、晚熟良种栽培区。除品种改良外，应大力推广应用丰产栽培技术，提高单产和品质，以此促进中国板栗的结构调整和质量升级。

②逐步控制和禁止使用剧毒化学农药，推广应用高效、低毒、低残留农药和生物农药，减少化学肥料的使用，推广使用有机肥、活性有机肥和生物肥料。采取多种生物和物理措施减少和控制板栗病虫害的发生，引导发展安全性更高的"有机板栗"。

③注重品牌建设，开辟消费市场。培育和打造知名品牌，有助于赢得市场、提高产业的竞争力。板栗营养丰富、保健价值高，生长区域一般在偏远的山区，在生产过程中病虫害相对较少，非常适宜生产有机食品。因此，应积极进行有机食品认证，打造有机食品品牌，积极对接国际食品标准，不断开拓国内、国外两个市场。

第四节　日本栗在我国的发展

一、日本栗概述

日本栗的主产地在日本、韩国、朝鲜。在日本，日本栗分布于北海道北部至九州南端，年平均气温在 7~17℃，垂直分布上限达 1 500~1 700 m，主产地有茨域、熊本、爱媛、冈山、山口、兵库、千叶、岛根等县，以茨域最盛。

日本栗原产于日本，是日本栽培历史最悠久的果树之一。在日本史料《古事记》中，就有吉野山中人于公元 288 年向应神天皇献土增栗子的记载，说明至少在距今 1 700 多年前日本人就已经利用栗果。由于战争和病虫为害，日本栗的栽培变幅很大。第一次世界大战时栽培面积在 1.2 万 hm² 以上。第二次世界大战后，由于战争的影响，加之 1941 年栗瘤蜂在冈山县发生并迅速蔓延，使日本栗的发展经历了近 20 年的停滞时期。至 1952 年面积减为 4 200 hm²。1962 年日本政府将发展栗树列入《振兴果树特别法案》。首先重视新品种的培育，育出了丹泽、伊吹、筑波等抗栗瘤蜂品种，同期还育成了银寄等良种。利平栗是以日本栗为母本、中国栗为父本，经过 20 年选育而成，其栽培面积占日本国栗树总面积的 3.8% 左右。在栽培技术方面，由粗放经营转向现代化集约栽培，创立了"超矮密整形修剪法"。至 20 世纪 80 年代初期，面积增至 4.98 万 hm²，年总产量在 5 万 t 以上。在此以后，由于抗病虫良种与栽培技术未见有新的重大突破，大面积单产不能与其他经济树种竞争。2002 年面积又减少到 2.65 万 hm²，年总产量降至 3.01 万 t。其中丹泽、筑波、银寄 3 个品种的面积占总面积的 62.1%。

日本栗在韩国发展较快，2002 年总产量已达到 9.4 万 t，比 1970 年增长了 13.7 倍。其主栽品种中也有中国栗的血缘，如广银由广州早栗×银寄育成，州玉由广州早栗×玉光育成。

此外，日本栗在朝鲜和我国的辽宁及山东的威海、日照、莒南和江苏的邳州等地也有分布，年总产量约为 2 万 t。

二、日本栗在我国的发展

日本栗系栗属植物的一个种，原产于日本。在世界食用栗中，其比例大于欧洲栗和美洲栗，次于中国栗。21世纪初，日本栗产量占全球食用栗总产量的1/4左右。我国辽宁丹东市的宽甸、东沟一带至吉林的桦甸、延边地区所栽培的丹东栗，是日本栗系统中的一个分支。近几十年丹东栗发展很快，2005年的栽培面积约为7.667万hm²(115万亩)，总产量约为3万t，已选出辽丹10、辽丹13和辽丹23等10多个优良品种。山东威海市的文登栗也属日本栗系统，是20世纪初由旅朝侨民带回的种栗，种植在文登市的水道乡，故又称朝鲜栗、水道栗。1967—1980年，山东省果树研究所从日本引进了13个日本栗品种，保存于原始材料圃，供研究用。20世纪90年代中后期，特别是我国加入WTO之后，日本栗在我国栽培的分布与面积扩展加快。1994年，港商在江苏邳州市直接用日本栗品种苗木建立生产基地，面积已发展到200 hm²左右。1995年，韩商从韩国引进数十个日本栗品种，在我国山东日照市岚山区的黄墩镇山区建立生产基地，面积已发展到1 000多hm²。上述2个日本栗生产基地所产的栗果，经初加工后全部销往日本和韩国。此外，山东济南市历城区、临沂市莒南县、日照市五莲县和莒县、烟台市蓬莱、青岛市平度、潍坊市诸城、泰安市徂徕山区、枣庄市山亭区，以及江苏连云港、安徽金寨和滁州、河南的大别山区、广西百色、湖北钟祥等地，也引种栽培了日本栗。

日本栗近年在我国发展较快的原因，与日本、韩国部分商家向我国转移种植密切相关。以日本为例，由于其劳动力短缺、劳动力成本高(2002年1个劳动力的日工资折合人民币约500元)，加之其大面积产量在1 125～2 250 kg/hm²之间，与其他果树比较生产效益逐年下降，无竞争优势。因此，栽培面积与产量呈下降趋势，2002年总产量较1985年减少了37.6%。韩国的情况也是如此。在我国建立生产基地其生产成本将会大幅度降低。另一方面，我国栗农栽培日本栗的效益高于栽培中国板栗。日照市黄墩镇的4～5年生日本栗生产基地，较大面积丰产园的平均产量在6 000 kg/hm²左右，果农销售收入在6万～7.5万元/hm²，比栽培同等条件的中国栗高1倍多。在山东日照和莒南、江苏邳州等地，已初步形成了日本栗的栽培、加工和销售产业链。

三、鲁南苏北地区日本栗的产业调查

(1)山东日照的日本栗产业

日照生产的日本栗，于1998年形成产量并由韩国商家收购以来，坚果横径在26 mm以上的"混级栗实"的收购价稳定在10～12元/kg，而且随采收、随脱粒、随出售，一直未出现滞销现象。2005年总产量达到180万kg，收入为2 000多万元。立地条件好的良种化日本栗园，3～4年生果园的产量可达 3 000 kg/hm² 左右，收入超过 3 万元/hm²；大面积成龄园的平均产量在 4 500 kg/hm² 左右，收入超过 4.5 万元/hm²；高产园的产量达到 6 000～7 500 kg/hm²，收入超过 7.5 万元/hm²。显著的经济效益刺激了生产，2006 年春群众自发建园 200 hm² 以上，小片建园已成为当地大面积开发的特点，成为日照市新兴的外向型特色产业。此外，近年来还向山东省内外提供了大量的日本栗种苗，推动了日本栗在中国的发展。

随着产量的增加，参与收购的商家逐年增多，主要有日照市的三合、佳合和莒南绿润等公司，还有徐州市的新联福、烟台市的加宝和青岛市的福得味等公司。商品规格一直要求横径在 26 mm 以上，收购价在 8～20 元/kg，多为 10～12 元/kg，为中国栗的 3～5 倍。

从销售价格看，早熟品种丹泽、国见等产量较少，收购的商家主要是本地公司，历年出价都偏低，收购价在 9 元/kg 左右；中熟品种金华，上市初各地商家即纷纷在生产基地设点收购，收购价在 10～11 元/kg，到筑波品种上市后商家竞相争购，价格达到高峰，在 12～13 元/kg，银寄品种上市后，随着外地商家的陆续撤出，价格回落至 10～11 元/kg；晚熟品种石锤、岸根、晚赤等上市后，收购价跌至低于早熟品种，为 8～9 元/kg。早、晚熟品种售价较低，中熟品种售价较高。而在日本，早熟品种因最先占领市场而售价最高，晚熟品种因坚果特大售价也较高，中熟品种则价格相对较低。

同等标准的日本栗坚果，在日照的售价相当于日本的 50％～60％、韩国的 70％～80％，有明显的市场竞争力，21 世纪初多次出现竞价收购的局面，市场十分活跃，广大栗农深得实惠。如筑波及同期成熟的品种，2003 年曾达到 20 元/kg，2006 年为 14 元/kg。每年高价收购的持续时间虽不长，却极大地刺激了栗农再生产的积极性。近几年，随着日本栗产量的提升和加工量的稳定，日本栗的收购价格有所下滑。

(2)江苏北部的日本栗产业

江苏日本栗发展始于 1994，新联福公司于 1994 年底从日本引进日本栗苗，在邳州陈楼镇(新联福公司生产基地)定植 3.33 hm²(株行距为 4m×4m)。1996 年从新沂引进板栗苗 20 万株，定植 200 hm² 用来嫁接日本栗，1997 年嫁接失败。1997 年从日本再次引入栽植 6.67 hm² 的日本栗苗，同时从辽宁省经济林研究所引进丹东栗作砧木进行育苗。1998 年又从日本引进 2.1 万株日本栗苗定植 40 hm²，2001 年扩至 200 hm²，2002 年扩至 333.33 hm²，2006 年因建设用地减少至 300 hm²。

四、引种日本栗应注意的几个问题

目前，我国引种日本栗存在一些误区：对日本栗的特点缺乏最基本的认识或不具备相应的加工条件就盲目大量引种，给生产经营带来潜在风险，也有的以我国板栗的优点与日本栗的缺点相对比，认为在我国栽培日本栗是舍优取劣。

引种日本栗，必须对日本栗的特点有客观、清醒的认识。日本栗具有易早实丰产、栗实大和加工性能好等优点，特别是加工制作罐头时，其果肉能充分吸糖、耐蒸煮、不变形，在糖水液中不酥不散，可保持糖液的清澈透明。这些优点是加工制作优质、高档栗子糖水罐头的必备条件，是目前板栗所无法达到的。其产品在日本、韩国及欧美等地颇受欢迎，市场广阔。日照市林业局的王云尊与日本栗加工专家的合作实验也证明，用我国南方菜用栗品种作原料加工制成的罐头，在口感、外观和消费者认可度方面，均不及用日本栗作原料加工制作的罐头。

日本栗的加工性状、加工品质均优于板栗，但在引种日本栗的过程中，必须以科学、谨慎的态度，扬长避短，注意以下4点：

①要形成产业链条。由于日本栗不宜炒食，不经加工而直接食用时口味较淡，如果引种经济区域内没有专门的加工企业，产品不能外销，则会失去其优势，难以与板栗竞争。故在建立生产基地之前，必须与有实力的国内外商社、公司形成产业链条，以保障产品销售的顺畅和效益。种植规模应与商家收购、加工的能力相当，不能盲目跟风、一哄而起。

②要认真考察、论证和试验。发展之初，应首先到国内有同类气候与土壤条件的日本栗生产基地考察，经专家论证，并进行小规模的适应性观察试验，再确认日本栗在本地区的适应性和最佳品种组合。

③要把园地建在土壤肥水条件较好的地块。由于大多数日本栗品种不耐瘠薄，且抗干旱、抗冻害及抗胴枯病的能力均较弱，所以建园时应选择较肥沃的土壤，并有水浇条件。

④不可将日本栗与中国板栗混栽。为避免因花粉直感现象可能造成板栗坚果内种皮难以剥离的影响，除专供研究、育种及种质资源保存需要而设置的试验园和种质圃之外，生产园不宜将日本栗与板栗混栽。

参 考 文 献

[1] 暴朝霞，黄宏文. 板栗主要栽培品种的遗传多样性及其亲缘关系分析 [J]. 园艺学报，2002，29(1)：13-191.

[2] 曹均. 2013全国板栗产业调查报告 [M]. 北京：中国林业出版社，2014.

[3] 冯永庆. 板栗短雄花序芽变形态、生化及细胞学研究 [D]. 乌鲁木齐：新疆农业大

学，2005．

[4] 中华人民共和国国家质量监督检验检疫总局，中国国家标准化管理委员会．板栗质量等级 GB/T22346—2008 [S]．北京：中国标准出版社，2008．

[5] 郎萍，黄宏文．栗属中国特有种居群的遗传多样性及地域差异 [J]．植物学报，1999，41(6)：651-657．

[6] 郎萍，黄宏文．栗属中国特有种居群的遗传多样性及地域差异 [J]．植物学报，1999，41(6)：651-657．

[7] 艾呈祥，沈广宁，张凯，等．秦巴山区野板栗居群遗传多样性 AFLP 分析 [J]．植物遗传资源学报，2011，12(3)：408-412

[8] 李保国，齐国辉，毛富玲，等．无公害果品 板栗生产技术规程 DB13/T726—2005 [S]．河北省质量技术监督局，2005．

[9] 李作洲，郎萍，黄宏文．中国板栗居群间等位酶基因频率的空间分布 [J]．武汉植物学研究 2002，20(3)：165-170．

[10] 林莉．板栗矿质营养与施肥研究 [D]．北京：北京林业大学，2004．

[11] 刘莹，宁祖林，王静，等．板栗和锥栗天然同域居群的叶表型变异研究 [J]．武汉植物学研究，2009，27(5)：480-488．

[12] 柳鎏．栗树种质资源的多样性及其保存利用 [J]．植物资源与环境，1992，1(1)：18-22．

[13] 秦岭，刘德兵，范崇辉．陕西实生板栗居群遗传多样性研究 [J]．西北植物学报，2002，22(4)：970-974．

[14] 苏淑钗，林莉，邓钰薪，等．华北品种群板栗品质的综合评价 [J]．经济林研究，2009，27(2)：20-27．

[15] 田华，康明，李丽，等．中国板栗自然居群微卫星(SSR)遗传多样性 [J]．生物多样性，2009，17(3)：296-302．

[16] 王凤才．野生栗属资源利用浅评 [J]．落叶果树，2006(6)：10-12．

[17] 王高建，樊毅．陕西省镇安县板栗产业化发展对策研究 [J]．江西农业学报，2011，23(3)：195-197．

[18] 王克荣，邵见阳．栗疫病菌的致病力分化 [J]．果树科学，1993，10(1)：25-28．

[19] 王秀竹．中国栗产业可持续发展对策研究 [D]．泰安：山东农业大学，2010．

[20] 武兆灼，姜国高，王福堂，等．板栗丰产林 GB 9982—1988 [S]．北京：中国林业科学研究院林业研究所，1988．

[21] 肖正东，陈素传．安徽省栗属种质资源现状与利用前景 [J]．经济林研究，2007，25(4)：97-101．

[22] 许慧玲，李天庆，曹慧娟．板栗(*Castanea mollissima* Bl.)的胚胎学研究 II 雌配子体的超微结构 [J]．北京林业大学学报，1988，10(3)：91-96．

[23] 张辉，柳鎏．板栗群体的遗传多样性及人工选择的影响 [J]．云南植物研究，1998，20(1)：81-88．

[24] 张宇和，柳鎏，梁维坚，等．中国果树志·板栗 榛子卷 [M]．北京：中国林业出版

社，2005.

［25］周志翔. 板栗空苞形成与调节的生理机制研究［D］. 武汉：华中农业大学，1999.

［26］Day P R，Dodds J A. Double-stranded RNA in *Endothia* parsitica［J］. Phytopathology，1997，67：1393-1396.

［27］Wang X Q，Zou Y P，Zhang D M. Genetic diversity analysis by RAPD in *Cathaya* argyrophylla Chun et Kuang［J］. Science in China（Series C），1997，40（2）：1945-1951.

［28］Huang H W，Dane F，Kubisiak T L，et al. Allozyme and RAPD analysis of genetic diversity and geographic variation in wild populations of the American chestnut（Fagaceae）［J］. American Journal of Botany，1998，85(7)：1013-1021.

［29］Fornari B，Taurchini D，Villani F. Genetic structure and diversity of two Turkish *Castanea sativa* Mill. population investigated with isozyme and RAPD polymorphisms ［J］. Journal of Genetics and Breeding，1999，53(2)：315-325.

［30］Casasoli M，Mattioni C，Cherubini M，et al. A genetic linkage map of European chestnut（*Castanea sativa* Mill.）based on RAPD，ISSR and isozyme markers［J］. Theoretical and Applied Genetics，2001，102(8)：1190-1199.

［31］Buck E J，Hadonou M，James C J，et al. Isolation and characterization of polymorphic microsatellites in European chestnut（*Castanea sativa* Mill.）［J］. Molecular Ecology，2003，3(2)：239-241.

［32］Marinoni D，Akkak A，Bounous G，et al. Development and characterization of microsatellite markers in *Castanea sativa*（Mill）［J］. Molecular Breeding，2003，11(2)：127-136.

［33］Tanaka T，Yamamoto T，Suzuki M. Genetic diversity of *Castanea crenata* in northern Japan assessed by SSR markers［J］. Breeding Science，2005，55(3)：271-277.

第三章 板栗区域生产布局与发展战略

区域化生产是发展现代农业的一种趋势，它根据作物自身的生长特性，结合生产区位优势，凝聚产业综合要素，从而形成产业优势和产品市场优势。我国板栗分布范围广，原江苏植物研究所根据栽培品种的经济性状并结合产地分布，将全国板栗划分成 6 个地方品种群(图 3-1)，各品种群区域特色明

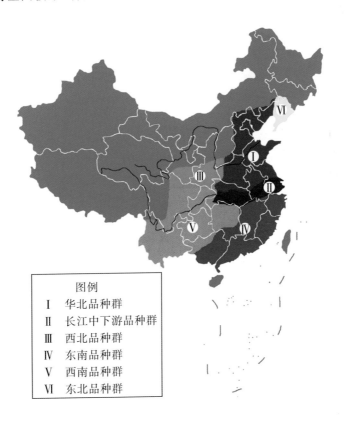

图例

I	华北品种群
II	长江中下游品种群
III	西北品种群
IV	东南品种群
V	西南品种群
VI	东北品种群

图3-1 全国板栗栽培品种群(引自《中国果树志·板栗 榛子卷》)

显、在坚果品质、含糖量、用途等方面存在较大差异，为生态栽培区的划分奠定了基础。

进入21世纪以来，板栗区域化生产格局更加明显，产业化布局愈加清晰。2014年，国家林业局为破解我国经济林产业结构不尽合理、集约化程度偏低、产业化水平不高、社会化服务不健全、政策扶持力度不够等问题，出台了《全国优势特色经济林发展布局规划（2013—2020年）》。以板栗作为优势经济林，在原品种栽培区域化的基础上，突出区域产业优势，谋划产业区域布局。该规划提出了5大优势特色经济林片区，其中华北、南方、西南3大片区重点发展板栗，把燕山山区、沂蒙山区、秦岭山区、伏牛山区、大别山区确定为板栗核心产区，为我国板栗产业的发展和产业化水平的提升提供了政策依据和指导性意见。

第一节　板栗生产区域布局

我国地域辽阔，气候多样，从北到南横跨寒温带、温带、亚热带、南亚热带、热带5个气候带，生态类型复杂多样。板栗起源于中国，是我国最古老和驯化栽培最早的果树树种之一，在我国广泛分布，南至18°30′N的海南岛，北至41°20′N的吉林永吉马鞍山，南北纬度差达23°，西至雅鲁藏布江河谷，东至台湾省（122°E），分布区域跨越寒温带、温带、亚热带。其垂直分布从海拔高度不足30 m的山东郯城及江苏新沂、沭阳等地，至海拔高度达2 800 m的云南维西，在年均温度为10.5～21.8℃、最高温度为39.1℃、最低温度为−24.5℃、年降雨量为500～2 000 mm的气候条件下均能正常生长。生态条件和栽培水平的差异，形成了我国板栗分布不均衡、产量差距大的格局。全国以黄河流域的华北各省和长江流域各省的栽培最为集中、产量最高，广西、云南、贵州、湖南4省（区）累计产量不足全国的20%。板栗的生长发育与当地气候、土壤条件和栽培技术有密切关系，根据板栗对气候生态的适应性及品种性状等因素，在全国可划分为6个生态栽培区：华北生态栽培区、长江中下游生态栽培区、西北生态栽培区、西南生态栽培区、东南生态栽培区、东北生态栽培区。

一、华北生态栽培区

该区包括北京、河北、山东及苏北、豫北等地，以燕山山脉、太行山山脉、泰沂山脉等山地和丘陵为主。集中产地有燕山山脉的河北迁西、遵化、宽城、兴隆，北京怀柔、密云、昌平；太行山山脉的河北邢台，山西左权、夏县；泰沂山脉的山东鲁中山地和胶东丘陵；江苏新沂、邳州；大别山、桐柏山区的河南新县、光山、确山、信阳、商城、桐柏和伏牛山区的南阳、洛阳等。属暖温带气候，年平均气温为 11.4～14.0℃ 左右，年降水量为 500～900 mm，春季时有春旱，夏、秋季降水多，7～10 月果实发育阶段的降水量约为全年降水总量的 60％，全年日照时间为 2 400～2 900 h。栽培区以丘陵山地为主，土壤类型丰富，多为棕壤及淋溶褐土，其中鲁东南产区的沂沭河栽培区为冲积土类型。

该区属我国著名的炒食栗产区，以河北的"迁西板栗"最为著名，还有"燕山板栗""京东板栗""泰山板栗"等享誉海内外的地方名产。该区在国内开展板栗资源调查、品种选育和栽培技术研究及新技术推广应用最早，已实现品种化生产，是我国最重要的板栗栽培区域之一，板栗总产量约占全国的40％。该区板栗坚果光亮美观、风味细糯香甜，适宜炒食，耐贮藏，在全国板栗生产中占有重要的地位。

二、长江中下游生态栽培区

该区包括长江中下游一带的湖北、安徽、江苏、浙江等省，属亚热带湿润气候栽培区。该区年降水量为 1 000～1 300 mm，雨水充沛，花期多雨，伏旱较重；年平均气温为 15～17℃，全年日照时间较华北少，约为 2 000 h 左右。该区多低山丘陵，土壤多为微酸至酸性黄棕壤。

该区板栗产量约占全国总产量的1/3，集中产区有湖北的罗田、秭归、麻城、京山等地，安徽皖南山区和大别山腹地，江苏宜兴、溧阳、洞庭、南京、吴县等地，浙江西北的长兴、安吉、铜庐、富阳，浙江中部的上虞、绍兴、萧山、诸暨、金华、兰溪等地。该区经济发达、生产水平高、品种多、管理精细，是我国板栗的起源中心，约有品种(品系)100 个，占全国品种总数的1/3 以上。所产坚果果肉质地偏粳性，淀粉含量高，含糖量低，含水量高于华北生态栽培区，适宜菜用。该区除分布有大量板栗以外，还分布有茅栗、野板栗等。茅栗广泛分布于皖南山区、皖西大别山区以及皖东丘陵地区，分布地的海拔高度为 100～1 700 m；野板栗水平分布区域与茅栗大体相同，但主要分布在海拔高度为 600 m 以下的地带，常与茅栗混生。

三、西北生态栽培区

该区包括陕西南部、甘肃南部、四川北部、湖北西北部、河南西部一带，主要沿秦巴山区分布，集中产地有陕西的汉中、安康和甘肃的康县、成县等。属北亚热带湿润气候或南温带半干旱气候，年平均气温为10～14℃，年降水量为500～800 mm。栽培区以浅山丘陵为主，有河谷、平原、台地、丘陵、山地等10多种地貌，多样的生态环境赋予了该区丰富的生物资源，是我国栗属资源极为丰富的地区之一。

该区板栗丰产耐贮，抗逆性强。坚果较小，浅褐色，光泽亮度、整齐度比华北栽培区略差，肉质糯性香甜，适宜炒食。

四、西南生态栽培区

该区包括四川东南部、湖南西南部、广西西北部、云南北部和贵州等地。属亚热带湿润气候，受海拔高度影响，气候地带性分布差异较大，冬暖夏凉，多秋雨。栽培区内板栗多分布于低山丘陵及山区，垂直分布高度在100～2 800 m。

该区板栗分布广、面积大，栽培管理相对粗放，多采用实生繁殖。坚果小型，平均单粒重7～15 g。大多数地区果实含糖量低，淀粉含量高，偏糯性，果面茸毛多，色泽差。受低纬度高海拔地区区域性生态环境的长期影响，板栗既有暖温带产区果型小、色泽鲜艳、风味香甜细糯的特点，又有亚热带地区果肉水分偏高的不足，从而形成了亚热带分布区内一个独特的产区。

五、东南生态栽培区

该区包括广东、海南、福建、江西南部、广西东南部、湖南中部、浙江南部等地。属中亚热带气候，冬暖夏热，雨量充沛。年平均气温为17～22℃，全年日照时间为1 700～1 900 h，年降水量为1 400～1 700 mm，以4～6月最多。栽培区板栗以低山丘陵为主，河滩台地及平原地区也有分布，土壤类型为红壤，土壤pH值在5.0左右，气候与土壤条件适宜板栗生长。

该区板栗栽培管理粗放，品种类型复杂，实生变异幅度大于其他各栽培区。历史上多为实生繁殖，仅浙江、湖南、福建的部分产区采用嫁接繁殖，栽培品种较少。坚果中大型，外果皮茸毛少而短，富光泽，含水量高，果肉偏粳性，味淡，适宜菜用。另外，该区还分布有锥栗，其中浙江南部和福建北部大果型锥栗发展较快，锥栗相关产业已成为近年来当地山区的支柱性产业，主要集中在福建建阳、建瓯、政和一带，其中建瓯已成为我国首个"中国名特优经济林锥栗之乡"。

六、东北生态栽培区

该区包括辽宁和吉林南部地区，为我国板栗分布最北的产区，集中产地有辽宁丹东的东港、宽甸、凤城。属东北平原中温带湿润、半湿润气候区，冬冷夏温。

该区以丹东栗为主，所产栗果适合日本、韩国市场需求，去皮栗占30%左右，是我国重要的栗初级产品出口基地。近年来，辽宁将丹东栗作为一项特色产业来发展，大力扶持精深加工企业，不断开拓国内、国外销售市场，目前已成为辽宁中东部山区的重要支柱性产业。

第二节　板栗区域发展战略

一、中国板栗产业现状

（1）生产现状

我国板栗栽培分布地域广泛，以黄河流域的华北各省和长江流域各省栽培最为集中、产量最大。20世纪60年代以来，我国各板栗产区果树、林业科研院所和高校等相继开展了板栗引种、选种、良种繁育等研究工作。经过多年的努力，我国板栗生产已基本实现了品种化，新造板栗经济林几乎已全部采用已鉴定为良种的嫁接苗和实生苗木改接。受生产和消费习惯的影响，少数地区实生板栗树所产生的经济效益仍然可观。当前，在世界栗属植物美洲栗、欧洲栗产业衰退的情形下，而我国的板栗总产量和栽培面积逐年增加，2005年，我国板栗的种植面积为125万 hm^2，约占世界总种植面积的38%，总产量为103.2万 t，约占世界总产量的75.4%；2010年，我国板栗的种植面积约为175.2万 hm^2，总产量达到162.8万 t，约占世界总产量的83%（表3-1）。我国的板栗生产发展迅速，已完成由实生繁殖、粗放管理到良种嫁接繁殖、园艺化栽培的过渡，种植面积和产量均实现了大幅度增长。

表 3-1　中国及世界栗主产国产量　　　　（单位：t）

年份	世界	中国	韩国	土耳其	日本	意大利	葡萄牙	玻利维亚	法国
1985	414 011	83 198	72 000	59 000	48 200	38 840	17 005	24 000	14 200
1986	449 818	95 375	58 411	70 000	53 700	55 676	16 565	25 000	14 600
1987	492 590	114 539	57 047	90 000	48 200	55 682	18 261	26 000	15 900
1988	497 696	103 576	77 652	90 000	42 700	52 296	17 648	27 000	17 202
1989	470 598	102 546	78 752	73 000	39 500	50 273	21 039	27 440	13 839
1990	483 817	115 191	85 043	80 000	40 200	49 559	20 405	19 708	13 560
1991	629 613	257 000	89 747	81 000	32 400	66 579	15 713	15 894	12 394
1992	678 808	285 000	101 742	85 000	33 600	69 089	15 955	27 820	14 000
1993	641 603	286 000	80 994	80 000	27 100	67 722	14 129	24 000	13 136
1994	695 286	315 000	100 163	76 000	32 900	69 852	21 439	22 500	12 896
1995	679 439	300 000	93 655	77 000	34 400	71 971	23 238	31 229	11 016
1996	680 974	285 000	108 346	65 000	30 100	68 653	25 272	39 565	10 798
1997	793 067	375 000	129 673	61 000	32 900	72 782	26 357	39 872	9 592
1998	833 882	450 000	109 956	55 000	26 200	78 425	29 314	30 864	11 411
1999	887 162	534 631	95 768	53 000	30 000	52 158	30 969	33 603	12 563
2000	942 356	598 185	92 844	50 000	26 700	50 000	33 317	34 400	13 224
2001	942 382	599 077	94 130	47 000	29 000	51 959	26 118	40 000	13 032
2002	1 036 843	701 684	72 405	47 000	30 100	54 315	31 385	46 000	11 223
2003	1 11 8172	797 168	60 017	48 000	25 100	42 416	33 267	50 000	10 118
2004	1 251 388	922 735	71 795	49 000	24 000	39 976	31 051	52 758	12 431
2005	1 368 635	1 031 860	76 447	50 000	21 800	52 000	22 327	57 057	8 144
2006	1 492 324	1 139 660	82 450	53 814	23 100	53 000	30 900	55 000	9 670
2007	1 592 613	1 266 510	77 524	55 100	22 100	50 000	22 000	42 801	8 284
2008	1 785 439	1 450 450	75 171	55 395	25 300	55 000	21 990	58 442	6 290
2009	1 881 376	1 550 000	75 911	61 697	21 700	52 146	20 752	53 577	8 672
2010	1 958 547	1 628 000	82 200	59 171	23 500	42 700	22 400	53 577	9 536

注：数据引自 FAO（联合国粮食与农业组织）。

（2）加工现状

板栗是我国的传统食品，其加工也经历了从传统手工作坊式糖炒向现代精深加工的迈进过程。手工糖炒栗子有数百年的历史。20世纪70年代中期，我国模仿国外的技术，开发了糖水板栗罐头等，但由于加工关键技术和工艺差，产品质量不稳定，褐变抑制和淀粉回生等问题严重。90年代以来，我国板栗加工有了较快的发展，开发的新品种越来越多，加工技术快速提升，市场上的板栗制品有糖水栗子罐头、速冻板栗仁、裹衣栗子、栗子羹、栗蓉、栗粉、栗子酱、栗子饮料等，另外还有板栗果脯、板栗奶、板栗泥罐头、板栗饼等，加工产品日趋丰富，类型增加。

现阶段，我国在板栗加工工艺、包装材质、产品研发、加工器械等方面均取得了长足的进步。在加工工艺方面，利用去壳、炒制、煮制、糖炒、糖制及冷冻、速冻等方式，制成了罐头、速冻栗丁和栗仁等多种产品。在包装方面，有玻璃包装、软包装等包装材料，有充气包装、真空包装等不同的包装形式。在加工器械方面，研制成功了板栗脱壳机和自动化炒栗机等。在加工企业方面，山东绿润、河北栗源、河北神栗、北京富亿农等大中型板栗加工企业快速发展，建设了多条板栗去壳等生产线，基本形成了现代板栗产业加工技术体系。

我国板栗加工虽然已取得了长足的发展，但板栗的年加工量占总产量的比重较小。2012年，我国板栗加工企业有304个，年产值千万元以上的企业有55个，年加工量为24.6万t，约占总产量的12.6%（表3-2）。大部分企业以粗加工为主，板栗罐头、板栗蓉等精深加工产品所占的比例很小。目前，我国绝大部分板栗坚果以生栗原料销售。作为板栗产量第3大省的湖北，板栗加工转化率平均为20%～30%，四川板栗加工量不及全年产量的1%，而发达国家的平均水平为90%～95%。

由于缺乏较高水平的科技支撑和板栗自身褐变率高等原因，采用我国板栗原料加工的糖水栗子罐头产品，保质期短、果肉褐变明显、汁液较浑浊、破碎较多，而日本的同类产品外观清澈透明，栗子呈金黄色，外观呈宝石状，价格高出我国同类产品的7倍以上。科技是第一生产力，提高科技水平，促进板栗产品加工转化势在必行。

（3）市场现状

我国是世界上最大的产栗国，栗的总产量一直占世界总产量的80%以上。板栗一直是我国重要的出口创汇果品，20世纪80年代以前，其产量的70%用于出口，国内人均板栗消费量仅10g左右。而90年代以后，我国板栗总产量大幅增长，2000年板栗总产量达到近60万t，但对外出口量并未随之增长。

表 3-2 板栗产区加工企业情况

序号	省份	2010 年				2012 年			
		企业数量/个	年产值千万以上企业/个	年加工量/t	年加工产值/万元	企业数量/个	年产值千万以上企业/个	年加工量/t	年加工产值/万元
1	北京	–	–	–	–	–	–	–	–
2	河北	45	14	58 000	199 971	44	14	56 512	127 120
3	天津	–	–	–	–	–	–	–	–
4	山西	–	–	–	–	–	–	–	–
5	江西	–	–	31	47	–	–	42	63
6	吉林	1	–	500	200	1	–	500	200
7	甘肃	–	–	–	–	–	–	–	–
8	陕西	–	–	–	–	1	–	200	300
9	云南	2	–	500	–	–	–	–	–
10	贵州	2	–	1 354	1 292	2	–	1 369	1 256
11	四川	–	–	–	–	–	–	–	–
12	重庆	6	–	2 200	2 150	6	–	2 290	2 230
13	广西	–	–	–	–	–	–	–	–
14	广东	–	–	–	–	2	–	–	30
15	湖南	1	–	810	2420	2	–	650	1 608
16	湖北	163	15	43 800	59 420	163	15	48 000	65 300
17	河南	4	–	5 010	364	3	–	–	–
18	山东	21	12	76 200	114 800	12	2	49 300	84 300
19	福建	16	5	10 000	12 000	16	5	12 000	14 400
20	安徽	34	4	36 220	9 360	14	4	31 000	26 696
21	浙江	20	3	4 622	7 867	19	3	5 136	9 090
22	江苏	1	–	–	–	1	–	–	–
23	辽宁	17	11	33 000	45 000	18	12	39 000	54 500
	合计	333	64	272 247	454 891	304	55	245 998	387 092

注：数据引自《2013 年全国板栗产业调查报告》。

据统计(表 3-3),我国栗出口量多年保持在 4 万 t 左右,占世界出口量的 30%以上,出口额维持在 6 万美元左右。近几年,受进口国经济因素的影响,我国各年度出口量起伏较大,尤其是日本近几年对我国板栗的进口消减,出口压力越来越大。如 2009 年,我国板栗出口量达到 4.7 万 t 的历史最大值,但2010 年又迅速回落至 3.7 万 t,主要是受日本进口量减少的影响。

表 3-3　中国板栗进出口金额及数量

年度	进口数量/t	出口数量/t	进口金额/万美元	出口金额/万美元	单位进口价格/(美元/t)	单位出口价格/(美元/t)
2000	2 132	30 768	285	6 131	1 335.83	1 992.68
2001	3 041	27 884	363	5 220	1 192.04	1 871.89
2002	5 755	29 660	910	4 724	1 580.53	1 592.58
2003	9 902	32 369	2 245	5 000	2 267.62	1 544.34
2004	13 503	37 581	2 181	5 846	1 615.41	1 555.59
2005	13 763	37 065	2 199	4 980	1 597.98	1 343.66
2006	13 343	43 379	2 026	5 740	1 518.69	1 323.31
2007	11 151	45 409	1 830	6 224	1 641.46	1 370.74
2008	11 890	40 920	1 853	6 298	1 558.53	1 539.12
2009	10 820	46 640	1 811	6 821	1 673.56	1 462.43

注:引自《中国林业统计年鉴》。

多年来我国的板栗出口一直稳居世界栗出口量的第 1 位,产品主要销往日本、韩国、东南亚以及港澳台地区,部分出口到北美和欧洲。但由于我国板栗出口主要以生鲜板栗为主,加工品多为粗加工,在国际市场上竞争力不强,出口价格一直低于世界平均水平,远低于韩国、日本和土耳其等国。近年来,世界栗的贸易量变化幅度不大,出口量常年维持在 10 万 t左右。

目前,我国板栗的出口量仅占总产量的 2%,给国内市场和栗农销售带来了巨大的压力。在出口量相对稳定且有下行压力的情况下,国内消费成为我国板栗的主要市场,消费量占总产量的 95% 以上,其中糖炒栗子占到消费量的 80% 以上。受板栗总产量相对过剩和加工能力不足的限制,我国板栗出现了价格低位徘徊、栗农种植效益低的问题。

从近几年我国板栗的整体市场结构来看,板栗总产量大幅增加,而对日本、韩国等传统出口国家的出口量相对稳定且有下滑的趋势,对美国、欧洲等市场的开拓尚未取得突破,国内市场板栗价格在相当长一段时间内仍然难有较大幅度的提高。

二、中国板栗产业存在的问题

（1）板栗集约化经营管理的重要性认识不足

我国栗的栽培以小规模的农户自主栽培为主，生产集约化程度不高。有些地方仍然以野生林为主，品种混杂、老化。现实生产中良种苗木和接穗供应管理不协调，品种的杂、乱、假现象时有发生。在种植管理上，种植者缺乏集约化经营管理的意识，资金投入不足，许多技术措施不到位，只注重芽前施肥，不重视壮果肥和采果肥及叶面喷微肥；病虫防治不及时，主要病虫害没能得到有效的控制，栗实象甲、桃蛀螟等蛀果性害虫发生普遍，导致商品栗的虫果率较高；低产栗园嫁接改造速度较慢；整形修剪技术粗放，造成树冠郁闭、树形紊乱、枝量过多，严重影响栗的质量。

（2）现有品种和用途之间存在差距

我国目前板栗生产中使用的品种大部分来自 20 世纪 70～80 年代的实生树选优，这些品种较好地解决了当时板栗栽培品种不足的问题，为我国栗产量的快速增长奠定了坚实的物质基础。受育种进程的限制，在当时选育过程中育种者并未对未来板栗市场的需求做更多的考虑。随着时间的推移，可以看出这些品种难以满足未来市场的要求，主要表现为品种间果实加工性状差异大、品质参差不齐和区域性强。

随着栗产量的相对过剩，市场将迫使我国的板栗生产从目前的单一坚果生产逐步转变为满足不同市场需求的专项生产，如以提供加工原料为目的的优质不褐变栗果的生产，以满足特定节日市场的早熟高糖的炒食栗果的生产，以及可脱壳冷藏或速冻的栗果生产。因此，只有培育新的品种才能满足这些需求。

（3）贮藏与加工技术相对落后

栗对贮藏环境有较高的要求。在栗供应不足时，市场尚可接受沙藏等常温贮藏的栗果，但随着产量的上升，未来市场对栗质量将有更为严格的要求，各种常温贮藏方法将很难适应未来栗贮藏的需要。特别是在南方栗产区，采后一段时间内气温相对较高，降低贮藏温度就成为栗果保鲜的重要条件。因此，在栗产区建设各种冷藏库并合理布局，是使栗的商品质量在较长时间内保持稳定并维持正常的季节性价格增长的关键措施。目前在一些栗产区收购商拒收或压价收购沙藏栗果的现象已经出现。此外，我国栗栽培地区绝大部分在经济落后的山区，作为生产主体的栗农缺乏有效的贮藏措施。

目前，低温冷藏在一些板栗交易市场的应用较为普遍，1 000 t 以上的低温保鲜库已不在少数。一些冷库为降低栗实腐烂的数量，贮藏前多采用磷化铝、溴甲烷等药剂熏蒸进行杀虫灭菌处理，药量往往偏大，造成药剂在栗果中的残留超标。气调贮藏是最先进的保鲜贮藏方式，在降低果蔬呼吸强度和抑制腐烂方面具有良好的效果。我国目前有关板栗气调贮藏的研究相对较少，对贮藏温度、相对湿度、气体组成、贮前预处理等关键工艺参数的研究还不充分，尚无可供借鉴的成功案例。

（4）加工能力不足，新增产量已使国内市场趋于饱和

在国际市场对中国板栗需求相对稳定的情况下，现有板栗产量已使国内市场相对饱和，这也造成了丰产不丰收、收购价格不稳定的情况。在北京，随着产量的上升，一级栗的收购价已从 1995 年的 12～16 元/kg 快速下降到2002 年的 6 元/kg 左右；在山东泰安，2005—2014 年，板栗收购价格基本在6～14 元/kg 的区间浮动，尽管这 10 年间人工、生产资料等费用不断上涨，板栗销售价格始终不能同步增长，甚至不升反降。因此，必须提前做好应对因产量上升造成的负面影响，防止板栗价格出现较大的波动。

我国是名副其实的产栗大国，却不是加工大国。我国的板栗加工产业起步较晚，目前多数中小企业加工能力仅停留在初级加工阶段，如机械切削栗米等。我国与法国、意大利等国家在板栗深加工的加工设备、加工工艺等方面的差距较大。国内一些大型板栗加工企业的关键设备均需从国外进口，如从意大利进口的自动爆烤剥壳生产线，日处理能力达到 40 t，进口费用约需100 万欧元，目前这种生产线尚不足 10 条。在栗脱壳技术工艺上，韩国、意大利等发达国家的栗剥壳去衣机，脱皮率达 92%～96%，成品率达 71.2%。我国大多数加工厂的栗剥壳以人工剥壳为主，费工费时，加工成本高。由于初始成本较大，专用的剥壳去衣设备未能在生产上推广应用。

加工工艺同样是我国板栗加工产业的薄弱环节，在某些加工环节出现的瓶颈问题尚未完全克服。栗在加工过程中的褐变是影响我国栗加工业发展的重要原因之一，目前所用的物理和化学方法对栗加工产品的商品质量影响较大。在防止栗果褐变的同时使栗加工品保持原料特有的感观质量、风味、营养成分和完整性，是我国栗加工业亟须解决的瓶颈问题，也是我国栗产业开拓国际市场的关键。我国栗加工产品品种较少，出口产品以简单的粗加工品为主，如栗罐头、栗子羹、栗子饮料、栗粉等，产品质量不稳定，一些发达国家以此为借口来禁止或限制对中国栗产品的进口。

另外，我国食品领域标准尚不健全，标准数量少、水平低、涉及范围小，无法与发达国家的标准衔接，这也阻碍了我国的栗产品走向国际市场。

（5）出口市场萎缩，贸易竞争力下降

自 20 世纪 90 年代以来，板栗的供需矛盾逐渐显现，随着现阶段产量的

稳定增长，这一现象更为突出。如京东甘栗对日本的出口，从 2000 年以前的 3 万 t 左右下降到目前的 2 万 t 左右，对其他国家的出口虽有增长但增幅不大。出口企业为抢客户、争市场，竞相降价、让利，造成栗的出口价格不断下降。收购季节企业对收购价一压再压，栗农增产不增收、利益被严重挤占，生产积极性受到严重打击。此外，在近几年的经营中我国的栗产品未能发挥品牌效应，除了市场原因外，主要还是我们自身的品牌意识淡薄，缺乏对品牌的利用、开发和保护，致使许多传统名、特、优无形资产白白流失。如 2005 年日本经产省特许厅的商标信息网上显示，"天津甘栗"被若干家日本企业及个人以通用名称加其他文字及图形的形式注册为商标。

我国是世界上最大的栗出口国，1990—2003 年，世界板栗年均出口量为 9.88 万 t，排在出口量前 6 位的国家分别是中国、意大利、西班牙、韩国、葡萄牙和土耳其，其中中国占世界出口总量的 32.5%。我国的板栗主要销往日本、中国的港澳台地区和东南亚一些国家，外销栗绝大部分产自河北、北京、山东。随着果品种类的不断增加，近年来日本对栗的进口正在逐年减少，使得中国栗在日本市场上的占有率也趋于降低。加快开发北美和欧洲市场势在必行。

我国也是栗进口大国，进口量仅次于日本，2003 年以后进口量稳定在 1.0 万～1.4 万 t，一直处于净出口。2010 年，我国板栗出口量 3.71 万 t，进口量为 1.21 万 t。从进出口贸易变动情况分析（表 3-4），我国板栗出口量在加入 WTO 后有所增长，但增长缓慢，而栗进口量在加入 WTO 后快速增长，增幅较大。板栗出口额总体呈波动趋势，增长乏力。戴永务等依据波特的钻石模型对我国板栗产业国际竞争力影响因素进行了深入分析，认为板栗产业具有较强的国际竞争力，竞争优势主要来源于低廉的劳动力成本和庞大的内需市场，但受劳动力成本上升和科技创新能力低的影响，所具有的传统低价竞争优势正在逐渐丧失。并据此提出强化种植户培训力度、增强技术创新能力、发展板栗加工业和实施品牌战略等提升我国板栗产业国际竞争力的策略。朱灿灿等也对我国板栗产业国际竞争力进行了分析，研究表明，自我国加入 WTO 以后，我国板栗贸易竞争指数逐年下降，传统低价竞争优势正在逐渐丧失，针对我国板栗生产和贸易中存在的问题，提出了加强科技投入、多元化精深加工及实施品牌战略等策略。

三、中国板栗的发展趋势

（1）依靠科技，科学经营，提高板栗的产量和质量
在品种选育方面，应在保护我国栗属野生资源的基础上，加强对板栗新

品种的定向育种工作。应继续发掘利用现有的优良栽培品种，培育适合各种加工用途的板栗新品种，促进我国的板栗生产由目前的单一生产模式逐步转变为满足不同市场需求的专项生产模式。应制定板栗发展规划，做好宏观布局，稳定现有栽培面积，在立地条件较好的山地，可适当发展耐贮藏、早成熟、宜加工的优良品种。开展大规模的良种培育工作，对优良板栗变异品种进行详细调查、比较和筛选，确定质优、抗病虫的优良品种，优化良种区域布局，建设高标准果园。

表 3-4　1995—2010 年中国板栗生产贸易状况

年份	收获面积/万 hm²	总产量/万 t	出口量/万 t	进口量/万 t	出口额/万美元	进口额/万美元
1995	6.33	30	3.61	0.07	7731.03	162.25
1996	7.2	28.5	3.20	0.15	6612.01	344.73
1997	7.8	37.5	3.16	0.12	6364.41	196.73
1998	8.8	45	3.86	0.07	6899.50	77.56
1999	10.5	53.46	3.37	0.12	6425.93	135.93
2000	11	59.82	3.54	0.22	6778.52	298.83
2001	7.91	59.91	3.13	0.3	5633.43	362.98
2002	13	70.17	3.34	0.58	5162.40	915.54
2003	14.5	79.72	3.45	1.01	5247.31	2310.72
2004	17.5	92.27	3.99	1.37	6356.88	2216.7
2005	18.5	103.19	3.89	1.39	5305.73	2218.02
2006	22	113.97	4.66	1.36	6248.90	2041.74
2007	23.8	126.65	4.65	1.12	6354.61	1835.9
2008	26	145.05	4.14	1.2	6360.16	1863.55
2009	28	155	4.67	1.09	6834.09	1824.62
2010	29.5	162	3.71	1.21	7365.05	2227.2

引自：戴永务等《中国板栗产业国际竞争力现状及其提升策略》。

适地适栽、合理布局。推广应用先进的栽培管理技术措施，包括深翻扩穴、改良土壤、配置授粉树、合理整形修剪、增施有机肥、强化病虫害综合防控等。发展板栗园间作和林下经济，在保持现有板栗种植面积的基础上，实现提质、增产、增效，改变我国板栗单产低、质量差的现状。建设板栗园良性的生态系统，利用板栗林下作物增加栗园综合效益，提高光能和土地利用率。加强技术引导和服务，通过科技下乡、组织培训、赠送资料等多种形式，及时向农户提供产前、产中、产后的各项技术服务。加强对生产条件好的板栗专业合作社和科技观念强的种植大户的帮扶，以点带面、促进新技术的示范推广。提倡板栗园分类经营、定向培育，直接为加工企业提供优质原料，实现板栗的区域化专业生产。

科学经营板栗主副业，以市场为导向，针对加工企业对原料的要求和周边加工企业的状况，调整板栗种植的品种结构，重点推广应用果肉壳层细胞单宁含量少及果实硬度低、渗糖速度快的品种，积极推进栗果品种商品化。适当增加晚熟大果形耐贮藏品种和加工品种的比重，保持早、中、晚熟品种的合理搭配，延长板栗的市场供应期。严格按照成熟期和规模性种植品种，分批进行采收以及脱壳、灭虫、清洗、消毒、涂蜡、分级包装等一系列的采后商品化操作，增加板栗产品的附加值。利用栗枝、刺苞等栗园废弃物发展栗蘑等种植业，利用板栗壳制作栗壳固型炭，利用间歇作业发展林下经济，依托栗林资源开展采摘、观光旅游业，实现板栗园和产品的高效利用，提高综合效益。

(2)加强政府的宏观调控，构建板栗产业链

发展板栗生产应以市场为导向，但对市场存在的自发性、盲目性和滞后性带来的潜在危害须及时加以关注。我国板栗生产已发展到较大的规模，加强对板栗生产的宏观调控和指导、构建板栗产业链显得尤为重要和迫切。构建板栗产业链，实质上就是把板栗产业链条上的每一个环节有机结合起来，使得板栗产业链上的各利益主体通过良好的利益联结和协调机制来实现共赢。从国内外的经验来看，农业产业化经营的模式应是"企业＋中介组织＋农户"，应大力培育中介组织，使之成为利益分配机制运作的主体。中介组织可以是由农民自愿组成、自我管理的专业协会、专业合作社等。板栗产业链的构建需要市场和政府两种力量的推动。政府在对从农产品生产到最终消费的产业链进行管理的过程中，应制定一系列有利于产业链运作的政策和法律法规，促进市场体系的建设。应建立健全与板栗有关的科技服务体系，从宏观上引导专业化生产的发展，扶持农民板栗合作组织，保障栗农的地位，尽最大可能保护处在产业链弱势地位的栗农的利益，加快农产品的交易进程。

建立有效的板栗产业化经营体系。我国板栗产业应以板栗有机食品生产作为产业的发展目标，以市场为导向、以有机板栗原料生产为基础、以加工企业为龙头，对产业链涉及的生产、贮藏、加工、市场以及研发创新等各环节进行整体考虑，吸纳种植、贮藏、加工、包装运输、销售群体等，以股份的形式结合起来，实行产贮运销一体化、利益共享、风险共担。加强对农药和其他有害物质残留检测方法的研究和实施，加强对从业人员的培训，按照与国际接轨的农产品安全卫生和质量等级标准生产、加工板栗。建立相关信息的发布平台，健全和完善板栗产品安全和质量监控体系。经常组织召开全国板栗学术研讨会，交流板栗的相关信息，促进板栗产业的持续健康发展。

（3）积极开展板栗保鲜和加工技术研究，走产业化道路

目前我国板栗贸易主要以初级产品为主，深加工产品少，须大力发展板栗贮藏保鲜和深加工技术。应根据我国板栗不同品种及不同地域等条件因素进行贮藏工艺及不同处理方法的研究，以确定不同品种、不同地域板栗的合理贮藏工艺。采用气调式冷藏设备和冷藏技术，减少板栗贮藏病虫害造成的损失。重点研发或引进板栗产品的"固色留香"技术和护色、复色技术等，为我国板栗的深加工提供技术保障。充分利用现有的设备和技术力量，研制开发特点鲜明、受市场欢迎的加工新产品，提高我国板栗精深加工的能力，促进板栗产业的发展。

各级政府要加大对板栗加工企业的支持力度，将重点放在市场建设、产品质量检测、环境保护等方面，完善生产和市场体系。加强对板栗企业的信贷服务，加大对板栗加工企业的财政支持力度，进一步调整投资结构，不断拓宽板栗加工企业的融资渠道。我国板栗的加工业起步较晚，大规模的精深加工企业较少，绝大部分的加工企业存在规模小、产品单一、质量不过关、生产不稳定及资金短缺等问题。要加快建立集生产经营、销售运输、贮藏加工为一体的板栗生产龙头企业。企业要不断推进板栗产品开发向精深化加工的方向发展，在加工技术、包装设计上不断创新，开发新型产品。引进国际先进的贮藏保鲜技术，最大限度地保存板栗固有的风味和营养成分。强化企业内部管理，通过"公司＋中介＋农户"及"订单农业"的方式，与栗农建立稳定的业务联系，以保障原料供应、降低生产风险；要依据市场需求变化及时调整生产计划，做到以产定销。

（4）积极拓展国内外市场，壮大板栗产业

我国板栗市场潜力巨大。以传统糖炒栗子为例，北京的一个小型糖炒栗子店，每年即可销售 $60\sim80$ t 糖炒板栗。随着我国现代物流技术的发展，板栗的市场拓展与销售将更具多样化。一是兴建大型的板栗专业批发市场，强化基础设施建设，面向全国大中城市、东南亚、日本及欧美市场，吸引国内

外客商参与市场竞争，拓宽销售渠道；二是利用现代物联网技术，完善电子商务平台建设，开设板栗销售的专门网站，收集国内外板栗的供求信息，发布各地板栗的生产、销售信息，更好地为各地板栗的生产、销售提供决策依据；三是充分发挥各类板栗协会、销售中介组织、农民合作经济组织的作用，全方位、多形式地拓宽流通渠道，抓好生产和市场两个主要环节的衔接，规模化生产、产业化经营，降低生产成本，扩大销售能力，形成辐射全国的销售网络，搭建市场拓展与销售的信息平台；四是扶持重点企业、增强品牌意识，创建特色鲜明的板栗品牌，着力提高其知名度和市场竞争力。

开拓欧美、南亚等新的国际市场，是保持我国板栗产业稳步推进和可持续健康发展的重要突破口，也是我国板栗产业进一步走向国际的关键举措。近年来，欧洲栗、美洲栗产业出现萎缩，欧美地区的需求为我国板栗的市场开拓提供了难得的契机。目前，欧美国家对于进口我国的带壳鲜栗有严格的限制，带壳鲜栗难以向上述地区出口，出口板栗加工半成品和成品将是我国板栗突破检疫壁垒进入国际市场的重要途径。各主产区的板栗加工和外贸企业要不断提高板栗产品的质量，加强企业和品牌的宣传，按照市场规则和产品质量做好定价，缩小与国际同质栗的差价，保证板栗的正常经营秩序，努力降低运销成本，不断提高我国板栗的国际竞争力。同时，要加强板栗加工技术的引进和应用，针对出口目的地居民的消费习惯调整产品结构，实现出口多元化。将专业的商业网站以及广交会、世博会等国际性交易场所作为销售窗口，提高我国板栗产品的国际知名度，努力抢占和扩大欧美等国际市场。

参 考 文 献

[1] 张宇和，柳鎏. 中国果树志·板栗 榛子卷 [M]. 北京：中国林业出版社，2005.

[2] 郗荣庭，刘孟军. 中国干果 [M]. 北京：中国林业出版社，2005.

[3] 山东省果树研究所. 山东果树志 [M]. 济南：山东科学技术出版社，1996.

[4] 陕西省果树研究所. 陕西果树志 [M]. 西安：陕西人民出版社，1978.

[5] 山西省园艺学会. 山西果树志 [M]. 北京：中国经济出版社，1991.

[6] 曲泽洲. 北京果树志 [M]. 北京：北京出版社，1990.

[7] 杨钦埠，张植中，黄汝昌，等. 云南板栗资源调查及开发利用的研究 [J]. 云南林业科技，1994(2)：40-51.

[8] 吴鹏升，张明伟，宋任贤，等. 关于辽阳地区干果优势树种资源利用与开发的思考 [J]. 辽宁农业职业技术学院学报，2008，10(3)：27-29.

[9] 肖正东，陈素传. 安徽省栗属种质资源现状与利用前景 [J]. 经济林研究，2007，25(4)：97-101.

［10］艾呈祥，沈广宁，张凯，等. 秦巴山区野板栗居群遗传多样性 AFLP 分析［J］. 植物遗产资源学报，2011，12(3)：408-412.

［11］杜春花，邵则夏，陆斌，等. 云南省板栗栽培区划［J］. 云南林业科技，2001(3)：45-48.

［12］高海生，常学东，蔡金星，等. 我国板栗加工产业的现状与发展趋势［J］. 中国食品学报，2006，6(1)：429-436.

［13］余凌帆，罗成荣，龚固堂，等. 四川秦巴山区野生板栗的改造［J］. 经济林研究，2004，22(2)：81-83.

［14］王清章. 板栗贮藏加工的现状分析与生产建议［J］. 湖北农业科学，1999(1)：44-46.

［15］曹均. 2013 全国板栗产业调查报告［M］. 北京：中国林业出版社，2014.

［16］国家林业局. 中国林业统计年鉴［M］. 北京：中国林业出版社，2010.

［17］许天龙，冯永巍，吴智敏，等. 我国板栗生产现状与发展对策［J］. 浙江林业科技，2000，20(5)：79-83.

［18］蔡荣，虢佳花，祁春节. 板栗产业发展现状、存在问题与对策分析［J］. 中国果菜，2007(1)：52-53.

［19］杜文. 基于产业链角度谈板栗产业的健康发展［J］. 中国集体经济，2010(19)：111-112.

［20］毛尔炯，祁春节. 国外农业产业链管理及启示［J］. 安徽农业科学，2005，33(7)：1296-1297.

［21］贺盛瑜，胡云涛，李强. 区域农业产业链物流体系总体构想［J］. 农村经济，2008(7)：113-115.

［22］孙明德，曹均，王金宝. 板栗产业发展的关键环节分析［J］. 北方园艺，2011(18)：190-192.

［23］王秀竹. 中国栗产业可持续发展对策研究［D］. 泰安：山东农业大学，2010.

［24］马世鲜，邹存静，童磊，等. 信阳市板栗产业发展存在的问题及对策［J］. 现代农业科技，2012(18)：183，185.

［25］安玉发，刘红禹，曹新星. 世界板栗的贸易格局分析［J］. 国际贸易问题，2005(3)：21-25.

［26］戴永务，刘伟平. 中国板栗产业国际竞争力现状及其提升策略［J］. 农业现代化研究，2012，33(4)：456-460.

［27］朱灿灿，耿国民，周久亚，等. 21 世纪栗属植物产业发展及贸易格局分析［J］. 经济林研究，2014，32(4)：184-191.

第四章 板栗栽培品种

我国板栗栽培历史悠久，过去长时期的实生繁衍和种群间的扩散交流，形成了众多地方品种资源。受栽培历史、自然生境和社会发展的影响，在板栗几千年的栽培过程中，形成了明显的区域性和适应性。1956年，我国开始进行板栗种质资源调查，由此，我国各板栗产区相继开展了资源调查和生物学特性等研究，并在12个板栗主产省市区整理出地方品种近300个，筛选出一批优良类型，在《中国果树志·板栗 榛子卷》中作了系统报道。20世纪70年代开始，各主产区科研院所和高校开展了品种筛选和多途径、多手段育种研究工作，并在此时迅速推广嫁接繁殖，全国各板栗主产区进入大规模改接换优和品种化工作，取得了阶段性成果，形成了一大批分布于各主产区的主栽品种，促进了我国板栗产业的快速发展。90年代以来，育种途径更加多样化，杂交育种、辐照育种等技术手段逐步成熟，并选育出一批优良品种。直至现在，我国板栗育种研究工作从未间断，仍有大量早熟、优质、丰产、大果型、多抗以及专用型新品种见诸报道。据估计，目前报道的板栗品种数量为350~400个。当前，我国在坚持品种选育的同时，对已选育品种的区域性、适应性、抗逆性及提质增产增效技术的研究仍然是板栗品种研究的重要课题。

第一节 板栗栽培品种居群划分

我国幅员辽阔，适宜栽培板栗区域广泛。传统栽培中，根据板栗坚果的特性和用途，历史上形成了北方炒食栗产区、长江中下游菜食栗产区和南方栗产区。1973年，原江苏省植物研究所根据板栗分类，在全国板栗资源调查分析和研究的基础上，根据坚果外观、大小、成熟期、用途等主要经济性状，结合产地的生态因子、栽培措施和生长结果表现，将全国板栗品种划分为5

个地方品种群，1977 年，修改增定为 6 个地方品种群。形成了 6 个不同的板栗生态栽培区域。

1. 华北品种群

该居群品种坚果多小型至中型，果形整齐，底座较小，平均单果重以 7～10 g 居多，约占品种类型的 70% 以上。坚果皮色泽较深，黑褐色至红棕色，富光泽，茸毛少。果实含糖量较高，一般在 12%～20%，淀粉含量较低，一般为 50% 左右，肉质细糯甜香，含水量少，品质优良，为炒食栗类型，比其他产区较耐贮藏。历史上以实生繁殖为主，品种数量较少，品种内变异大，居群内多样性明显。

代表品种有河北的燕奎、燕山短枝、大阪红、早丰等；北京的燕山红、燕丰、燕昌等；山东的石丰、金丰、海丰、红栗、泰栗 1 号、蒙山魁栗、沂蒙短枝等；江苏的陈果油栗、炮车 2 号等；河南的信阳大板栗、确山紫油栗等，是我国炒食栗类型核心品种居群。

2. 长江中下游品种群

该居群品种坚果大型，品种内形状相对一致，特征比较明显，平均单粒重 16g 以上，外果皮色泽浅，茸毛较多，果肉质地偏粳性，淀粉含量高，含糖量低，平均含糖量 12.5%，含水量高于华北品种群，耐贮性差，适宜菜用。代表品种有江苏的九家种、处暑红、青毛软刺；安徽的粘底板、大红袍、叶里藏；湖北的中迟栗、红毛早、浅刺大板栗；浙江的魁栗、马齿青、毛板红、上光栗等。除板栗外，该居群内还分布有野板栗、茅栗和锥栗，形成了混生区域带，是我国栗属植物的起源中心。

3. 西北品种群

该居群坚果以小型为主，外果皮浅褐色，光泽暗淡，肉质偏糯性，香甜，适宜炒食。主要品种有明拣、灰拣、镇安大板栗、柞水 14 号、柞水 11 号等。

4. 东南品种群

该居群坚果中大型，外果皮茸毛少而短，以赤褐色居多，富光泽，含水量高，果肉偏粳性，味淡，淀粉含量高，含糖量较低，含水量高，不耐贮藏，适宜菜用。主要品种有湖南的邵阳它栗、接板栗；江西的金坪矮垂栗、薄皮大油栗；浙江的萧山大红袍、诸暨毛板红；广东的韶关 18 号、农大 1 号；广西的中果红皮栗等。该居群还分布有锥栗，集中在福建建阳、建瓯、政和一带，主要品种有白露子、麦塞子、黄榛、油榛、长芒仔、薄壳子等。

5. 西南品种群

该居群坚果小型，贵州及云南中东部大多果皮色泽深，湘西及云南中西部色泽较鲜艳，大多数品种含糖量偏低，肉质细腻糯性。代表品种有云腰、云早、平顶大红栗、红皮大油栗、早熟油毛栗等。

6. 东北品种群

分布于辽宁省、吉林南部，集中产地为丹东的东沟、宽甸、凤城，主要为丹东栗，与板栗有混交区域，丹东栗约占90%。丹东栗与日本栗性状相近，目前与日本栗归为一个种。丹东栗的涩皮不易剥离，肉质疏松，抗病虫能力弱，但产量较高，多用于加工，主要品种有辽栗10号、辽栗15号、辽栗23号和日本栗品种金华、银寄等。

第二节 主要栽培品种

一、华北产区栽培品种

1. 燕山早丰(*C. mollissima* cv. Yanshanzaofeng，图 4-1)

原名杨家峪3113。原产于河北省迁西县汉儿庄乡杨家峪村，河北省昌黎果树研究所于1973年实生选出。因果实成熟期早且丰产，由此得名。是河北主栽品种之一。

图 4-1 燕山早丰

树冠圆头形，树姿半开张。幼树生长势强，成龄树树势中等。树干皮色深褐，皮孔小而不规则，每结果母枝平均抽生果枝1.8条，每结果枝平均着生刺苞2.4个。叶片长椭圆形，波状，叶厚，浓绿有光泽，背面密被灰白色星状毛，叶柄长1.9 cm，黄绿色。雄花序较短，长10.3 cm，斜生，每结果枝平均着生3.4条。刺苞小，椭圆形，重47.2 g，刺束密度及硬度中等，平均每苞含坚果2.7粒，出实率40.1%。坚果扁椭圆形，果皮深褐色，大小整齐，平均单粒质量7.6 g。底座中等大，接线月牙形。果肉黄色，质地细腻，味香甜，品质优良，干物质含糖19.7%、淀粉44.3%，耐贮藏。果实9月上中旬成熟。始果期早，嫁接苗一般 2 年挂果，3 年大量结果。树势强健，早实丰产，抗病、抗旱性强，坚果品质优良，成熟期早，适宜炒食。

2. 燕奎（*C. mollissima* cv. Yankui，图 4-2）

别名杨家峪 107。河北省昌黎果树研究所于 1973 年实生选出，母树位于河北省迁西县汉儿庄乡杨家峪村，已在河北、北京、天津等地推广。2005 年通过河北省林木品种审定。

树冠开心形，树姿开展，易于整形修剪，偶尔有嫁接不亲和现象。成龄树树势强，幼树生长势旺盛，分枝角度大，枝条疏生，皮色灰绿，无茸毛，皮孔稀、中等大、不规则。叶片披针状，椭圆形，绿色，有光泽，水平生长，叶姿平展，叶厚，锯齿大，内向，叶柄长 1.6cm。雄花序长，每结果枝平均着生 9.4 条，花序呈下垂状。每结果母枝平均抽生结果枝 2.13 条，每结果枝平均着生刺苞 1.85 个，出实率 41.3%。刺苞椭圆形，中等大，平均单苞质量 64.8g；刺束中密，长 1.49cm，斜生，硬度中等，色泽浅绿；苞皮厚 0.21cm，成熟时"一"字形开裂，少数"十"字形开裂。果实 9 月中旬成熟。幼树平均株产可达 3.34kg，连续结果枝条达 80.9%，树势强，产量高，坚果整齐，耐贮藏。

图 4-2 燕奎

3. 燕山短枝（*C. mollissima* cv. Yanshanduanzhi，图 4-3）

原名后韩庄 20，又名大叶青。原产于河北省迁西县东荒峪乡后韩庄村，河北省昌黎果树研究所于 1973 年从当地实生板栗树中选出。

树冠圆头形，紧凑，树势强健。嫁接幼树结果母枝长 21.5 cm，粗 0.67 cm，节间短，果前梢中等长。混合芽大，圆形，芽尖褐色。叶片椭圆形，肥大，叶色浓绿。结果母枝萌芽率 61%，平均抽生结果枝 1.85 条，每结果枝平均着生刺苞 2.9 个，每苞平均含坚果 2.8 粒。坚果扁圆形，果皮深褐色，光亮，平均单粒质量 9.2 g，大小整齐。适宜炒食，品质上等，耐贮藏。果实成熟期 9 月上旬。经密植栽培试验，幼砧嫁接第 3 年进入结果期，第 4 年平均株产 0.76 kg，第 5 年平均株产 2.23 kg，折合产量 4 965 kg/hm^2。

图 4-3　燕山短枝

4. 大板红（*C. mollissima* cv. Dabanhong，图 4-4）

原名大板 49 号。母树位于河北省宽城县碾子峪乡大板村，于 1974 年在实生树中选出，1993 年命名，为河北省推广良种之一。

图 4-4　大板红

树势较强，树冠圆头形，开张。结果母枝长 29.5 cm，粗 0.64 cm，皮色灰绿，皮孔圆形，中密，平均每结果母枝抽生结果枝 2.3 条，每果枝平均着生刺苞 2.5 个。刺苞椭圆形，平均单苞质量 46 g，刺束密、硬、直立。刺苞皮厚，平均每苞含坚果 2.2 个，成熟时 3 裂或"十"字形开裂，出实率 35%。坚果圆形，果皮红褐色有光亮，果顶微凸，平均单粒质量 8.1 g，大小整齐。果肉黄色，肉质细糯香甜，含淀粉 64.22%、糖 20.44%、粗蛋白 9.1%，品质优良，耐贮藏。果实成熟期 9 月中旬。连续结果能力强，在立地条件较好的情况下，16 年生嫁接树连续 3 年结果的枝条占 80%，连续 2 年结果的枝条占

15％，较丰产，每平方米树冠投影面积产量 0.4 kg，大小年幅度小，改接后 3
～4 年 3 270 kg/hm²。丰产稳产，抗病虫及干旱能力较差，自交结实率较低，
栽培时应注意配置授粉品种。

5. 西沟 7 号(*C. mollissima* cv. Xigou 7，图 4-5)

原产于河北省遵化县东陵乡西沟村，于 1973 年入选实生优株。

图 4-5　西沟 7 号

树冠较紧密，呈半圆头形。结果母枝长 29.8 cm，粗 0.63 cm，皮色灰
绿，无茸毛，皮孔小、不规则、中密。叶椭圆形，绿色，有光泽，叶姿平展，
锯齿较大，内向，叶柄长 1.7 cm，黄绿色。雄花序长，每结果枝平均着生 9
条。每结果母枝平均抽生结果枝 1.94 个，每结果枝平均着生刺苞 2.22 个。
刺苞短椭圆形，平均单苞质量 36.9 g，苞皮厚 0.17 cm，刺束中密、斜生、黄
绿色，成熟时"一"字形开裂，平均每苞含坚果 2.81 粒，出实率 39.9％。坚
果圆形，小，较整齐，平均单粒质量 6.0 g，茸毛少，果皮棕褐色，光泽中
等，底座小，接线月牙形。果肉香甜细糯，含糖量 18.12％、淀粉 39.15％、
蛋白质 1.16％，耐贮藏。果实成熟期 9 月中、下旬。丰产性较强，嫁接苗栽
植第 3 年平均株产 1.05 kg。

6. 燕山红(*C. mollissima* cv. Yanshanhong，图 4-6)

又名燕红、北庄 1 号。1975 年选自北京市昌平县黑山寨乡北庄村南沟。
因原产于燕山山脉且坚果鲜艳呈红棕色而得名。1979 年被评为北京市发展品
种之一，现已推广至河北、山东、陕西、江苏等地。

树冠紧凑，呈圆头形，树体中等偏小，树姿开张，分枝角度小，较直立。
结果母枝灰白色，长 21 cm，粗 0.47 cm，皮目多而明显。混合芽较小，扁圆
形，每结果母枝抽生结果枝 2～3 条，每个结果枝平均着生刺苞 2 个，每苞平
均含坚果 2.4 粒。刺苞球形，平均单苞质量 45 g，刺束稀，分枝角度大，出
实率 45％。坚果红棕色，茸毛少，富有光泽，平均单粒质量 8.9 g，整齐美
观。果肉细糯香甜，干物质含糖 20.25％、粗蛋白 7.07％、脂肪 2.46％，品

质优良，适宜炒食，耐贮藏。果实成熟期9月下旬，成熟一致。早期丰产，嫁接第2年后结果，第4年树平均株产6.5 kg，每平方米树冠投影面积产坚果0.5 kg。在土壤瘠薄条件下，易生独粒，同时对缺硼土壤敏感。由于果枝萌发力强，修剪时要适当控制母枝留量。

图4-6　燕山红

7. 燕昌(*C. mollissima* cv. Yanchang，图4-7)

原名下庄4号。于1975年在北京昌平区下庄乡下庄村实生树中选出，1982年通过鉴定，在京郊昌平、怀柔、密云等地广泛推广。

图4-7　燕昌

树势中等，树姿开张，呈扁圆头形或自然开心形，枝条较软，分枝角度大。结果母枝细长，长 29 cm，粗 0.55 cm。果前梢长 2.57 cm，平均着生混合芽 3.3 个。叶片长椭圆形，质地硬，锯齿内向，叶柄中长。雄花序长 16.3 cm，平均每结果枝着生雄花序 6.8 条。结果母枝萌发率 85%，连续结果能力强，2～3 年生结果母枝占枝量总数的 85%，每个结果母枝平均抽生 2.1 个结果枝，每个结果枝平均着生刺苞 2.1 个。刺苞椭圆形，平均单苞质量 67 g，刺束中密，分枝角度较小，平均每苞含坚果 2.6 粒，出实率 40.5%。坚果红褐色，平均单粒质量 8.6 g，果面茸毛较多，具光泽，油亮。贮藏 3 个月后，坚果干物质含糖 21.63%、蛋白质 7.80%、脂肪 2.19%，果肉糯性香甜，适于炒食，耐贮藏。成熟期在 9 月中旬。早实丰产，嫁接后第 2 年即可大量结果，空苞率不超过 3%。由于结果母枝细长，树冠不紧凑，栽植密度不易过大。栽培条件差时，每苞中坚果数减少，坚果变小且色泽差。

8. 燕丰（*C. mollissima* cv. Yanfeng，**图 4-8**）

原名西台 3 号，别名蒜鞭。母株为实生树，位于北京市怀柔区黄花城乡西台村老坟后山地梯田上，1979 年秋定名，现在京郊怀柔、密云等地推广生产。

图 4-8 燕丰

树势中等，树姿开张，树冠圆头形，分枝角度大，结果母枝长 29.5 cm，粗 0.64 cm，果前梢一般较长，平均着生混合芽 5.6 个。叶片长 18.0 cm、宽

7.1 cm，叶柄中长，质地较硬。雄花序长 17 cm，每结果母枝上着生雄花序约 4～5 条，每结果母枝平均抽生结果枝 1.6 个，每结果枝平均着生刺苞 3.3 个，有成串结果习性。刺苞椭圆形，苞皮薄，刺束稀，分枝角度大，平均每苞含坚果 2.5 粒，出实率 53.1％。坚果黄褐色，平均单粒质量 6.6 g，果肉糯性香甜，贮藏 3 个月后干物质含糖 25.26％、蛋白质 6.18％、脂肪 2.53％。在北京怀柔成熟期在 9 月中、下旬。嫁接苗栽植第 4 年大量结果，14 年生树平均株产 10.3 kg，最高达 15.05 kg。树体坐果率高，但抗旱能力差，适宜在立地条件较好的地区发展。修剪时结果母枝留量不宜过多，须注意配置授粉树，才能提高单粒重，减少空苞率。

9. 红光（C. mollissima cv. Hongguang，图 4-9）

原名二麻子栗。原产于山东省莱西县店埠乡东庄头村，20 世纪 60 年代初莱阳农学院报道，后经山东省果树研究所组织鉴定和推广，是山东省最早以嫁接方式繁殖的品种。因果皮红褐色，油亮，故称红光栗。

图 4-9　红光

树冠圆头形至半圆头形，幼树生长势强，树姿直立，成龄树树势中等，盛果期树冠开张。母枝灰绿色，皮目大而明显，生长较直立，叶下垂，叶背茸毛厚。每结果母枝平均抽生结果枝占发枝量的 71％，发育枝占 7％。每结果枝平均着生刺苞 1.5 个，每苞平均含坚果 2.8 粒，出实率 45％。刺苞椭圆形，单苞质量 60 g 左右，针刺较稀，粗而硬。坚果扁圆形，红褐色，油亮，整齐美观，平均单粒质量 9.5 g。果肉质地糯性，细腻香甜，平均含水量 50.8％，干物质含糖 14.4％、淀粉 64.2％、脂肪 3.1％、蛋白质 9.2％，炒食品质优，耐贮藏。果实成熟期在 9 月下旬至 10 月上旬。幼树始果期晚，嫁接后 3～4 年开始结果，连续结果能力强。经密植丰产试验，当栽植密度为 1 110 株/hm^2 时，6 年生果园单产为 4 770 kg/hm^2。抗病虫能力强，桃蛀螟等果实害虫为害较轻。

10. 红栗（C. mollissima cv. Hongli，图 4-10）

于 1964 年由山东省果树研究所在泰安市实生板栗群体中选出，母株位于泰安市麻塔区大地村山坡梯田，因枝条、幼叶、刺苞、刺束为红色而得名。是山东产区 20 世纪 70～80 年代主要推广品种之一，集中分布于泰安、临沂等产区。

树冠高圆头形，幼树生长势强，树姿直立，盛果期后逐趋缓和。幼枝红褐色，新梢紫红色，皮孔偏圆、白色、中密。叶卵状椭圆形，叶面绿色，叶缘红色，叶姿下垂，先端渐尖，长 19.5 cm，叶柄长 1.8 cm，叶柄阳面红色，背面黄绿色，锯齿直向至内向。结果母枝长 40 cm 左右，节间长 2.9 cm，每结果母枝平均抽生结果枝 3 条，每结果枝平均着生刺苞 2.4 个。雄花序长 16.4 cm，斜生，每结果母枝平均着生 8.6 条。刺苞椭圆形，平均单苞质量 55 g，苞皮厚 0.27 cm，成熟时"十"字形开裂或 3 裂，每苞平均含坚果 2.6 粒，出实率 44%，刺束长 1.4 cm，中密红色。坚果近圆形或椭圆形，浅红褐色，平均单粒质量 9 g，接线波状，底座小、大小整齐，平均含水率 46.6%，干物质含糖 15.2%、淀粉 58.8%、脂肪 3.8%，果肉细糯香甜，耐贮藏。树体连续结果能力强，丰产稳产，喜肥水、不耐瘠薄，宜在河滩平地、沟谷以及土肥水管理较好的地方种植。

图 4-10　红栗

11. 泰栗 1 号 (*C. mollissima* cv. Taili 1，图 4-11)

山东省果树研究所经芽变选种途径从粘底板品种中选出。2000 年通过山东省农作物品种审定委员会审定。

树势强壮，树冠较开张，多呈开心形。枝条灰褐色。叶长椭圆形，叶面深绿色，较厚。结果母枝粗壮，抽生结果枝较多，结果枝长 32 cm 左右，粗 0.67 cm，果前梢长而粗壮，芽量多，混合芽椭圆形。雄花序斜生，每结果枝平均着生 12 条。刺苞椭圆形，单苞质量 100～120 g，苞皮厚，每苞平均含坚果 2.8 粒，空苞率

图 4-11　泰栗 1 号

低。坚果椭圆形，红褐色，光亮美观，腹面稍凹，有暗褐色条纹，大小整齐饱满，平均单粒质量 18.0 g，果型大。果肉黄色，质地细糯香甜，涩皮易剥离，平均含水量 59.5%，干物质含糖量 22.5%、含淀粉量 65.6%、蛋白质 7.3%。属早熟丰产优质较耐贮藏的炒栗兼加工品种。丰产稳产，结果枝着生刺苞适中，基部芽也能抽枝结果，短截修剪效果好。利用嫁接苗定植，第 2 年开花结果，4～5 年可达 5 878 kg/hm²。在泰安地区 4 月上旬萌芽，6 月上旬盛花，8 月底至 9 月初成熟，11 月上旬落叶，果实发育期近 100 d，为早熟大果型品种。

12. 金丰（*C. mollissima* cv. Jinfeng，图 4-12）

原名徐家 1 号，从实生树中选出，母树位于山东省招远市张星镇徐家村。

图 4-12　金丰

幼树生长旺盛，树姿直立，结果后树势中庸，渐趋开张。结果母枝抽生结果枝占 48%，发育枝 3%，每结果母枝平均抽生结果枝 2.2 条，每结果枝平均着生刺苞 2.4 个，每苞平均含坚果 2.7 粒，出实率 38%。刺苞高椭圆形，单苞质量 55 g 左右，刺束中密、硬。坚果近圆形，红褐色，富光泽，果顶茸毛较多，接线耳牙形，底座中小，单粒质量 8 g 左右。果肉质地细腻甜糯，含水量 50.5%，干物质中含糖 16.8%、脂肪 5.2%、蛋白质 9.8%、淀粉 61.2%，较耐贮藏，适于炒食。结果期早，嫁接第 2 年结果株率达 90% 以上，第 3 年正常结果，在立地条件较好的条件下，表现丰产稳产。大量结果后，如肥水管理不当，树势易衰弱，出现大小年现象，且空苞率高，坚果不整齐。

13. 宋家早（*C. mollissima* cv. Songjiazao，图 4-13）

山东省果树研究所于 1966 年从泰安市麻塔区宋家庄实生树中选出，因成熟早而得名。

树冠高圆头形，生长势强。结果母枝长，每结果母枝平均抽生结果枝 2.9 个，每结果枝平均着生刺苞 2.6 个。枝条分枝角度小，节间长 2.6 cm，皮棕色，皮孔密、椭圆形。叶椭圆形，浅绿或黄绿色，长 18.3 cm，叶姿平展略下垂，薄而光亮，叶柄长 2.4 cm。雄花序长 15.5 cm，每结果枝着生 10 条左右。刺苞椭圆形至圆形，成熟时"十"字形开裂或 3 裂，苞皮厚度 0.4~0.5 cm，平均单苞质量 60 g，刺束密而较长。坚果椭圆形，果皮黑褐

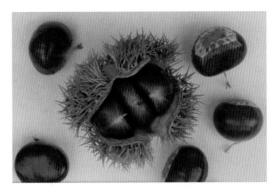

图 4-13　宋家早

色，明亮，筋线较明显，底座中等，接线月牙形或波状，整齐度稍低，单粒质量 8~10 g，出实率 38%。果肉细糯甜香，平均含水量 56.5%，干物质含可溶性糖 14%、淀粉 50.6%、蛋白质 11.1%。在泰安果实成熟期在 8 月底至 9 月初。在较好的土壤和肥水管理条件下，表现丰产。易受桃蛀螟、皮夜蛾等为害，嫁接亲和力较差。

14. 郯城 207（*C. mollissima* cv. Tancheng207，图 4-14）

1964 年山东省果树研究所从郯城县归义乡茅茨村选出，母树为"郯城大油栗"地方类型中的实生优株。山东省区均有分布，主产区为泰安、肥城、郯城等地。树冠高圆头形，成龄树树势中庸。结果母枝健壮，平均抽生结果枝 2.4 条，每果枝平均着生刺苞 2 个。叶片绿色，椭圆形，叶姿较平展，斜生，长 20.8 cm，锯齿直向略大，叶柄中等长。每果枝平均着生雄花序 11 条，雄花序平均长 19 cm。刺苞椭圆形，苞皮厚 0.4 cm，平均单苞质量 80 g，每苞平均含坚果 2.6 粒，出实率 35% ~ 39%。坚果椭圆形，红褐色，筋线

图 4-14　郯城 207

明显，底座中大，接线月牙形，单粒质量 9~14 g，果肉风味甜香，含水量 53.5%，干物质中含可溶性糖 11.9%、淀粉 69%、蛋白质 10.5%。果实成熟期 9 月下旬，在肥水条件差时坚果不饱满，易皱皮，果皮浅红，品质下降。嫁接苗栽植第 3 年可进入正常结果期。桃蛀螟、皮夜蛾等蛀果性害虫为害较重。

15. 石丰（*C. mollissima* cv. Shifeng，图 4-15）

别名'中石现 1 号'，山东省果树研究所于 1971 年实生选出，1977 年后

改名为'石丰'。母树位于山东省海阳市中石现村，广泛分布于山东各板栗产区。

图 4-15　石丰

树冠较开张，树体较矮，树姿开张。结果母枝粗壮，平均长 25 cm，粗 0.5 cm，节间 1.5 cm，每果枝平均着生刺苞 1.9 个，次年平均抽生结果新梢 1.9 条。叶片灰绿色，长椭圆形，背面密被灰白色星状毛，刺针内向，叶柄黄绿色。叶姿下垂，果前梢部分叶片下垂更重，向内纵卷，灰白茸毛密布叶脉周围。每果枝平均着生雄花序 6.2 条，下垂，长 10～12 cm。刺苞椭圆形，黄绿色，成熟时"十"字形开裂，苞皮厚 2.2 cm，平均单苞质量 59 g，每苞平均含坚果 2.4 粒，出实率 40%，刺束较疏、硬，分枝角度中等，刺束黄色，刺长 1.5 cm。坚果椭圆形，深褐色，明亮，茸毛少，筋线明显，底座大小中等，接线如意状，整齐度高，平均单粒质量 9.5 g，果肉黄色，细糯香甜，含水量 54.3%，干物质中含可溶性糖 15.8%、淀粉 63.3%、蛋白质 10.1%。在山东鲁中山区 4 月上旬萌芽，6 月中旬雄花盛花期，果实成熟期 9 月下旬，落叶期 11 月上旬。成龄树树势中等，树冠较小，适于密植。早实性强，丰产稳产。

16. 西祥沟无花栗(*C. mollissima* cv. Xixianggouwuhuali，图 4-16)

山东省果树研究所于 1965 年在泰安下港乡西祥沟村从实生树中选出，因其雄花序长至 0.5 cm 时凋萎脱落而得名。

树冠紧凑，树体中等，树姿直立。结果母枝粗壮，平均长 23 cm、粗 0.61 cm，节间 1.2 cm，每果枝平均着生刺苞 1.8 个，次年平均抽生结果枝 1.9 条。叶片绿色，叶长椭圆形，背面密被灰白色星状毛，叶姿直立，叶面平展，长 2.2 cm。刺苞椭圆形或茧形，苞皮薄，平均单苞质量 45 g，每苞平均含坚果 2.9 粒，出实率 53%。坚果近圆形，紫褐色，光泽度明亮，茸毛多，筋线明显，底座小，接线波纹，整齐度高，单粒质量 7~8 g，果肉细糯香甜，含水量 49.3%，干物质含可溶性糖 16.3%、淀粉 56.9%、蛋白质 9.8%。果实成熟期 9 月下旬至 10 月上旬。幼树生长势强，树姿直立，始果期较晚，盛果期丰产，发枝力强，树冠紧凑，丰产优质，成熟期较晚，刺苞不易脱落。雄花序早期萎蔫凋落，节约树体营养，是优良的育种材料。

图 4-16　西祥沟无花栗

17. 泰安薄壳(*C. mollissima* cv. Taianboke，图 4-17)

原产于山东省泰安市麻塔区宋家庄村，于 1964 年由山东省果树研究所选出。

图 4-17　泰安薄壳

树冠高圆头形，幼树树势强健，成龄树树势中庸。结果母枝长 25 cm，节间长 2 cm 左右，每结果母枝平均抽生结果枝 2.2 条，结果枝平均着生刺苞 1.9 个，出实率 56% 以上。刺苞扁椭圆形，刺束极稀，苞皮薄，平均每苞含坚果 2.8 粒。坚果枣红色至深棕色，光泽特亮，整齐一致，充实饱满，单粒质量 10 g 左右，果肉质地细腻甜糯，含水量 44.5%，干物质含糖 15.4%、淀粉 66.4%、脂肪 3.0%、蛋白质 10.5%，品质优良，极耐贮藏。成熟期 9 月下旬。始果期晚，嫁接苗 3 年开始进入结果期，大量结果后，树势缓和，丰产稳产，适应性强，抗干旱，耐瘠薄，抗病虫能力强，尤其抗红蜘蛛。生产中需通过修剪控制好树势，方可保持丰产稳产。

18. 海丰（*C. mollissima* cv. Haifeng，图 4-18）

1975 年山东省海阳市的栗农在嫁接树中选出，种源来自莱西，1981 年正式鉴定命名。

图 4-18　海丰

树冠圆头形，成龄树树势中等，母枝粗壮，较矮化。结果母枝长 23 cm，节间长 1.2 cm，皮孔小而密。混合芽圆锥形稍歪，黄绿色。叶呈船形，叶缘略上卷。每结果母枝平均抽生结果枝 2.3 个，每果枝平均着生刺苞 1.6 个，出实率 46%。刺苞椭圆形，刺束较稀，中长而硬，苞皮较薄，平均每苞含坚果 2.5 粒。坚果椭圆形，红棕色，大小整齐，果肉甜糯，平均单粒质量 7.8 g，鲜重含水量 42.0%，干物质中含糖 18%、淀粉 57.5%、脂肪 4.7%、蛋白质 8.7%，适于炒食，较耐贮藏。果实成熟期在 10 月上旬。早果丰产，嫁接后 2 年生树结果株率达 67%，第 3 年全部结果，盛果期树每平方米树冠投影面积产量 0.5kg。

19. 玉丰（*C. mollissima* cv. Yufeng，图 4-19）

原名于格庄 2 号。1971 年选自山东莱阳县于格庄，1977 年命名。树冠开张，易呈披散圆头形，生长势中等。结果母枝粗壮，平均长 20cm，抽生结果枝达 66%，每结果枝平均着生刺苞 2 个，次年平均抽生结果新梢 3.6 条。叶椭圆形，先端渐尖，长 14cm。每结果枝平均着生雄花序 11 条，长 13cm。刺苞椭圆形，每苞平均含坚果 2.2 粒。坚果圆形至椭圆形，褐色，底座中小，接线直或波纹，大小整齐，平均单粒质量 7 g。果肉甜糯，含水量 47%，干物质中淀粉含量68.3%。果实成熟期为9月下旬至10月上旬。适应性和丰产性较强，在山东东部发展较多，枝条较软，树冠开张。

图 4-19　玉丰

20. 郯城 023 号(*C. mollissima* cv. Tancheng023，图 4-20)

山东省郯城县林业局从实生树中选出，母树位于郯城县归义乡坝子村。

图 4-20　郯城 023 号

树冠扁圆头形，树姿开张，成龄树树势中等。结果母枝粗壮，平均长30 cm，皮孔小，每结果枝平均着生刺苞 2.4 个，次年平均抽生结果枝 2.2 条。叶片绿色，长椭圆形，锯齿浅，刺针直向，叶柄长 1.9 cm。刺苞圆形至椭圆形，苞皮较厚，出实率 36%～39%，刺束密而分枝角度小。坚果圆形至椭圆形，红褐色，光泽中等，茸毛多，平均单粒质量 10 g，果肉质地甜糯，含水量 48.3%，干物质中含淀粉 64.6%、蛋白质 9.8%。果实成熟期 9 月下旬，贮藏性较强。产量较高，丰产性尚好，每平方米树冠投影面积产量 0.5 kg 左右，结果较早，品质较好。

21. **垂枝栗 1 号**（*C. mollissima* cv. Chuizhili 1，图 4-21）

别名盘龙栗。产于山东省郯城县归义乡坝子村，因树干向左旋转生长，枝条下垂，得名盘龙栗或垂枝栗。

图 4-21　垂枝栗 1 号

嫁接树树形小，成垂枝形。嫁接后 4 年生树高 1.5 cm，幼树结果母枝平均长 27 cm，平均单位结果母枝抽生果枝 1.6 条，每结果枝平均着生刺苞 1.8 个。树灰绿色，皮孔小，扁圆形，分枝角度特大，下垂生长。叶披针形，绿色，光亮，叶姿倒挂，锯齿小，直向。雄花序长 14 cm。刺苞中等大，平均单苞质量 60 g，椭圆形，刺束中密，苞皮薄，平均每苞含坚果 2.5 粒，出实率 45%，初裂时为"一"字形，后"十"字形开裂。坚果椭圆形，红褐色，平均单粒质量 11 g，油亮，接线波状，底座小。果实成熟期 9 月 25 日。本品种早实丰产，树干旋曲生长，既可作良种栽培，又适合街道庭院观赏用，是珍贵的稀有类型。

22. **垂枝栗 2 号**（*C. mollissima* cv. Chuizhili 2，图 4-22）

别名盘龙栗、龙爪栗。产于山东省临沂县郑旺乡大尤家沭河滩地栗园，实生选出，母株树龄 30 余年生，常年株产 10kg 左右。

图 4-22　垂枝栗 2 号

树冠垂枝半圆头形，枝条下垂，树势生长中等，结果母枝均长 28.5cm，灰绿色，每果枝平均着生刺苞 1.9 个，次年平均抽生结果新梢 2.3 条。叶片椭圆形，锯齿小而整齐，刺针直向至内向。刺苞高椭圆形，成熟时"一"字形开裂或"十"字形开裂，刺束稀而硬，刺长 1.2cm，苞皮厚 0.37cm，平均单苞质量54 g，每苞平均含坚果 2.7 粒，出实率 47.5%。坚果红褐色，油亮美观，底座小，平均单粒质量9.6g。果实成熟期 9 月 23 日。

树干旋曲盘生，枝条下垂，坚果产量较高，既是栽培良种，又可作风景树种，为稀有种质资源。其垂枝盘旋程度仅次于郯城盘龙栗。山东垂枝型栗树共发现 7 株，均分布在沭河产地，而以"垂枝栗 2 号"的利用价值最高。

23. 华丰(*C. mollissima* cv. Huafeng，图 4-23)

山东省果树研究所于1993 年经人工杂交育种途径选育。

图 4-23　华丰

树冠圆头形，树势强健，树姿较开张。每结果母枝抽生结果枝近 3 条，每果枝着生刺苞2.6 个。刺苞椭圆形，单苞质量 41 g 左右，苞皮薄，刺束稀而硬，分枝角度大，出实率 56%，空苞率 1% 左右，每苞平均含坚果 2.9 粒。坚果椭圆形，果皮红棕色，腹面较平，常有 1～2 条线状波纹，平均单粒质量7.9g，大小整齐，果肉细糯香甜，品质上等，含水量 46.92%，干物质中含糖19.7%、淀粉49.29%、蛋白质 8.5%、脂肪 3.33%，品质优良，适于炒食，耐贮藏。果实 9 月中旬成熟。雌花容易形成，基部芽大而饱满，适于短截控冠修剪和密植栽培。结果早，丰产稳产性强，抗逆性强，适应性广，在丘陵山区与河滩平地均适于发展栽培。

24. 华光(*C. mollissima* cv. Huaguang，图 4-24)

山东省果树研究所于1993 年经人工杂交育种途径选育。

图 4-24　华光

树冠圆头形，树势中强，枝条绿至灰绿色，皮孔较小而突出，混合芽近圆形，大而饱满。结果母枝粗壮，每个结果母枝抽生结果枝 2.9 条，每结果枝着生刺苞 2.7 个。刺苞椭圆形，苞皮薄，刺束稀，蛀果害虫产卵为害少，每刺苞平均含坚果 2.9 粒，出实率 55%，空苞率 1% 左右。坚果椭圆形，果皮红棕色，腹面较平，常有 1～2 条线状波纹，平均单粒质量 8.0 g，大小整齐，适于炒食。果肉细糯而香甜，含水量 45.7%，干物质中含糖 20.1%、淀粉 48.9%、蛋白质 8.6%、脂肪 3.4%。品质上等，耐贮藏。果实于 9 月中旬成熟。早实、丰产、稳产，基部芽结果能力强，适于短截控冠修剪和密植栽培。抗逆性强，适应性广，山丘、河滩、平地均适于发展。

25. 红栗 1 号（*C. mollissima* cv. Hongli 1，图 4-25）

山东省果树研究所在红栗×泰安薄壳杂交后代中筛选培育出的食用兼绿化板栗品种，1998 年通过山东省农作物品种审定。

图 4-25　红栗 1 号

树冠圆头形，树势健壮，干性强，幼树期生长旺盛，新梢长而粗，幼叶、枝芽红色，刺苞、叶柄深红色。果前梢长，混合芽数量多，能连年结果。抽生强壮枝多，形成结果枝多而粗壮，适于短截修剪。刺苞椭圆形，平均单苞质量 56g，苞皮较薄，成熟时"一"字或"十"字形开裂，每苞含坚果 2.9 粒，出实率 48%。坚果近圆形，红褐色，光亮美观，整齐饱满，平均单粒质量 9.4 g，果肉黄色，质地细糯香甜，含水量 54%，干物质中含糖 31%、淀粉 51%，适宜炒食，耐贮藏。在泰安 4 月上旬萌芽，6 月上旬盛花，9 月中、下旬成熟，11 月上旬落叶。早实、丰产，抗逆性强，适应性广，在内陆和沿海丘陵山区、河滩平地栽培，生长发育良好，结果正常。

26. 沂蒙短枝（C. mollissima cv. Yimengduanzhi，图 4-26）

山东省莒南县林业局于 1994 年实生选出，母树为自然杂交种，位于山东省莒南县崖头乡东相沟村。

为短枝型品种，树冠紧凑，树体矮小，幼树生长健壮。结果母枝粗而短，长 12.2 cm，粗 0.57 cm，果前梢细而短，仅为枝粗的一半左右。叶片大而厚，枝条前部叶片向上反卷呈船状。自花不结实，异花授粉坐果率高。每结果母枝抽生结果枝 2.5 条，每果枝着生刺苞 2 个，每刺苞含坚果 2.3 粒，出实率 40.8%，空苞率在 3% 以下。基部芽抽生果枝率高，适于短截修剪。坚果椭圆形，大小整齐，平均单粒质量 8.5 g，果皮红褐色，光亮。果肉黄白色，质地细糯，风味香甜，含水量 53.0%，干物质中含糖 5.6%、淀粉 34.5%、蛋白质 3.9%，品质优良，适宜炒食。果实 9 月下旬成熟。丰产、稳产性强，嫁接苗建园 3 年投产，5 年达盛果期，产量在 7 500 kg/hm² 以上。较耐瘠薄，抗风抗病，对栗红蜘蛛有较强抗性。做密植栽培时，要求有较高的管理水平。

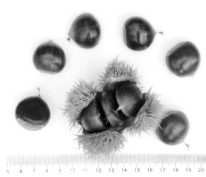

图 4-26　沂蒙短枝

27. 烟泉（C. mollissima cv. Yanquan，图 4-27）

1975 年烟台市林科院从实生板栗树中选出，为烟台栗区主栽品种之一。

树冠较开张，圆头状，树姿较直立，成龄树长势中庸，树干灰褐色，结果枝长 30 cm，皮孔锈黄色，每结果母枝平均抽生结果枝 2.3 条，每结果枝平均着生刺苞 1.5 个，结果枝连续结果能力强，有较强的基部结实能力。叶长椭圆形，叶缘被细锯齿，灰绿色。每果枝上着生雄花序 10 条左右。刺苞扁椭圆形，黄色，"十"字形开裂，刺束中长较稀，每苞平均含坚果 2.4 粒，出实率 38%。坚果大小均匀，深褐色，富光泽，平均单粒质量 8.3 g，果肉质地糯性，风味香甜爽口，品质优良，耐贮藏。果实成熟期 9 月下旬，11 月底落叶。早实丰产性较好，品质优良，适应性强。

图 4-27 烟泉

二、长江中下游产区栽培品种

1. 九家种（*C. mollissima* cv. Jiujiazhong，图 4-28）

又名魁栗。原产于江苏省吴县洞庭西山，是江苏省优良品种之一。由于优质、丰产、果实耐贮藏，当地有"十家中有九家种"的说法，因此而得名。

图 4-28 九家种

树冠紧凑，呈圆头形或倒圆锥形，树型较小，适于密植。幼树生长直立，生长势强，枝条粗短，节间较短。成龄树树势中等，20 年生树高 4.7 m，冠径 5.5 m。结果母枝芽的萌发率为 88%，当年生枝条中结果枝占 50%，雄花枝占 36.8%。每结果母枝平均抽生结果枝 2.0 个，每结果枝平均着生刺苞 2.2 个，每苞平均含坚果 2.6 粒。刺苞呈扁椭圆形，重 65.8 g，刺束稀，分枝角度大，出实率 50% 以上。坚果椭圆形，平均单粒质量 12.3 g，果皮褐色，光泽中等，果肉质地细腻、甜糯，较香，含水量 40.3%，干物质中含糖 15.8%、淀粉 45.7%、蛋白质 7.6%。果实耐贮藏，适于炒食或菜用。果实成熟期在 9 月中、下旬。嫁接苗建园第 3 年进入正常结果期，连续结果能力较强。树形矮小，适宜密植。

2. 焦扎(*C. mollissima* cv. Jiaozha)

原产于江苏省宜兴、溧阳及安徽广德，因刺苞成熟后局部刺束变为褐色，成一焦块状，故称焦扎。1993 年通过江苏省品种认定。

树冠较开张，呈圆头形，树势旺盛，结果母枝平均长 29 cm，粗 0.6 cm，皮孔圆形，大而较密。成龄树树势旺盛，平均每结果母枝抽生新梢 4.8 条，其中结果枝 0.9 个，每结果枝平均着生刺苞 2.1 个，出实率 47％左右。刺苞较大，单苞质量 100 g 左右，长椭圆形，刺束长，排列密集，平均每苞含坚果 2.6 粒。坚果椭圆形，紫褐色，平均单粒质量 23.7 g，果面茸毛长且多，果肉细腻较糯，含水量 49.2％，干物质中含糖 15.58％、淀粉 49.28％、蛋白质 8.49％。在江苏南京地区 9 月下旬成熟。丰产稳产，每平方米树冠投影面积产量 0.38 kg，适应性强，较耐干旱和早春冻害，抗病虫能力强，尤其对桃蛀螟和栗实象鼻虫有较强抗性，采收时好果率达 91.8％，极耐贮藏。

3. 处暑红(*C. mollissima* cv. Chushuhong，图 4-29)

原产于江苏宜兴、溧阳两地。由于果实成熟期早，一般在当地处暑成熟，故名处暑红。

图 4-29　处暑红

树冠半圆头形，树势较强，树形开展。成龄树平均每结果母枝抽生 3.7 个新梢，其中结果枝 1.1 个，雄花枝 2 个。每结果枝平均着生刺苞 1.7 个。刺苞大，呈椭圆形，单苞质量 100g 以上，刺长 2.0cm、密生、硬，出实率 40％左右。坚果圆形，红褐色，果皮表面茸毛短而少，明亮美观，果顶平或微凸，平均单粒质量 17.9g，果肉含水量 49％，干物质中含糖 16.4％、淀粉 46.3％、蛋白质 8.7％，质地细腻，偏粳性，香甜，不耐贮藏。在江苏省产区果实 9 月上、中旬成熟。较丰产，果大而美观，抗逆性和适应性较强，成熟期早，作菜食栗用。

4. 粘底板（*C. mollissima* cv. Niandiban，图 4-30）

原产于安徽省舒城，因成熟时刺苞开裂而坚果不脱落，故称"粘底板"。

图 4-30　粘底板

树冠开张，呈圆头形或扁圆形，成龄树树势旺盛。枝条粗壮，叶片大，肥厚，皮孔扁圆形，较大，中密。结果母枝长 22 cm，粗 0.7 cm，果前梢长 4 cm，结果母枝平均抽生结果枝 1.4 个，每结果枝平均着生刺苞 1.8 个。刺苞大，呈椭圆形，平均单苞质量 84.2g，刺束密，较硬，平均每苞含坚果 2.7 粒，出实率 40%。坚果椭圆形，红褐色，果面茸毛较少，有光泽，大小整齐、美观，果顶微凹，平均单粒质量 13.5g，果肉细腻香甜，干物质中含糖 9.2%、淀粉 50.1%、粗蛋白 5.95%。在舒城地区 9 月中旬成熟，果实较耐贮藏。早实丰产，盛果期树每平方米树冠投影面积产量 0.65kg，大小年不明显，连续 3 年结果枝占发枝量的 55%，适应性广，抗逆性较强。

5. 青毛软刺（*C. mollissima* cv. Qingmaoruanci，图 4-31）

又名青扎、软毛蒲、软毛头。原产于江苏省宜兴、溧阳两地，栽培数量较多，1993 年通过江苏省品种认定，是江苏省优良板栗品种之一。

图 4-31　青毛软刺

树冠呈半圆头形，成龄树树势中等，树姿较开展。平均每个结果母枝抽生结果枝 2.9 条，结果母枝长约 14 cm，新梢灰褐色，混合芽大。叶片椭圆形。刺苞呈短椭圆形，刺束密生，软性，刺苞皮厚，平均每苞含坚果 2.4 粒，出实率 43%，空苞率 10.5%。坚果椭圆形，果顶平，中等大，平均单粒质量

14.2 g，每千克 70 粒左右，果皮棕褐色，光泽中等，茸毛短而少，集中分布在果顶处，果肉细腻，耐贮藏，果肉含水量 44.8%，干物质中含糖 14.8%、淀粉 45.7%、蛋白质 7.43%，品质优良。在江苏宜兴、溧阳等地 9 月 20 日左右成熟。丰产稳产，8 年生树株产 8.5 kg，每平方米树冠投影面积产量 0.48 kg，为优良的炒食和菜用兼用品种。

6. 大红袍（*C. mollissima* cv. Dahongpao，图 4-32）

又名迟栗子，原产于安徽省广德县。

树冠开张，树体高大，呈扁圆头形。成龄树树势强健，结果母枝粗壮，长 24.8 cm，粗 0.78 cm，平均每结果母枝抽生结果枝 1.2 条，每结果枝平均着生刺苞 1.2 个。刺苞近圆形，单苞质量 117 g，刺束绿色较硬，疏密中等，平均每苞含坚果 2.5 粒，出实率 40%，成熟时"十"字形开裂，少 3 裂。坚果近圆形，红褐色，有光泽，果面茸毛呈纵向条状分布，果顶凸，果肩平，底座中等偏大，接线微波状，

图 4-32　大红袍

平均单粒质量 18 g，大小不甚整齐，果肉质脆，风味淡，含水量 45.5%，干物质含糖 9.9%、淀粉 51.8%、粗蛋白 6.0%。耐贮藏，在广德县 9 月下旬成熟。早实、丰产、稳产。成龄树每平方米树冠投影面积产量 0.34 kg。适应性广，抗旱能力较强。

7. 蜜蜂球（*C. mollissima* cv. Mifengqiu，图 4-33）

图 4-33　蜜蜂球

别名早栗子、六月暴、落花红。产于安徽省舒城等地，嫁接品种，为产区的主栽品种之一。因着生刺苞成簇状，犹如巢上的蜂群，因此得名"蜜蜂

球"。

树冠紧凑呈圆头形，树型中等，成龄树树势旺盛。结果母枝长 18.5 cm，粗 0.7 cm，每结果枝平均着刺苞 2.2 个。刺苞椭圆形，单苞质量 65.5 g，刺束绿色，较稀，每苞平均含坚果 2.4 粒，出实率 42.3%。坚果椭圆形，红棕色，顶微凹，重 13.5 g，底座小，接线平直，粒小，射线明显，大小整齐，果肉细腻，干物质中含淀粉 45%、含糖 13.8%、粗蛋白 4.18%，贮藏性较差。成熟期早，在仲秋季前上市，丰产稳产，坚果品质较好。

8. 叶里藏（*C. mollissima* cv. Yelicang，图 4-34）

别名刺猬蒲。产于安徽省舒城、汤池、城冲等地，一直作为嫁接品种繁殖，为产区主栽品种之一。因总苞硕大，又被形象地称为"刺猬蒲"。

图 4-34　叶里藏

树体高大，树冠多呈圆头形，成龄树树势旺盛，结果母枝长 29.5cm，粗 0.75cm，当年生枝条结果枝占发枝量的 50% 左右，每结果母枝平均抽生结果枝 1.3 个，每结果枝平均着生刺苞 1.1 个。叶片绿色，较厚，叶片水平状着生或下垂而往往遮住刺苞，因此得名。刺苞长椭圆形，单苞质量 114g，刺束黄绿色，中密，分枝角度小，每苞平均含坚果 2.6 粒，出实率 37.4%。坚果近圆形，紫褐色，光泽暗，茸毛较多，底座中，接线平直，射线明显，大小整齐，品质细腻，单粒质量 19g，干物质中含淀粉 53.6%、含糖 9.2%、粗蛋白 5.95%。成熟期 9 月中旬，较耐贮藏。特点是坚果大、产量高，但刺苞皮厚、出实率低，蛀果虫害严重。

9. 迟栗（*C. mollissima* cv. Chili）

又名深刺大板栗。原产于湖北省宜昌、莲沱、秭归等地。因苞刺长而密，故得名"深刺大板栗"。

树体高大而开张，叶片大而肥厚，结果母枝粗壮。刺苞椭圆形，刺束排列密集，分枝角度小，每苞含坚果 3 粒，出实率 39.2%。坚果椭圆形，棕红色，茸毛少，平均单粒质量 25.5 g，大小整齐，底座大，果肉淡黄色，略有香气，水分含量 54.3%，干物质中含糖 19.2%、淀粉 51.4%，品质优良，生食较好，耐贮藏。当地果实成熟期在 9 月中旬。幼树生长势中等，嫁接后 4 年结果，连续结果能力较强，连续 3 年结果的枝条占 47%。成龄树树势强健，大小年明显。

10. 六月爆(*C. mollissima* cv. Liuyuebao)

主要分布于湖北罗田县。

树势较强而直立。叶卵状椭圆形。结果母枝平均长 18.3cm，粗 0.67cm，每结果枝平均着生刺苞 1.1 个。雄花序平均长 13.9cm。刺苞刺束稀疏、斜生，苞壳较薄，出实率 45%。坚果椭圆形，黑褐色，光泽暗，茸毛多，单粒质量 18g 左右，含水量 51.49%，干物质中含糖 14.44%、蛋白质 5.39%，不耐贮藏。在武汉地区开花盛期 5 月下旬，果实成熟期 9 月上旬至中旬。早期丰产性较差，栽植第 4 年株产 0.53 kg，易受桃蛀螟为害。

11. 红毛早(*C. mollissima* cv. Hongmaozao，图 4-35)

主要分布于湖北京山县。

树冠较开张，树势较强。1 年生结果母枝平均长 18 cm，粗 0.58 cm，每结果枝平均着刺苞 1.3 个。叶卵状椭圆形。雄花序平均长 13.88 cm。刺苞刺束长，排列较密，略斜生，苞壳较厚，出实率 42%。坚果椭圆形，赤褐色，茸毛少，光泽好，单粒质量 16 g，整齐，含水量 50.07%，干物质中含糖 15.03%、蛋白质 3.7%。在武汉地区盛花期 5 月下旬，果实成熟期 9 月上旬。早期丰产性强，栽植第 2 年株产达 0.51 kg，第 4 年株产 2.58 kg，贮藏性较差，易受桃蛀螟为害。

图 4-35　红毛早

12. 大果中迟栗(*Castanea mollissima* cv. Daguozhongchili)

主要分布于湖北罗田县。

幼树树势偏弱，树形开张。结果母枝平均长 26 cm，粗 0.72 cm，每结果枝平均着生刺苞 1.1 个。叶长椭圆形。雄花序平均长 17.8cm。刺苞扁椭圆形，刺束短，排列较密，略斜生，苞壳较厚，出实率 40%。坚果椭圆形，赤褐色，光泽好，单粒质量 20 g，含水量 52.96%，干物质中含糖 15.95%、蛋白质 4.32%，品质优，较耐贮藏。在武汉地区开花盛期 5 月下旬至 6 月上旬，果实成熟期 9 月 20 日左右。早期丰产性较差，栽植第 4 年株产 1.05 kg。对栗实象有较强的抗性。

13. 薄壳大油栗(*C. mollissima* cv. Bokedayouli)

主要分布于湖北罗田县。

树冠紧凑，树势强健。结果母枝平均长 28.3 cm，粗 0.68 cm，每结果枝平均着生刺苞 2.3 个。叶长椭圆形。雄花序平均长度 14.2 cm。刺苞圆球形，苞壳薄，刺束短，排列稀疏，斜生，出实率 55%。坚果单粒质量 18 g 左右，含水量 48.32%，干物质中含糖 15.32%、蛋白质 6.31%，品质优，耐贮藏。在武汉地区开花盛期 6 月上旬，果实成熟期 9 月下旬至 10 月上旬。早期丰产性好，栽植第 4 年株产 2.42 kg。抗桃蛀螟能力强。

14. 浅刺大板栗(*C. mollissima* cv. Qiancidabanli)

分布于湖北宜昌、姊归、大悟、京山等地。

树冠较紧密，树势强健。结果母枝平均长 23 cm，粗 0.71 cm，每结果枝平均着生刺苞 2.2 个。叶长椭圆形。雄花序平均长 16 cm。刺苞椭圆形，苞壳较厚，刺束长，较斜生，排列中密，出实率 40%。坚果紫红色，茸毛少，单粒质量 18 g 左右，含水量 50.31%，干物质中含糖 12.85%、蛋白质 3.68%，较耐贮藏。在武汉地区开花盛期 5 月下旬，果实成熟期 9 月上旬至中旬。早期丰产性好，丰产稳产，对栗实象和桃蛀螟抗性较差。

三、西北产区栽培品种

1. 镇安大板栗(*C. mollissima* cv. Zhen'andabanli)

陕西省镇安各地都有分布，以石镇和回龙较多。商品名魁栗。

树势强，干皮黑褐色，裂纹较粗。枝灰褐色，茸毛稀、较密，新梢浅黄色，略下垂。叶片长椭圆形，先端渐尖，基部钝圆或楔形，浅绿色，叶缘锯齿粗锐。刺苞大，圆形，针刺长，刺苞呈"一"字形开裂。坚果椭圆形，淡褐色或褐色，有光泽，平均单粒质量 11 g，种仁饱满，涩皮薄，剥离较困难，果肉味甜，品质优良。在当地 4 月中旬萌芽，果实成熟期 9 月中旬，10 月中旬落叶。嫁接后 15 年进入盛果期，盛果期约 60 年以上，株产可达 30～40 kg。树体抗寒、抗风力强，适应性广，果实虫害严重，须注意防治虫害。

2. 明拣（*C. mollissima* cv. Mingjian）

分布于陕西省西安市长安区的内苑、鸭池口一带。

树冠圆头形，树势强健，树姿开张，干皮灰褐色，裂纹中大，不易剥落。多年生枝暗灰色，新梢灰绿色。叶片大，长椭圆形，先端渐尖，基部楔形，叶缘锯齿粗钝，叶柄较短。刺苞针刺长。坚果椭圆形，红褐色，有光泽，少茸毛，单粒质量 9 g，大小匀称，涩皮薄，易剥离，果肉黄白色，果肉致密，甜而糯，品质优。在当地 4 月上旬萌芽，4 月下旬至 5 月上旬开花，10 月初果实采收，10 月底至 11 月初落叶。丰产性好，是西北产区主栽品种之一。

3. 灰拣（*C. mollissima* cv. Huijian，图 4-36）

分布于陕西省西安市长安区的内苑、鸭池口一带。

树冠圆头形，树势中健，树姿半开张，枝条稠密。成龄树干皮灰白色，裂纹粗，较易剥落，多年生枝灰色，新梢粗壮，灰绿色。叶片较大，长椭圆形，先端渐尖，基部钝圆，叶缘锯齿粗锐，叶柄短。苞刺长，每苞含坚果 3 粒。坚果椭圆形，暗褐色，无光泽，多茸毛，单粒质量 7.5～9.0 g，涩皮薄，易剥离，栗仁黄白色，果肉紧密、味美。3

图 4-36　灰拣

月底至 4 月初萌芽，10 月上旬成熟采收，11 月落叶。定植后 8 年结果，13～15 年达盛果期，株产 25～40 kg。

四、东南产区栽培品种

1. 邵阳它栗（*C. mollissima* cv. Shaoyangtali）

原产于湖南省邵阳、武岗、新宁等地，为当地主栽品种，栽培历史悠久。

树冠半圆头形，树势较强，树型矮小，枝条开张，分枝低，连续结果能力强。每结果枝着生刺苞 1.8 个。刺苞椭圆形，单苞质量 87 g，刺束较密而硬，每苞含坚果 2～3 粒，出实率 35%。坚果扁椭圆形，果顶稍凹，棕褐色，光泽暗淡，底座中等，接线平直，平均单粒质量 13.2 g，整齐，果肉稍粗，含水量 48.2%，干物质中含糖 21.8%、淀粉 32.9%、蛋白质 12.1%，品质中等，耐贮藏。在当地 9 月下旬成熟。14 年生树，每结果枝抽生新梢 5～7 条，其中结果枝占 38.4%，雄花枝占 57%，结果母枝中连年结果的高达 85%，常年株产 15～20 kg。嫁接亲和力强，与茅栗、锥栗、小叶栎嫁接后生长较好。

成龄树较丰产，每平方米树冠投影面积产量 0.3 kg。

2. 薄皮大油栗（*C. mollissima* cv. Bopidayouli）

原产于江西龙南县渡江乡和全南县龙下和江口乡桃江流域的滩地上，主要为实生混栽。

树冠开张，呈半圆头形，树形高大，成龄树树势中等。结果母枝长24 cm，粗 0.5 cm，分枝角度较小，皮孔圆形，密而小，混合芽为三角形，小而具有黄色茸毛。当年生枝中结果枝占 60％，每结果母枝抽生结果枝 2条，每结果枝平均着生刺苞 3 个。叶长披针形，先端锐尖，基部楔形，深绿色，两侧略向上反卷，质地厚，锯齿直向，叶柄长 1.5 cm。刺苞长椭圆形，刺束长 1.1 cm，硬、斜展，分枝点低，分枝角度大，刺苞皮薄，平均每苞含坚果 2.5 粒，出实率 43％，空苞极少。坚果椭圆形，紫褐色或赤褐色，有光泽，果面茸毛较少，仅果肩以上有灰黄色茸毛，果顶微凹，果肩浑圆，单粒质量 18 g，底座大，接线呈弯曲月牙形。萌芽期 3 月中旬，果实成熟期 9 月中、下旬。

3. 灰黄油栗（*C. mollissima* cv. Huihuangyouli）

原产于江西靖安仁首、周坊、香田乡，靖安县主栽品种。

树形高大，树姿直立，呈高圆头形，成龄树树势中庸。结果母枝长19 cm，粗 0.5 cm，分枝角度较小，皮孔圆形，小而稀，混合芽扁圆形、小、黄褐色，平均每结果枝着生刺苞 2 个。叶长椭圆形，先端渐尖，基部微心脏形，长 16 cm，宽 6 cm，黄绿色，质地较薄，锯齿直向，叶柄长 1.8 cm。刺苞高椭圆形，单苞质量 100 g 以上，刺束密，刺长 1.5 cm，分枝点较低，分枝角度较大，刺苞皮厚 0.2 cm，"十"字形开裂，每苞含坚果 2.6 个，出实率33％。坚果椭圆形，红褐色，有光泽，果顶微凹，果肩浑圆、有茸毛，单粒质量14 g，底座较小，接线平直。在当地果实成熟期 10 月上旬。

4. 薄皮大毛栗（*C. mollissima* cv. Bopidamaoli）

原产于江西龙南县渡江乡红星村和全南县龙下、江口乡的桃江流域河滩地上，实生类型。

树冠开张，呈扁圆形，树形高大，成龄树树势中等。结果母枝长 23 cm，粗 0.7 cm，分枝角度大，皮孔圆形，细而密，混合芽圆形，小，披黄褐色茸毛，每结果母枝抽生结果枝 2.5 条，每结果枝平均着生刺苞 2.5 个。叶长椭圆形，先端渐尖，基部楔形，长 18 cm，宽 7 cm，淡绿色，两侧略向上反卷，质地较薄，锯齿内向，叶柄中长，老叶无毛，幼叶叶脉有黄色茸毛，叶背有淡黄色茸毛。刺苞长椭圆形，刺束密而硬，分枝点稍高，分枝角度较小，单苞质量 120 g，苞皮厚 0.2 cm，"十"字形开裂，平均每苞含坚果 2.6 粒，出实率 45％。坚果椭圆形，褐色，光泽暗，果面披灰白色茸毛，果顶微凸，果肩浑圆，平均单粒质量 18 g 以上，底座中等，接线月牙状。果实成熟期 9 月中旬。丰产，坚果耐贮藏。树体寿命长，200 年生老树仍能正常结果。

5. 魁栗(*C. mollissima* cv. Kuili)

原产于浙江上虞横塘孝丰村，分布于浙江上虞县岭南、陈溪、下管和诸暨县斯宅等地，为上虞的主栽品种，栽培历史悠久，以果大著名。

树冠较开张，呈圆头形。成龄树树势中庸，结果枝占新梢总数的 40% 左右，结果枝长 16.9 cm，粗 0.7 cm，枝较密，皮灰褐色，皮孔扁圆，大而密，枝无茸毛，平均每结果母枝抽生结果枝 1.8 条，每结果枝着生刺苞 1.4 个。叶长椭圆形，先端急尖，基部钝圆，叶厚，深绿色，有光泽，锯齿大，内向，叶脉两侧隆起，叶缘平。雄花序长而多，平均每结果枝 15.3 条。刺苞椭圆形，刺束长，密而硬，黄绿色，分枝点低，分枝角度大，重 132.1 g，苞皮厚 0.49 cm，平均每苞含坚果 2.1 粒，出实率 33.6%。坚果椭圆形，顶部平或微凹，肩部浑圆，果皮赤褐色且油亮，茸毛少，坚果色泽美观，平均单粒质量 17.8 g，大小均匀，底座小，接线平直，涩皮易剥离，果肉淡黄色，味甜质粳，干物质中含糖 24.49%、蛋白质 7.88%、淀粉 57.49%、脂肪 3.31%，品质优良，适宜菜用，不耐贮藏。在当地萌芽期 4 月 1 日，展叶期 4 月 16 日，雄花盛花期 6 月 18 日，果实成熟期 9 月 25 日，落叶期 11 月 6 日。易受天牛、桃蛀螟和栗实象为害，不耐瘠薄土壤。

6. 毛板红(*C. mollissima* cv. Maobanhong)

别名长刺板红、旺刺板红。原产于浙江诸暨市视北乡朱砂村，已有 500 多年的栽培历史，嫁接繁殖，为该县主栽品种。

树冠紧凑，发枝力强，结果母枝抽生新梢中结果枝占 60.1%，雄花枝占 20.5%，平均每结果母枝抽生结果枝 2.1 条，每结果枝着生刺苞 1.9 个。刺苞椭圆形，平均单苞质量 112.5 g，刺束长 2.1 cm，密而软，黄绿色，分枝点低，分叉较小，苞皮厚，每苞平均含坚果 2.3 粒，出实率 33%。坚果长圆形，顶部微凸，果背有较明显纵线，果皮暗红色，顶端毛密，平均单粒质量 15.2 g，底座长椭圆形，浑圆突出，果肉淡黄色，味甜具粳性，干物质中含糖 8%、蛋白质 5.67%、脂肪 2.75%、淀粉 59.4%，耐贮藏。在当地萌芽期 4 月 1 日，展叶期 4 月 15 日，雄花盛花期 6 月 15 日，果实成熟期 10 月 5 日，落叶期 11 月 10 日(1978 年，诸暨小溪等)。10 年生嫁接树平均株产 12.5 kg，适宜密植，不易受桃蛀螟和象鼻虫为害，不耐瘠薄土壤。

7. 萧山大红袍(*C. mollissima* cv. Xiaoshandahongpao)

产于浙江萧山市所前乡，一直采用嫁接繁殖。

树冠开张，树势强健。叶片椭圆形至披针状椭圆形，先端楔形，长 18 cm，宽 6.5 cm，锯齿直向。刺苞大，呈扁椭圆形，平均单苞质量 111.7 g，刺束长 1.7 cm，苞皮较薄。坚果椭圆形，果皮赤褐色，少茸毛，富光泽，平均单粒质量 20.8 g，底座较大，果肉味甜而糯性。果实成熟期 10 月上旬。

五、西南产区栽培品种

1. 接板栗(*C. mollissima* cv. Jiebanli)

产于湖南黔阳、怀化、靖县、芷江等地。产区群众自油栗中经长期人工选择，采用嫁接方法繁育的乡土品种，得名"接板栗"。

树冠圆头形，树形紧凑，树势强。结果枝长 22 cm，每结果母枝抽生新梢 3.8 个，其中结果枝占 34%，雄花枝占 54%，每果枝平均着生刺苞 2 个。叶片椭圆形，先端渐尖，叶缘波状深锯齿。刺苞椭圆形，刺较密，长 1.5 cm，苞皮厚 0.49 cm，单苞质量 70 g，每苞多含坚果 3 粒，出实率 41.3%。坚果红褐色，有光泽，茸毛分布在果肩部，平均单粒质量 13.6 g，大小整齐，底座中等，接线平直，含水量 50.3%，干物质中含蛋白质 8.1%、脂肪 1.1%。在当地果实 9 月下旬成熟。丰产性强，每平方米树冠投影面积达 0.3 kg，大小年不明显。

2. 油板栗(*C. mollissima* cv. Youbanli)

湖南主栽品种，主要分布于湘西武陵山脉，多为实生繁殖。

树冠圆至长圆头形，树势强。发枝力强，每结果枝抽生新梢 3.8～4.2 个，其中结果枝占 41.4%，雄花枝占 47.1%，结果枝长 21.0～26.3 cm，粗 0.4 cm，每结果枝着生刺苞 1.8～2.4 个，出实率 35%～50%。叶片长椭圆形，叶缘波状深锯齿。刺苞椭圆至长椭圆形，刺较密、长 1.2～1.5 cm，苞皮厚 0.3～0.5 cm，单苞质量 48～76 g。坚果圆或椭圆形，红褐色，茸毛少，有光泽，果顶平齐或稍凹，单粒质量 9～14 g，果肉细腻，味甜，含水量 47.8%，干物质中含淀粉 48.6%、总糖 7.5%、蛋白质 6.7%，品质优良，较耐贮藏。在当地盛花期 5 月下旬，成熟期 9 月下旬至 10 月上旬。树体适应性强，在黄红壤、紫色土、红色石灰土上均生长较好。

3. 永富大油栗(*C. mollissima* cv. Yongfudayouli)

产于云南富民县赤鹫乡永富村，实生选出。

树体较大，树姿开张，呈多主干半圆头形，树势旺。结果母枝长 15.3 cm，粗 0.55 cm，节间长 1.24 cm，混合芽扁圆形，黄赤褐色。叶长椭圆形，先端渐尖，基部广楔形。刺苞椭圆形，平均单苞质量 80.05 g，刺束密度中等，长 1.82 cm，分枝点较低，开张，苞皮厚 0.26 cm。坚果椭圆形，紫褐色，富光泽，平均单粒质量 14.32 g，底座小，接线如意形，果肉含水量 49.5%，干物质含糖 13.86%、淀粉 53.64%、蛋白质 8.49%，淀粉糊化温度

55℃，品质中上，外观商品性好。在当地果实 9 月初成熟。产量高，连续结果能力强。

4. 鸡腰子栗（*C. mollissima* cv. Jiyaozili）

产于云南禄劝县九龙乡万宝民村，实生优株，母树树龄逾百年。因其边果的内侧面中部凹，弧面不对称，形似鸡腰子，由此得名。

树体高大，树姿开张，高圆头性，叶幕呈层形。结果母枝长 19.2 cm，粗 0.54 cm，节间长 1.54 cm，皮孔圆形，小而密，混合芽卵圆形，被灰褐色茸毛。平均每结果母枝抽生新梢 1.9 条，其中结果枝占 52.6%，雄花枝和发育枝各占 6.3%。每结果母枝平均抽生结果枝 1.7 条，每结果枝平均着生刺苞 1.5 个。叶椭圆形，先端渐尖，锯齿粗大。刺苞椭圆形，刺束密度中等、长 1.54 cm、硬，苞皮厚 0.39 cm，平均单苞质量 94.83 g，每苞平均含坚果 2.85 粒，出实率 39.16%。坚果椭圆形，果顶微凹，果肩浑圆，平均单粒质量 13.81 g，整齐度高，果皮紫褐色，光泽中等，底座小，接线平直或略呈小波纹状，含水量 44.6%，干物质中含糖 15.34%、淀粉 52.27%、蛋白质 10.43%，淀粉糊化温度 55.0℃，品质优良。果实成熟期 9 月上旬。

5. 赤马 1 号（*C. mollissima* cv. Chima1）

产于云南玉溪赤马果林场。1991—1992 年云南板栗资源调查时发现并选出。

树冠呈圆头形，树姿较直立。结果母枝长 27.1 cm，粗 0.73 cm，节间长 1.5 cm。枝条灰褐色，茸毛极少，皮孔大而稀，扁圆形。平均每结果母枝抽生新梢 3.3 条，其中结果枝占 45.5%，雄花枝占 9.1%，发育枝占 3.0%。叶椭圆形，先端急尖，锯齿直向。刺苞椭圆形，刺束长 1.5 cm，较密，苞皮厚 0.22 cm，平均单苞质量 46.7 g，成熟时"十"字形开裂或 3 裂，出实率 54.78%。坚果短椭圆形，黑赤褐色，果面全面披茸毛、短而稀疏，果顶微凹，果肩平，平均单粒质量 5.78 g，接线如意形，果肉黄色细腻，糯性，味香甜，含水量 48.7%，干物质含糖 17.74%、淀粉 50.18%、蛋白质 8.58%，淀粉糊化温度 58.0℃。在当地果实成熟期 7 月 13 日～7 月 17 日，成熟早，13 年生树高 4.5 m，树形小。

6. 中果红油栗（*C. mollissima* cv. Zhongguohongyouli）

原名桂选 72-7、红油栗。产于广西阳朔、平乐等县，实生类型。20 世纪 70 年代以后在桂林地区嫁接繁殖，推广较普遍。

树冠高圆头形，树势强。当年生枝中结果枝占 36.1%，雄花枝占 33%，平均枝长 29 cm，粗 0.65 cm。混合芽圆形，灰棕色。一般每结果母枝抽生结果枝 2 条，每结果枝着生刺苞 2.1 个。刺苞椭圆形，单苞质量 56 g 左右，每苞平均含坚果 2.4 粒。坚果椭圆形，红褐色，油亮，具光泽，美观，果面茸毛极少，果顶平或微凹，平均单粒质量 14.0 g，大小整齐，底座较小，果肉细糯，干物质中含淀粉 67.5％、糖 13.5％、蛋白质 7.3％。在当地 10 月上旬成熟，较耐贮藏。丰产稳产，每平方米树冠投影面积产量 0.49 kg，抗病性强，适应性广。

六、东北产区栽培品种

1. 辽阳 1 号（*C. mollissima* cv. Liaoyang 1）

原产于辽宁省辽阳县，1975 年开始在当地扩大繁殖。

树冠扁圆头形或圆头形。结果母枝长 22 cm，粗 0.5 cm，皮孔椭圆形，中密，每结果母枝平均抽生结果枝 2.1 条，每结果枝平均着生刺苞 1.6 个，出实率 35.2％。刺苞近圆形，单苞质量 51～60 g，刺束短而密，苞皮较薄，每苞平均含坚果 2.3 粒。坚果圆形，红褐色，有光泽，果面茸毛较少，单粒质量 7 g 左右，果肉质地细腻甜糯，品质优良。当地果实成熟期在 9 月下旬。高接树第 3 年开始结果，每平方米树冠投影面积产量为 0.27 kg，较丰产。在栽培条件差时，有隔年结果现象。

2. 辽南 2 号（*C. mollissima* cv. Liaonan 2）

原产于辽宁营口县建一乡葡匠峪村，系选优株系。

树冠扁圆形，树姿开张，结构松散，树势中等。结果母枝灰褐色，平均枝长 31 cm，粗 0.5 cm，节间长 1.4 cm。混合芽长椭圆形，黄褐色，结果枝占当年生枝量的 57.1％，雄花枝占 5.5％，发育枝占 3.8％。刺苞小，椭圆形，单苞质量 38 g，刺束稀，苞皮薄，平均厚度 0.17 cm，每苞平均含坚果 2.6 粒，出实率 40％。坚果圆形，褐色，有光泽，单粒质量 5.1～5.5 g，底座小，接线月牙形，果肉质地细糯香甜，干物质中含还原糖 1.00％、转化糖 19.35％、淀粉 59.10％、粗蛋白 9.64％，品质优。连续结果能力强，每平方米树冠投影面积产量 0.35 kg。

第三节 近年来选育推广的新品种

1. 黄棚（*C. mollissima* cv. Huangpeng，图 4-37）

山东省果树研究所通过实生选种途径选育的中熟新品种，2004 年通过山东省林木品种审定委员会审定。

树冠圆头形，幼树期生长直立，大量结果后，树势开张呈开心形。枝条灰绿色，果前梢混合芽数量多，混合芽大而饱满，近圆形，形成雌花比较容易，结果母枝长而粗，平均抽生结果枝 2.1 条，每结果枝平均着生刺苞 3.1 个。刺苞椭圆形，苞皮较薄，单苞质量 50～80 g，苞刺略稀，中长，分枝角度稍大，黄色，每苞平均含坚果 2.9 粒，出实率 50％以上。成熟时苞皮不开裂或很少有开裂。坚果近圆形，深褐色，光亮美观，充实饱满，平均单粒质量 11.0 g，整齐度高，底座较小，呈月牙形，果肉黄色，细糯香甜，涩皮易剥离，含水量 51.37％，干物质中含淀粉 57.35％、糖 27.25％、蛋白质 7.67％、脂肪 1.78％。耐贮藏，适宜炒食，商品性优。

图 4-37　黄棚

在泰安 4 月上旬萌芽，4 月中、下旬展叶，6 月上旬盛花，9 月上、中旬成熟，11 月上旬落叶。早实、丰产性强，幼树改接第 2 年结果，4～5 年生树产量可达 4 500 kg/hm² 以上。抗逆性强，适应性广，耐瘠薄。

2. 鲁岳早丰(*C. mollissima* cv. Luyuezaofeng，图 4-38)

山东省果树研究所于 20 世纪 90 年代末从泰安选育出的实生变异优株，2005 年通过山东省林木品种审定委员会审定。

图 4-38　鲁岳早丰

树冠圆头形，主枝分枝角度 40°～60°。多年生枝灰白色，1 年生枝灰绿色，混合芽大而饱满，近圆形，结果母枝粗壮，抽生结果枝能力强，果前梢混合芽数量多，花芽形成容易。刺苞椭圆形，苞柄较短，成熟时"一"字形开裂，出实率 55%，刺束较硬，分枝角度小。坚果椭圆形，红褐色，光亮美观，平均单粒质量 11.0 g，饱满整齐，果肉黄色，细糯香甜，涩皮易剥离，底座中等，接线呈月牙，含水量 51.5%，干物质中含淀粉 67.8%、糖21.0%。耐贮藏，适宜炒食。

在泰安地区 4 月初萌芽，雄花盛花期在 5 月底 6 月初，成熟期在 8 月 30日左右。幼树嫁接第 2 年即能结果，4～5 年进入盛果期，5 年生树产量可达4 500 kg/hm² 以上。早熟品种，丰产稳产，抗逆性强，耐瘠薄。

3. 东岳早丰（C. mollissima cv. Dongyuezaofeng，图 4-39）

山东省果树研究所通过实生选种途径选育的优质早熟新品种，2009 年通过山东省林木品种审定委员会审定，2013 年通过国家林业局林木品种审定委员会审定。

图 4-39　东岳早丰

树冠圆头形，多年生枝灰白色，1 年生枝黄绿色，皮孔扁圆形，白色，大小中等，中密，混合芽三角形，芽鳞黄褐色，芽体饱满。每结果母枝平均抽生结果枝 2.3 条，占发枝量的 59.0%。结果枝长 25.5 cm，粗 0.6 cm，果前梢长 4～9 cm，混合芽数 2～8 个，每结果枝平均着生刺苞 2.4 个，出实率 48.1%，空苞率 0.97%。叶片长椭圆形，叶表面深绿色，背面灰绿色，光滑，叶尖渐尖。刺苞椭圆形，苞皮厚 0.2 cm，单苞质量 60.0 g 左右，刺束中密，偏硬，刺束长1.1 cm，分枝角度大，苞柄长 0.55 cm，较短，每苞平均含坚果 2.7 粒，成熟时"一"字形开裂。坚果椭圆形，红棕色，充实饱满，整齐一致，光亮美观，平均单粒质量 10.5 g，底座中等大小，接线呈月牙形，果肉黄色，细糯香甜，涩皮易剥离，平均含水量 33.7%，干物质中含淀粉 52.6%、总糖 31.7%、脂肪

1.7％、蛋白质 8.7％。耐贮藏，适宜炒食，商品性优。

在泰安 4 月初萌芽，6 月初盛花，8 月下旬成熟。早实丰产，利用 2 年生砧木嫁接后 3～5 年进入盛果期，盛果期树平均产量 4 572 kg/hm²。

4. 岱岳早丰（*C. mollissima* cv. Daiyuezaofeng，图 4-40）

山东省果树研究所通过实生选种途径选育的早熟新品种，2010 年通过山东省林木品种审定委员会审定，2013 年通过国家林业局林木品种审定委员会审定。

树冠松散，树姿开张，树干灰褐色。结果母枝健壮，均长 29.5 cm，粗 0.6 cm，每结果枝平均着生刺苞 2.4 个，次年平均抽生结果枝 2.9 条。混合芽大，饱满，三角形。叶片长椭圆形，叶表面深绿色，背面灰绿色，叶尖渐尖，锯齿斜向，两边叶缘向表面微曲，叶姿褶皱波状，斜向。雄花序长 24.6 cm，花形下垂。刺苞椭圆形，黄绿色，成熟时"一"字形开裂，苞皮厚度中等，单苞质量 50～60 g，刺束中密而硬，黄色，分枝角度大，刺长 1.3 cm，每苞平均含坚果 2.7 粒，出实率 48.0％，空苞率 2％。坚果椭圆形，红褐色，油亮，茸毛较少，筋线不明显，底座中等，接线平滑，整齐度高，平均单粒质量 10.0 g，果肉黄色，质地细糯，风味香甜，含水量 51.5％，干物质中含可溶性糖 28.9％、淀粉 55.0％、蛋白质 10.2％。耐贮藏，适宜炒食。

图 4-40　岱岳早丰

在山东鲁中山区，4 月初萌芽，4 月 9 日左右展叶，5 月底 6 月初雄花盛花期，果实成熟期 8 月底，落叶期 11 月上、中旬。幼树嫁接第 2 年结果，4～5 年丰产，幼砧嫁接后第 2 年产量达到 750 kg/hm² 以上，大树改接后第 3 年产量可达 3 750 kg/hm² 以上。抗逆性强，适应范围广，在丘陵山地及河滩地均适宜栽植。5 月下旬至 6 月中旬需加强对板栗红蜘蛛的防控。

5. 红栗 2 号（*C. mollissima* cv. Hongli 2，图 4-41）

山东省果树研究所通过实生选种途径选育的生产绿化兼用新品种，2009

年通过山东省林木品种审定委员会审定，2013 年通过国家林业局林木品种审定委员会审定。

树冠高圆头形，主枝分枝角度 40°～60°。多年生枝深褐色，1 年生枝紫红色，皮孔近圆形，灰白色，密小，混合芽圆形，大而饱满。叶长椭圆形，长 16.9 cm，宽 6.4 cm，叶表面深绿色，背面灰绿色，叶尖渐尖，锯齿斜向，两边叶缘向表面微曲，叶柄橘红色，长 1.8 cm。每结果母枝平均抽生结果枝 4.5 条，发育枝 1.8 条，细弱枝 1.7 条，结果枝长 30.2 cm，粗 0.6 cm，每结果枝平均着生刺苞 2.0 个，果前梢长 4～7 cm，混合芽数 6.1 个。刺苞椭圆形，苞柄粗短，刺束红色，中密，较硬，分枝角度中等，苞皮厚 0.18 cm，每苞平均含坚果 2.5 粒，出实率 50.8%，空苞率 4.0%。坚果椭圆形，红褐色，光亮美观，充实饱满，平均单粒质量 10.3 g，大小整齐，底座大小中等，接线月牙形，果肉黄色，细糯香甜，涩皮易剥离，含水量 51.1%，干物质中含淀粉 69.7%、总糖 18.6%、脂肪 1.3%、蛋白质 7.4%。耐贮藏，适宜炒食，商品性优。

图 4-41 红栗 2 号

在泰安 4 月初萌芽，6 月初盛花，9 月中、下旬成熟。早实、丰产，利用 2 年生幼砧嫁接后第 4 年，株行距 2m×2m，平均单株结苞 80 个，株产 1.97 kg，平均产量达 4 928 kg/hm²。

6. 鲁栗 1 号（*C. mollissima* cv. Luli1，**图** 4-42）

山东省果树研究所通过实生选种途径选出的中熟新品种，2014 年通过山东省林木品种审定委员会审定。

树冠扁圆头形，树势中庸，盛果期较开张，主枝分枝角度 40°～60°，多年生枝黄绿色，1 年生枝灰绿色。皮孔椭圆形、白色、小、稍稀，纵向排列。混合芽大，饱满，长三角形。叶片披针形，长 21.4 cm，宽 7.3 cm，叶柄长

1.8 cm，叶面灰绿色，密披灰白色茸毛，叶尖急尖，锯齿斜向，叶面平展。刺苞椭圆形，平均单苞质量 54.4 g，苞皮较薄，厚 1.05 mm，苞柄长 0.6 cm，苞刺中密、硬、较细、分角小，平均每苞含坚果 2.8 粒，成熟时"一"字形开裂，空苞率 3.8%，出实率 47.9%。坚果椭圆形，红棕色，茸毛极少，具光泽，充实饱满，大小整齐，果肉黄色，细糯香甜，涩皮易剥离，底座中等，接线呈月牙形；平均单粒质量 10.03 g，干物质平均含糖 21.8%、淀粉 58.37%、蛋白质 8.69%、脂肪 1.3%，耐贮藏。

果实发育期 105 d，在泰安 9 月中旬成熟，属中熟品种。高接 4 年平均单株产量 3.5 kg，折合产量 4 074 kg/hm²，丰产、稳产性强，无明显的大小年现象，耐旱、耐瘠薄，对板栗红蜘蛛抗性强。喜肥水，土质肥沃时增产显著。

图 4-42　鲁栗 1 号

7. 鲁栗 2 号（*C. mollissima* cv. Luli 2，图 4-43）

山东省果树研究所通过实生选种途径选育的中晚熟新品种，2014 年通过山东省林木品种审定委员会审定。

树冠圆头形，树势中庸，盛果期树形开张，主枝分枝角度 50°～60°，多年生枝黄绿色，1 年生枝灰绿色，皮孔椭圆形、白色、小、密、纵向排列，混合芽三角形，大而饱满。叶片椭圆形，较厚，深绿色，叶尖渐尖，锯齿斜向，叶面平展，向内卷曲呈舟状。刺苞椭圆形，平均单苞质量 74.9 g，苞柄长 0.5 cm，苞皮厚 1.21 mm，苞刺中密、硬、粗度中等、分角小，刺长 1.51 cm，每苞平均含坚果 2.7 粒，出实率 45.1%，空苞率 4.0%，成熟时"一"字形开裂，此时刺苞、刺束仍为绿色为其显著特征。坚果圆至椭圆形，深褐色，果顶与果肩齐平，果面有深褐色纵线，茸毛极少，光亮美观，充实饱满，平均单粒质量 11.23 g，整齐一致，底座小，接线呈月牙形，果肉黄色，细糯香甜，涩皮易剥离，干物质中含糖 18.51%、淀粉 61.0%、蛋白质 9.25%、脂肪 1.6%。适宜炒食，耐贮藏，0～4℃冷藏 120 d 腐烂率仅 5.3%，商品性优。

在泰安 9 月下旬成熟。高接 4 年平均单株产量 3.9 kg，产量 4 253 kg/hm²，丰产稳产，抗逆性强，适栽范围广。

图 4-43　鲁栗 2 号

8. 鲁栗 3 号(*C. mollissima* cv. Luli 3，图 4-44)

山东省果树研究所通过实生选种途径选育的优质早熟新品种，2014 年通过山东省林木品种审定委员会审定。

图 4-44　鲁栗 3 号

树冠扁圆头形，树势中庸，树姿较直立，主枝分枝角度 40°～50°，多年生枝灰白色，1 年生枝灰绿色，皮孔椭圆形、小而突出、白色、中密、纵向排列有序，混合芽大，饱满，钝三角形。叶片披针形，叶面深绿色，锯齿粗大，叶尖渐尖，叶面较平展。刺苞椭圆形，苞柄长 0.6 cm，苞刺长 1.45 cm，中密、硬、分角一般，平均单苞质量 62.0 g，苞皮厚 1.21 mm，每苞平均含坚果 2.7 粒，成熟时"十"字形开裂，出实率 45.7%～48.0%，空苞率仅 4.5%。坚果椭圆形，红褐色，果面色泽均匀，茸毛极少，光亮美观，充实饱满，果顶稍低于果肩，单粒质量 11～13 g，整齐一致，果肉黄色，细糯香甜，涩皮易剥离，底座中等平滑，无突起，接线呈月牙形，干物质中含总糖20.5%、淀粉61.9%、蛋白质10.54%、脂肪0.6%。适宜炒食，商品性优。

在泰安9月上旬成熟。高接4年平均单株产量2.57 kg，折合产量3 858 kg/hm²。

9. 泰林2号（*C. mollissima* cv. Tailin 2）

山东省泰安市泰山林业科学研究院从泰山板栗实生资源中选出，母树位于岱岳区下港乡上港村，80年生树。2012年通过山东省林木品种审定。

树体生长旺盛，幼树树冠直立，半圆头形，1年生枝条灰色，长27.88 cm，粗0.60 cm，皮孔圆形，稀。每结果母枝平均发枝3.89条。果前梢10.64 cm，节间长度3.51 cm。混合芽三角形，每果前梢平均着生3.05个。叶片椭圆形，锯齿小，深绿色，有光泽，平展。雄花序平均长15.6 cm，每结果枝平均着生雄花序7.8条，雌花簇2.8个，乳黄色。刺苞扁椭圆形，平均单苞质量75.2 g，刺束稀，短硬，直立，黄绿色，苞皮厚0.25 cm，多"十"字形开裂，每苞平均含坚果2.41粒，出实率45.9%。坚果红褐色，明亮，茸毛少，有光泽，平均单粒质量9.50 g，涩皮易剥离，果肉黄色，质地细腻，风味香甜，糯性强，含水率55.33%，干物质中含糖16.98%、淀粉66.55%、粗蛋白9.98%。

早果丰产，嫁接后第1～2年少量结果，4～6年生树每平方米树冠投影面积产量0.50 kg以上。在泰安地区萌动期4月8日，展叶期4月21日，雄花盛花期在6月5日，雌花盛花期在6月10日，果实成熟期9月1日，落叶期11月中旬。在河滩地、山地、丘陵表现早熟、丰产稳产、生长结果良好，有很强的适应性，对板栗红蜘蛛、栗瘿蜂有较强抗性。

10. 岱丰（*C. mollissima* cv. Daifeng）

山东省泰安市泰山林业科学研究院从泰山板栗群体中经实生选育途径选育，母树为泰安市岱岳区黄前镇100年左右的实生板栗树。2009年通过山东省林木品种审定委员会认定。

幼树树冠直立，圆头形，主枝分枝角度40°～45°。枝条密，灰褐色，长35.60 cm，粗0.68 cm，皮孔扁圆形，稀、无茸毛，果前梢5.35 cm，节间长1.51 cm，平均每梢着生混合芽4.6个，长三角形，芽尖黄色。叶片椭圆形，浅绿色，有光泽，锯齿小、内向，长18.75 cm，宽7.02 cm，叶姿平展。雄花序平均长11.6 cm，每结果新梢平均着生雄花序6.7条，每结果新梢平均着生雌花簇3.1个。刺苞椭圆形，横径7.48 cm，纵径5.89 cm，平均单苞质量69.4 g，刺束稀疏、短硬、直立，苞皮厚0.20 cm，多"十"字形开裂，每苞平均含坚果2.31粒，出实率44.6%。坚果红褐色、明亮、茸毛少、有光泽，平均单粒质量9.30 g，涩皮易剥离。果肉黄色，质地细腻，风味香甜，糯性强，干物质中含糖量 20.54%、淀粉 63.03%、粗蛋白 9.31%，含水率 52.63%。

树体生长旺盛，结果母枝粗壮，每结果母枝平均着生结果枝 3.63 条。幼树早果性强，丰产。常规管理下，采用 3～4 年生砧木，嫁接第 1 年少量结果，第 2 年结果株率 60%左右，第 6 年平均株产 3.74 kg，每平方米树冠投影面积产量 0.69 kg。在泰安地区，萌动期 4 月 7～8 日，展叶期 4 月 20～21 日，雄花盛花期 6 月 5 日，雌花盛花期 6 月 7 日，果实成熟期 9 月 11～12 日，落叶期 11 月上旬。在河滩地、山地、丘陵生长结果正常，耐干旱、瘠薄。

11. 莲花栗(*C. mollissima* cv. Lianhuali)

山东农业大学从泗水县山地栗园选出的实生变异炒食加工兼用型大粒优株，成熟时刺苞有 5 片开裂，呈莲花状，得名'莲花栗'。2001 年通过山东省林木品种审定委员会审定。

树冠自然圆头型，幼树期生长旺盛，结果后树势趋于缓和，呈短枝性状。1 年生枝灰绿色，结果母枝粗短，平均长 19.1 cm，粗 0.84 cm，节间1.6 cm。每结果枝平均着生刺苞 1.4 个，刺苞椭圆形，特大，成熟时多呈"十"字形开裂，也有 5 片开裂，刺苞平均含坚果 2.6 粒，出实率 43%，空苞率 4.7%。坚果紫褐色，明亮，平均单粒质量 19.5 g，整齐，果肉黄色，质地细糯香甜，含水率 52.1%，淀粉含量占干重的 68.9%，可溶性固形物 15.1%。品质上等，适宜炒食、加工和菜用。

在原产地泗水县正常年份 9 月 18～22 日成熟，中晚熟。早实丰产性强，3 年生砧嫁接树第 2 年结果株率达 58.3%，第 3 年全部结果，第 6 年产量 6 605 kg/hm²，山地和平原均可栽植。

12. 泰栗 5 号(*C. mollissima* cv. Taili 5)

山东省泰安市泰山林业科学研究院从泰山板栗实生种群中选育出的优良新品种，2005 年通过山东省林木品种审定委员会审定。

成龄树树冠较开张，圆头形，枝条稀疏，灰褐色，幼树期生长较旺。每结果母枝平均抽生结果枝 3.9 条，每结果枝平均着生刺苞 2.4 个。混合芽长圆形，芽尖黄色，大而饱满。刺苞椭圆形，单苞质量 80.4 g，刺束中密、较软、直立、颜色黄绿，苞皮厚 0.24 cm，每苞平均含坚果 2.5 粒，出实率 42.5%，成熟时多"十"字形开裂，果柄粗短。坚果椭圆形，紫褐色，油亮，充实饱满，整齐，平均单粒质量 9.5 g，底座较小，呈月牙形，果肉黄色，细糯香甜，含水量 52.6%，干物质中含糖 20.5%、淀粉 63.0%、蛋白质 9.3%、脂肪 3.4%，涩皮易剥离，耐贮藏，商品性优。

在泰安萌芽期 4 月 7～8 日，展叶期 4 月 20～21 日，雄花盛花期 6 月 5 日，雌花盛花期 6 月 7 日，果实成熟期 9 月 11～12 日，落叶期在 11 月上旬。

幼树改接第 2 年结果，4～5 年生树产量可达 3 600～4 800 kg/hm²。早实，丰产，抗旱，耐瘠薄，对板栗红蜘蛛、栗瘿蜂有较强抗性。

13. 丽抗（*C. mollissima* cv. Likang，图 4-45）

山东省莒南县林业局选出。别名东黄埝 1 号，原产于山东省莒南县洙边镇东黄埝村，集中分布于山东中南部、沂沭河产区。2002 年通过山东省科技厅组织的专家鉴定并命名。

图 4-45　丽抗

树体高度中等，树姿直立，树冠紧凑度一般。树干灰色，皮孔中大而不规则，稀。结果母枝健壮，平均长 26.5 cm，粗 0.5 cm，每果枝平均着生刺苞 2.0 个，次年平均抽生结果新梢 2.3 条。叶片浓绿色，长椭圆形，背面着生稀疏灰白色星状毛，叶姿平展，锯齿浅，刺针直向，叶柄黄绿色，长 1.5 cm。每果枝平均着生雄花序 5.4 条，花形下垂。刺苞近圆形，黄绿色，成熟时"一"字形或"十"字形开裂，苞皮厚 0.14 cm，刺束黄色，密度中等，硬度一般，分枝角度中，刺长 1.2 cm，单苞质量 50 g 左右，每苞平均含坚果 2.2 粒，出实率 43%。坚果近圆形，深褐色，明亮，茸毛少，筋线不明显，平均单粒质量 11.2 g，整齐度高，底座小，接线平滑，果肉黄色，糯性，质地细腻，风味香甜，鲜果含可溶性糖 5.80%、淀粉 33.07 %、蛋白质 4.46%，适于炒食。

在山东莒南县 4 月下旬萌芽，5 月上旬展叶，6 月下旬雄花盛花期，果实成熟期 9 月下旬，落叶期 11 月中旬，物候期较晚。早实性强，中幼树嫁接第 2 年结果，第 3 年株产 1.8 kg，嫁接后第 8 年产量 6 504 kg/hm²，每平方米树冠投影面积产量 0.91 kg，丰产，抗逆性强，抗旱，耐瘠薄，抗红蜘蛛。在干旱缺水的片麻岩山地、土壤贫瘠的丘陵地均能正常生长结果。

14. 燕金（*C. mollissima* cv. Yanjin，图 4-46）

河北省昌黎果树研究所从燕山野生板栗中通过实生育种途径选育，母株位于河北省宽城县王厂沟村一山地栗园，树龄 120 年以上。2013 年通过河北省林木品种审定委员会审定。

树体生长势强，树冠紧凑，树姿直立。结果母枝平均长 34.4 cm，粗 0.74 cm，节间 1.75 cm，无茸毛，分枝角度小，每枝平均着生刺苞 1.98 个，次年平均抽生结果新梢 2.80 条。雄花序平均长 8.50 cm，每结果枝平均着生雄花序 7.31 条。刺苞椭圆形，平均单苞质量 43.2 g，苞内平均含坚果 2.1 粒，出实率 38.5%，成熟时"十"字形或"一"字形开裂。坚果椭圆形，紫褐色，油亮，果面茸毛少，底座大小中等，接线月牙形，平均单粒质量 8.2 g，整齐度高，果肉淡黄色，糯性，口感香甜，质地细腻，含水量 47.25%，干物质中含可溶性糖 22.75%、淀粉 55.12%、蛋白质 5.06%。耐贮性强，适宜炒食。

图 4-46　燕金

在河北燕山地区芽萌动期 4 月 19 日，展叶期 5 月 5 日，雄花盛花期 6 月 14 日，雌花盛花期 6 月 19 日，果实成熟期 9 月 8 日，落叶期 11 月上旬。早实丰产，嫁接树第 4 年进入盛果期，盛果期平均产量 3 500 kg/hm²，无大小年现象。耐旱，耐瘠薄，在干旱缺水的片麻岩山地、土壤贫瘠的河滩沙地均能正常生长结果。抗寒性强，在中国北方板栗栽培区北缘无冻害。

15. 燕兴（*C. mollissima* cv. Yanxing，图 4-47）

河北省昌黎果树研究所在对燕山野生板栗资源调查搜集的基础上经实生选种途径选育出的抗寒性板栗新品种，母树为河北承德市兴隆县山地丘陵 40 年生实生栗树。2012 年通过河北省林木品种审定委员会审定。

树势中庸，树姿较紧凑，树冠自然圆头形。多年生枝灰褐色，1 年生枝绿色，皮孔不规则，小而稀。结果母枝平均长 26.4 cm，粗 0.74 cm，节间 1.53 cm，无茸毛，分枝角度中等，每枝平均着生刺苞 1.83 个，次年平均抽生果枝 2.73 条，基部芽体饱满，短截后翌年能抽生结果枝。混合芽近圆形，褐色，饱满。叶片长椭圆形，斜生，浓绿色，叶背茸毛稀疏，叶尖渐尖，叶姿较平展，锯齿小，斜向前，叶柄淡绿色。雄花序平均长 8.52 cm，每结果枝平均着生雄花序 7.81 条。刺苞椭圆形，平均单苞质量 50.80 g，刺束平均长 1.12 cm，斜生、中密、硬度中等、分枝角度大，成熟时黄绿色，苞皮厚度中等，苞内平均含坚果 2.70 粒，出实率 39.05%，成熟时"十"字形或"一"字形开裂。坚果椭圆形，褐色，有光泽，平均单粒质量 8.20 g，整齐度高，底座大小中等，接线平直，果肉黄色，口感细糯，风味香甜，含水量 49.84%，干物质中含可溶性糖 22.23%、淀粉 52.90%、蛋白质 4.85%、脂肪 2.09%。耐贮藏，适宜炒食。

图 4-47　燕兴

在河北燕山地区芽萌动期 4 月 20 日，展叶期 5 月 9 日，雄花盛花期 6 月 16 日，雌花盛花期 6 月 20 日，果实成熟期 9 月 15 日，落叶期 11 月上旬。幼树结果早，产量高，嫁接 4 年进入盛果期，平均产量 4 500 kg/hm²。丰产稳产性强，无大小年现象。耐旱，耐瘠薄，在干旱缺水的片麻岩山地、土壤贫瘠的河滩沙地均能正常生长结果。抗寒性强，在中国板栗栽培北缘临界区无明显冻害。

16. 燕光（*C. mollissima* cv. Yanguang，图 4-48）

河北省昌黎果树研究所从燕山板栗实生资源中选出的适宜密植型品种，母树为河北省迁西县崔家堡村 1 株 60 年实生板栗树。2009 年通过河北省林木品种审定委员会审定。

树势较强，树冠紧凑，半开张，树干灰褐色。枝条较粗壮，皮色灰绿，无茸毛，皮孔不规则，小而稀疏，枝长 26.40cm，粗 0.61 cm，节间 1.21 cm，果前梢 4.55 cm。叶片长椭圆形，先端渐尖，浓绿色，有光泽，斜生，叶姿较平展。每果枝平均着生雄花序 11.5 条，雄花序长 12.5 cm。结果母枝较粗壮，连续结果能力强，中庸较弱枝结果特性明显，每结果母枝平均抽生结果枝 2.1 条，每结果枝平均着生刺苞 3.6 个，每苞平均含坚果 2.6 粒，出实率 48%。刺苞椭圆形，平均单苞质量 47.9 g，苞皮厚度中等，刺束中密、偏硬，长 1.12 cm。坚果椭圆形，深褐色，有光泽，平均单粒质量 8.12 g，大小整齐，底座中等大小，接线平直，内果皮易剥离，果肉黄色，质地细糯，风味香甜，平均含水量 50.2%，干物质中含可溶性糖 21.5%、淀粉 45.4%、脂肪 1.7%、蛋白质 4.9%。耐贮运。

在河北省燕山板栗产区，4 月 10～13 日萌芽，雄花序 5 月 15 日开始出现，6 月 6～9 日进入雄花盛花期，6 月 11～13 日进入雌花盛花期，果实成熟期 9 月 10～12 日。栽植密度 2m×3m 条件下，2 年生幼树平均株产 1.14 kg，3 年生平均株产 1.45 kg，4 年生平均株产 1.94 kg，嫁接 4 年后进入丰产期，5 年生树产量高达 6 617 kg/hm^2。

图 4-48　燕光

17. 燕晶（*C. mollissima* cv. Yanjing，图 4-49）

河北省昌黎果树研究所在 1974 年自遵化市官厅村 60 年生树中选出，又名接官厅 10 号。2009 年通过河北省林木品种审定委员会审定。

图 4-49　燕晶

树势较强，树姿半开张，自然圆头形，树干灰褐色。结果枝健壮，平均长度 39.2 cm，粗 0.72 cm，每果枝平均着生刺苞 2.6 个，次年平均抽生果枝 2.1 条，基部芽体饱满，短截后翌年仍能抽生结果枝。叶片长椭圆形，先端急尖，斜生，叶姿较平展，锯齿较小，直向。每结果枝平均着生雄花序 6.7 条，雄花序平均长 12.3 cm。刺苞椭圆形，平均单苞质量 59.8 g，每苞平均含坚果 2.4 粒，成熟时呈 3 裂或"一"字形开裂，出实率 46%，苞皮厚度中等，刺束中密，平均长 1.17 cm，斜生，黄绿色。坚果椭圆形，深褐色，有光泽，平均单粒质量 9.0 g，整齐度高，果肉黄色，口感细糯，风味香甜，干物质中含可溶性糖 15.2%、淀粉 46.1%、蛋白质 5.02%、脂肪 2.11%。

在河北北部地区 4 月 19～20 日萌芽，4 月 29～30 日展叶，6 月 11 日雄花盛花，9 月 10～12 日果实成熟，11 月 3～4 日落叶。幼树生长旺盛，雌花易形成，结果早，产量高，嫁接后第 4 年进入盛果期，盛果期树平均产量 5 166 kg/hm²。丰产稳产，无大小年现象。适应性和抗逆性强，在干旱缺水的片麻岩山地、土壤贫瘠的河滩沙地均能正常生长结果。

18. **替码珍珠**（*C. mollissima* cv. Timazhenzhu，图 4-50）

河北省昌黎果树研究所于 1990 年从迁西县牌楼沟村实生树中选出，母树 60 年生。树体结果后有 30% 的母枝自然干枯死亡，母枝基部的瘪芽抽生的枝条的 12% 当年可形成果枝（当地栗农称为替码结果），形成自然更新结果，故名替码珍珠。

树势开张，枝条疏生。刺苞平均含坚果 2.6 粒。坚果单粒质量 7.2～8.8 g，大小整齐，果面有光泽，茸毛少，果肉黄白色，肉质细腻，糯性强，香味浓，涩皮易剥离，干物质中含糖 18.1%、淀粉 53.4%、蛋白质 7.8%、脂肪 7.2%，品质优，适于炒食。果实成熟期在 9 月中旬。

图 4-50　替码珍珠

嫁接后 1～2 年生长旺盛，第 3 年大量结果。盛果期部分果前梢 1～3 芽出现替码，4～5 芽抽生枝条照常结果，结果后 7～8 年替码率达到 87%。抗旱、耐瘠薄，高产稳产，以 2 年生幼树为砧木嫁接，在连续 3 年干旱的情况下产量达到 2 800 kg/hm²。

19. 燕明（*C. mollissima* cv. Yanming，图 4-51）

河北省昌黎果树研究所于 1984 年从抚宁县后明山村实生板栗树中选出，2002 年通过河北省林木品种审定委员会审定。

树冠圆头形，树势较强，半开张，幼树期生长旺盛。结果母枝健壮，枝条疏生，平均抽生结果枝 2.75 条，每苞平均含坚果 2.63 粒，出实率为 35.3%。果前梢长 5 cm，节间长 2.29 cm。叶片长椭圆形，叶姿平展，有光泽。幼树雄花序长 13.45 cm，每结果枝着生雄花序 14.4 条。刺苞椭圆形，平均单苞质量 58.3 g，刺束较密，刺长 1.45 cm，刺硬，较细，斜生，成熟时刺苞淡黄色，"一"字形开裂，坚果椭圆形，深褐色，有光泽，茸毛少，果顶平，平均单粒质量 10 g 左右，底座中等。果肉香、甜、糯，干物质中含可溶性糖 16.07%、淀粉 60.34%、蛋白质 11.01%。

图 4-51　燕明

成熟期 9 月下旬，蛀果性害虫为害少。结果早，产量高，嫁接后次年结果，第 4 年平均株产 2.33 kg，连续结果能力强，常规管理水平下，母枝可连续 4～5 年结果。有较高的抗旱、抗病性，耐瘠薄，丰产性好。

20. 紫珀（*C. mollissima* cv. Zipo）

河北省遵化市林业局于 1988 年从河北省遵化市西三里乡北峪村实生板栗

树中选出，2004 年通过河北省林木品种审定。

母树树姿半开张，树冠半圆形。幼树生长势强，树冠扩大快，结果后树势由强转壮。叶片卵圆披针形，深绿色。每结果母枝平均抽生结果枝 3.0 条，结果枝粗壮，每结果枝平均着生刺苞 2.31 个。刺苞扁圆形，皮厚 0.23 cm，刺束密，硬度中等，每苞平均含坚果 2.48 粒，成熟时"一"字形或"十"字形开裂，出实率 45.5%。坚果扁圆形，深褐色，油亮，茸毛少，单粒质量 8.8~10.1 g，含水量 49.73%，干物质中含糖 37.60%、淀粉 38.26%、脂肪 0.92%，商品性优，适宜炒食。

在河北遵化市，4 月下旬萌芽，6 月中旬盛花，9 月中旬果实成熟，10 月下旬落叶。丰产性强，4 年生砧嫁接，第 5 年平均株产 2.62 kg。嫁接苗栽植密度 3m×3m，7 年生平均产量 4 512 kg/hm²。对蛀果害虫有抗性。

21. 遵玉(*C. mollissima* cv. Zunyu)

河北省遵化市林业局选育的杂交新品种，母本为燕山魁栗，父本为垂栗 2 号。2004 年通过河北省林木品种审定。

树姿开张，强壮树的结果枝较长，为 40.2 cm，果前梢长 14.8 cm，平均着混合芽 8.5 个，节间长 1.7 cm。每结果母枝平均可抽生结果枝 3.2 条，平均果枝率为 71.1%，平均每个结果枝着生刺苞 2.9 个。刺苞椭圆形，中等大，刺束较稀，成熟时"一"字或"十"字形开裂，每苞平均含坚果 2.7 粒，出实率 40.0%左右。坚果椭圆形，紫褐色，色泽光亮，茸毛少，平均单粒质量 9.7 g，果肉细腻、糯，香味浓，风味甜，干物质含量 51.72%，含糖 37.91%、淀粉 40.28%。

在河北遵化地区，4 月中、下旬萌芽，4 月底至 5 月初展叶，6 月 12 日左右为雄花开放盛期，6 月 18 日雌花进入开放盛期，9 月 18 日左右成熟，10 月下旬至 11 月上旬落叶。早实丰产，树冠矮小，利用 2 年生砧嫁接，接后第 2 年平均单株结苞 28.5 个，第 3 年平均单株结苞 82.3 个，折合株产 1.9 kg，折合产量 4 457 kg/hm²。

22. 燕龙(*C. mollissima* cv. Yanlong)

河北科技师范学院经实生途径选出，2005 年通过河北省林木品种审定。

树冠扁圆形，树姿半开张，幼树树势较强，成龄树树势中等。枝条灰褐色，皮孔较大、圆形、密度中等，混合芽扁圆形、较大。叶长椭圆形，深绿、较平展，质地硬，叶柄中等长。每结果枝平均着生雄花 3.6 条，属寡雄类型，雄花序长 13.2 cm，每结果母枝着生刺苞 2.5 个。刺苞椭圆形，单苞质量 43.5~68.2 g，每苞平均含坚果 2.8 粒，空苞率几乎为 0。坚果红褐色，油亮美观，茸毛少，单粒质量 8.1~10.2 g，整齐，涩皮易剥离，果肉质地糯性，细腻香甜，糖炒品质优良。坚果贮藏 1 个月后，干物质含糖 22.6%、淀粉

48.2%、粗蛋白 6.0%、脂肪 2.5%，糊化温度 64℃。

在河北昌黎地区，4 月中旬萌芽，6 月中旬盛花，9 月中旬果实成熟。结果母枝基部可形成混合花芽，适于进行短截修剪，短截后的果枝率为 52.2%～61.7%，适于密植栽培。幼树嫁接后第 2 年结果，3～4 年生树产量可达 4 500 kg/hm²。

23. 林冠(C. mollissima cv. Linguan)

河北农业大学通过实生途径选出的加工型新品种，母树位于邢台县浆水镇下店村。2009 年通过河北省林木品种审定。

树势健壮，树姿较直立，树冠圆头形。新梢黄绿色，多年生枝深褐色，皮孔扁圆形、白色、中密，混合芽三角形，芽鳞黄褐色，芽体饱满。叶片长椭圆形或长椭圆状披针形，叶尖渐尖，叶缘刺芒，有锯齿或锯齿芒状，叶基近圆形，叶长 15.41 cm，宽 4.33 cm，表面绿色，背面灰绿色。雄花序长 15.8 cm，着生在结果枝第 5.5～11.1 节位上，雌花序着生在结果枝第 12.1～13.3 节位上。每结果母枝平均抽生结果枝 1.3 条，每结果母枝平均着刺苞 3.9 个。刺苞椭圆形，刺束较稀、长，成熟时呈"十"字形开裂，每苞平均含坚果 2.5 粒。坚果扁圆形，深褐色，平均单粒质量 11.91 g，涩皮易剥离，果肉黄色，质地细腻、糯，味香甜，干物质中含可溶性糖 26.12%、淀粉 54.62%、粗脂肪 5.79%、总蛋白质 4.62%、可溶性蛋白质 2.51%。适于加工成甘栗仁、栗仁罐头等。

在河北邢台 4 月上旬萌芽，4 月中、下旬展叶，5 月中旬至 6 月中旬雄花期，5 月下旬雌花期，9 月 10 日左右果实成熟，11 月中旬落叶。早实丰产，栽植第 2 年可结果，5 年进入盛果期，平均每平方米树冠投影面积产量 1.77 kg，产量 6 000 kg/hm² 以上。抗病性强，耐干旱，耐瘠薄。

24. 林宝(C. mollissima cv. Linbao)

河北农业大学经实生选出，母树为在河北省太行山区邢台县将军墓镇皮庄村发现的优良单株，树龄约 300 年生。2009 年通过河北省林木品种审定。

树冠半圆形，树势中庸，树姿开张。新梢黄绿色，多年生枝深褐色，皮孔扁圆形、白色、中密，混合芽近圆形，大而饱满。叶片椭圆形、倒卵状椭圆形、长椭圆形或近披针形，叶基圆形，长 13.56 cm，平均宽 3.04 cm，叶表面绿色，背面灰绿色。雄花序长 13.9 cm，着生在结果枝第 4.5～11 节位上，雌花序着生在结果枝第 12～13.3 节位上。每结果母枝平均抽生结果枝 1.89 个，结果枝平均长 30.6 cm，每结果母枝平均着生刺苞 3.35 个。刺苞椭圆形，刺束中长而密，成熟时"一"字形开裂，每苞平均含坚果 2.6 粒。坚果扁圆形，深褐色，光亮美观，充实饱满，平均单粒质量 7.49 g，大小整齐，涩皮易剥离，果肉白色，质地细腻、糯，味香甜，含可溶性糖 25.65%、淀粉

45.85%、粗脂肪 3.0%、总蛋白质 5.56%、可溶性蛋白质 2.34%，适于糖炒，商品性优。

在河北邢台 4 月上旬萌芽，4 月中、下旬展叶，雄花期 5 月中旬至 6 月中旬，雌花期为 5 月下旬，果实成熟期 9 月 10 日左右，11 月中旬落叶。早实丰产，栽植第 2 年可结果，5 年进入盛果期。抗病性强，耐干旱，耐瘠薄。

25. 良乡 1 号(*C. mollissima* cv. Liangxiang 1)

北京市农林科学院农业综合发展研究所实生选出，母树位于北京市房山区佛子庄乡北窖村，树龄为 90 年生。2013 年通过北京市林木品种审定委员会审定。

树冠圆头形。结果母枝较粗壮，长 26.20 cm，粗 9.50 mm，平均每结果母枝抽生结果枝 2.4 条，结果枝长 24.70 cm，粗 5.40 mm，平均着生栗苞 2.2 个。叶片浓绿色，倒卵状椭圆形，长 23.50 cm，宽 12.32 cm。雄花序长 20.30 cm，平均每个结果枝着生纯雄花序 10.1 条，着生混合花序 2.2 条。刺苞椭圆形，平均单苞质量 66.51 g，苞皮平均厚 3.5 mm，刺束平均长 17.22 mm。坚果椭圆形，褐色，果顶微凸，极少茸毛，果面光滑美观，有光泽，平均单粒质量 8.2 g，整齐度高，底座中等，接线较平直，内果皮较易剥离，果肉乳白色，肉质细腻，品质上等，含水量 46.2%，干物质中含糖 12.3%、淀粉 47.5%、粗纤维 1.7%、脂肪 0.9%、蛋白质 4.1%。

在北京地区 4 月 15 日前后萌芽，4 月下旬至 5 月上旬展叶，5 月 8 日前后雄花序初现，5 月 20 日前后雌花初现，6 月上、中旬雄花序盛开，6 月底进入末花期，7 月初至 8 月下旬为果实发育期，9 月上、中旬果实成熟，一般年份 9 月 18 日前后栗苞开裂采收，属于中熟品种。果实发育期 100 d 左右。

26. 怀丰(*C. mollissima* cv. Huaifeng)

北京市农林科学院农业综合发展研究实生选出，母树位于北京市怀柔区九渡河镇山地栗园，树龄 60 年生。2010 年通过北京市林木品种审定委员会审定。

树冠自然开张，结果母枝粗壮，每结果母枝平均抽生结果枝 3 条，结果枝长 27.32 cm，粗 0.53 cm。叶片倒卵状椭圆形，叶色浓绿，叶柄长 1.41 cm。每结果枝平均着生混合花序 2.2 条，着生雄花序 5.8 条，雄花序长 16.80 cm。每结果枝着生刺苞 2～4 个。刺苞椭圆形，平均单苞质量 52.1 g，每苞平均含坚果 3 粒，成熟时多呈"一"字形开裂，出实率 45.8%，空苞率 1.5%，苞皮厚度中等，刺束中密，长 1.85 cm。坚果偏圆形，果顶微凸，黑褐色，极少茸毛，整齐度高，平均单粒质量 8.9 g，果肉黄色，煮食质地甜糯，鲜食风味香甜，成熟果果肉含水量 54.80%、总糖 6.73%、淀粉 39.80%、粗纤维 1.30%、脂肪 0.90%、蛋白质 5.25%。适应性强，耐瘠薄。

在北京地区 4 月初至 4 月中旬萌芽，4 月下旬至 5 月上旬展叶，6 月上旬盛花，9 月上、中旬果实成熟，一般年份 9 月 13 日前后栗苞开裂采收，果实发育期 100 d，11 月上旬落叶。早实性不强，后期丰产。幼树生长健壮，结果后生长势缓和，果前梢芽大而饱满。嫁接后 6 年进入盛果期，6 年生树株产 3.5 kg，12～15 年生树株产 6.6～8.7 kg，平均产量 4 052 kg/hm²。

27. 燕山早生（*C. mollissima* cv. Yanshanzaosheng）

北京市林业果树研究所实生选出的早熟优良品种，母株在北京市昌平区长陵镇南庄村，树龄 70 年。2010 年通过北京市林木品种审定委员会审定。

树势中庸，呈圆头形。1 年生新梢灰绿色，茸毛极少，皮孔圆形至椭圆形，灰白色，小而密，果前梢平均长 5.1 cm，平均着生混合芽 4.9 个，混合芽大而饱满，呈扁圆形，褐色。叶片长椭圆形，基部楔形或广楔形，先端渐尖，叶色绿且质较厚，正面光亮，较平展，叶姿下垂，叶缘锯齿向外。每结果枝平均着生雄花序 4.75 条，混合花序着生均匀。每结果枝平均着生刺苞 2.0 个。刺苞椭圆形，平均每苞含坚果 2.2 粒，苞较薄，刺较短，刺束中密。坚果整齐，深褐色，果面光滑美观，有光泽，平均单粒质量 8.1 g，底座中等，接线月牙形，内果皮易剥离，果肉总糖 19.89%，质地细糯，风味香甜。

在北京地区 4 月中旬开始萌芽，4 月下旬至 5 月上旬展叶，6 月中旬盛花，花期 6～10 d，花白色，8 月 20 日左右成熟，果实发育期仅 70 d 左右，11 月上旬落叶。早熟、抗寒、耐旱、耐瘠薄，抗虫、抗病能力强。

28. 燕昌早生（*C. mollissima* cv. Yanchangzaosheng）

北京市林业果树研究所实生选出的早熟优良品种，母株位于北京市昌平区长陵镇南庄村，树龄 100 年以上。2010 年通过北京市林木品种审定委员会审定。

树势中庸，呈圆头形。树皮灰褐色，有深纵裂。新梢灰绿色，茸毛极少，皮孔圆形至椭圆形，灰白色，小而密，混合芽扁圆形，中大，褐色。叶片长椭圆形，基部楔形或广楔形，先端渐尖，叶色绿且质较厚，正面光亮，较平展，叶姿下垂，叶缘锯齿向外。平均每结果枝着生刺苞 1.9 个，果前梢平均长 6.7 cm，平均着生混合芽 5.4 个，混合芽大而饱满，呈扁圆形。刺苞椭圆形，平均每苞含坚果 2.1 粒，苞皮较薄，刺较短、中密。坚果红褐色，果面光滑美观，有光泽，平均单粒质量 8.0 g，底座中等，接线月牙形，内果皮易剥离，果肉黄色，质地细糯，含糖 21.37%，风味香甜。

在北京地区 4 月上旬开始萌芽，物候期提早 4～5 d，4 月下旬至 5 月上旬展叶，6 月中旬盛花，花期 6～10 d，花白色，坚果 8 月 25 日左右成熟，果实发育期仅 75 d 左右，较中晚熟品种提前 25～30 d，11 月上旬落叶。幼树生长健壮，结果后树体生长势缓和，较丰产，适应范围广。

29. 京暑红(*C. mollissima* cv. Jingshuhong)

北京农学院实生选出的极早熟品种，母株位于北京市怀柔区渤海镇六渡河村，树龄80年以上，一般在处暑节气(8月23日)始熟。2011年通过北京市林木品种审定委员会审定。

树势中庸，树冠扁圆头形，树体较开张，主枝分枝角度40°～60°。树皮灰褐色，有深纵裂。新梢灰绿色，茸毛少，皮孔圆形至椭圆形，灰白色，小而密，混合芽扁圆形，中大，褐色。叶片长椭圆形，基部楔形，先端渐尖，叶长18.4 cm，宽7.6 cm，叶色绿且质较厚，正面光亮，较平展，叶姿下垂，叶缘锯齿向外，叶柄黄绿色，平均长度1.6 cm。平均果枝着生雄花序9.1个，雄花序平均长14.4 cm，结果枝均长25.9 cm，粗3.6 mm，每结果枝平均着生混合花序2.6条，刺苞2.8个。刺苞椭圆形，长5.8 cm，宽4.8 cm，高5.4 cm，平均质量40.2 g，每苞平均含坚果2.1粒，苞皮较薄，刺密，出实率41.2%。坚果整齐，红褐色，光滑美观，有光泽，平均单粒质量8.2 g，果肉含水量57.2%，干物质中含灰分2.0%、脂肪4.5%、蛋白质5.6%、总糖20.4%、淀粉38.2%、氨基酸1.5%，内果皮易剥离，果肉黄色，质地细糯，风味香甜。

嫁接3年后，每结果母枝平均抽生新梢5.8条，其中营养枝1.6条，雄花枝1.4条，结果枝2.8条。结果枝平均长29.8 cm，粗3.7 mm，平均着生混合花序2.5条，每结果枝平均着生刺苞2.3个，出实率38.5%，空苞率5%，平均株产2.5 kg。在北京地区4月中旬萌芽，4月下旬至5月上旬展叶，6月中旬盛花，8月下旬果实开始成熟，一般年份8月23日栗苞开裂采收，9月5日前采收完毕。果实发育期75 d左右，11月上旬落叶。

30. 怀九(*C. mollissima* cv. Huaijiu)

北京怀柔区板栗试验站实生选出，母树位于怀柔九渡河镇九渡河村，树龄40年左右。2001年通过北京市农作物品种审定。

树冠半圆形，树姿开张，主枝分枝角度50°～60°，结果母枝平均长65 cm，属长果枝类型，皮孔呈椭圆形，小而稀。每结果母枝平均抽生结果枝2条，结果枝占总发枝量44.60%，每结果枝平均着生刺苞2.3个。刺苞椭圆形，中型，平均单苞质量64.7 g，刺束中密，苞皮厚，每苞平均含坚果2.4粒，出实率48.1%。坚果为圆形，红褐色，有光泽，茸毛较少，单粒质量7.5～8.3 g，果肉含可溶性糖5.5%、淀粉19.35%、脂肪5%、氨基酸5%、矿物质2%，适于炒食。

早实性强，丰产、稳产。幼树建园3年即可结果，盛果期密植园产量3 000～3 750 kg/hm²，萌芽力、成枝力强，耐短截，结果母枝短截后抽生结果枝的比率高，抗红蜘蛛能力较差。

31. 怀黄(*C. mollissinma* cv. Huaihuang)

在北京怀柔区黄花城村实生选出。2001 年通过北京市农作物品种审定委员会审定。

树冠多为半圆形，树姿开展，主枝分枝角度在 60°～70°之间，结果母枝平均长度为 32.9 cm，平均粗度为 0.75 cm。一般情况下，短截后均能结果，适宜密植。果前梢较长，平均长 11.5 cm，着生混合芽数 7 个，芽体圆形。刺苞椭圆形，中等大，刺束中密，平均单苞质量 56.6 g，长 7.5 cm，高 4.5 cm，宽 3.5 cm，刺苞皮厚 0.4 cm，出实率为 46.03%。结果母枝平均抽生结果枝 1.85 条，结果枝占总发枝量 45.45%，每结果枝平均着生刺苞 2.33 个，每刺苞平均含坚果 2.24 粒。坚果为圆形，栗褐色，有光泽，茸毛较少，底座较小，单粒质量 7.1～8.0 g，适宜炒食。

32. 镇安 1 号(*C. mollissima* cv. Zhen'an 1)

西北农林科技大学选育的适合山地栽植的板栗新品种。2005 年通过陕西省林木品种审定委员会审定，2006 年通过国家林业局林木品种审定委员会审定。

树冠圆头形，树形呈多主枝自然开心形，树姿开张，自然分枝良好。结果母枝长 26 cm。刺苞圆形，刺长 2.3 cm，每束 8～12 根，平均每苞含坚果 2.5 粒，出实率 35.3%。坚果扁圆形，红褐色，有光泽，平均单粒质量 13.5 g，涩皮易剥离，果实含可溶性糖 10.1%、蛋白质 3.68%、脂肪 1.05%、维生素 C 376.5 mg/kg，品质优良，抗病力强。

在陕西商洛地区，4 月初芽体开始膨大，4 月中旬萌发，4 月下旬展叶，6 月 13 日进入盛花期，9 月果实生长发育，9 月 24 日果实成熟，11 月上旬落叶。嫁接后第 2 年可以结果，每平方米树冠投影产量为 0.25 kg，早实、丰产。

33. 艾思油栗(*C. mollissima* cv. Aisiyouli)

从河南省信阳市浉河区板栗种质资源中选出，2005 年通过河南省林木品种审定。

母树树冠圆头形，树姿全开张，树势生长旺盛。发枝力强，内膛充实，不易形成徒长枝和鸡爪枝，自然整枝良好，结果枝上混合花芽多，结果后枝条继续向前生长，有利于第 2 年结果，连续结果能力强，每结果母枝平均抽生果枝 3 条，每结果枝平均着生刺苞 2.5 个。叶宽大、浓绿。刺苞椭圆形，苞刺长，排列紧密，坚硬直立，平均每苞含坚果 2.5 粒，出实率 40%。坚果椭圆形，红褐色，具油亮光泽，茸毛少，平均单粒质量 25.0 g，最大单粒质量 35.0 g，鲜重含水量 52.3%，干物质含糖 20.6%、淀粉 58.8%、粗蛋白 8.1%，果肉淡黄色，味甘甜，品质上等。

成熟期 10 月上旬。耐贮藏，适应性强，耐旱、耐寒，能抵御一般的干旱和低温，抗病虫能力强。

34. 节节红(C. mollissima cv. Jiejiehong)

在安徽省东至县选出，2002 年通过安徽省林木品种审定。

树冠紧凑，高圆头形，树姿直立，树势生长旺盛。新梢长 48.8 cm，粗0.75 cm，果前梢长 20.8 cm。每结果母枝平均抽生结果枝 2.6 条，每果枝平均着生刺苞 2.9 个，每苞平均含坚果 3.0 粒。刺苞椭圆形至尖顶椭圆形，平均单苞质量 162.3 g，出实率 43.5%。坚果椭圆形，红褐色，茸毛少，平均单粒质量 25 g，外观美丽，涩皮易剥离。果肉淡黄色，细腻，味较香甜，含糖5.3%、淀粉 26.9%、蛋白质 3.9%。

果实成熟期 8 月下旬至 9 月上旬。早实、丰产性强，嫁接苗定植当年即能开花结果，第 2 年结果株率 100%，第 3 年单株平均产量 1.7 kg，第 4 年后进入盛果期，平均单株产量 4.2 kg，平均单位面积产量 3 528 kg/hm²。适应性广，抗逆性、抗病虫能力强。

35. 八月红(C. mollissima cv. Bayuehong)

湖北省林业科学研究院在湖北省罗田县板栗实生后代群体中选出，母树为 20 世纪 80 年代初在罗田县平湖乡黄家湾村祝家冲板栗园种植的实生大树。2009 年通过湖北省林木品种审定。

树冠圆头形，树势中等，树姿开张。枝梢开张，灰褐色，1 年生枝中粗，有茸毛，新梢灰绿色，节间平均长 1.6 cm。叶片长椭圆形，绿色，光滑，向上弯曲，平均长 16.56 cm，宽 6.54 cm，叶基楔形，叶缘锯齿较浅，中等大小，叶柄中长，平均 1.5 cm。雄花序长 11.15 cm，每结果枝平均着生 2.5 个雌花。刺苞近球形，较大，每苞平均含坚果 2.82 粒，出实率 48%。坚果深红色，有光泽，外观美，果肩稍窄，腰部肥大，基部较宽，底座较小，顶部毛茸较多，平均单粒质量 14.5 g，栗仁金黄色，味甜，爽脆可口，品质上等，含蛋白质 3.50%、总糖 14.85%、粗脂肪 1.60%、淀粉 48.64%。

36. 沙地油栗(C. mollissima cv. Shadiyouli)

湖北民族学院生物科学与技术学院从恩施市沙地乡大池村板栗地方品种中选育，1999 年通过湖北省农作物品种审定，2001 年通过湖北省林木品种审定。

树冠紧凑，树势强壮，树姿半开张，圆头形。枝条稠密，新梢长18.5 cm，粗 0.58 cm，果前梢长 6.8 cm，节间长 1.5 cm，果前梢大芽 4 个，圆形。每结果母枝平均抽生果枝 2.3 条，每结果枝平均着生刺苞 2.6 个，每苞平均含坚果 2.8 粒，空苞率 0.5%，出实率 45%，无大小年现象。全树结果枝占 60%。叶大型，长 22 cm，宽 8.6 cm。雄花序长 9.0 cm，平均每枝着生雄花序 8 条，雌花簇 2.4 簇，黄褐色。刺苞椭圆形，刺束中密，平均单苞质量 80 g，苞皮薄，呈"十"字形开裂。坚果椭圆形，棕红色，油亮，茸毛少，外观美丽，平均单粒质量 11 g，底座大型，涩皮易剥离。果肉含蛋白质 89 g/kg、脂肪 80 g/kg、糖 188 g/kg、淀粉 643 g/kg，含微量元素 Se 0.025 mg/kg、Zn16.0 mg/kg，果肉细腻，香甜可口，品质优良。

在恩施市海拔 400～800 m 地区，萌芽期 3 月 23 日至 4 月 4 日，雄花开花 5 月 13 日至 6 月 12 日，雌花柱头出现 5 月 24～28 日，柱头分叉 6 月 3～7 日，柱头反卷 6 月 18～22 日，果实成熟期 9 月 13～19 日。栽植嫁接苗次年坐果，第 3～4 年单株平均产量 2.5 kg，单位面积产量 4 163 kg/hm²，第 5～6 年进入盛果期，单株平均产量 3.5 kg，单位面积产量 7 478 kg/hm²。树体生长旺盛，适应性强，早实丰产，品质稳定，抗病虫，耐贮运。

37. 花桥 1 号（*C. mollissima* cv. Huaqiao 1）

湖南省湘潭市林科所选育的无性系早熟板栗新品种，2006 年 8 月 30 日通过湖南省科技厅组织的科技成果鉴定。

树冠高圆头形，树姿直立，主枝分枝角小于 45°。枝条平均长度 40 cm，平均粗度 0.5 cm，枝条稀疏，皮色赤褐，皮孔扁圆。果前梢长 6 cm，平均节间长 2.5 cm，芽体三角形，芽尖黄色。叶片倒卵状椭圆形，叶色深绿，有光泽，斜向着生。每结果枝平均着生雄花序 8 条。结果母枝平均长 58 cm，粗度 1.04 cm，每结果母枝平均抽生结果枝 2.6 条，每结果枝着生刺苞 1～6 个。刺苞散生分布，是区别于其他品种的重要特征，出实率 31.8%。坚果椭圆形，红褐色，油亮，茸毛多，平均单粒质量 15.6 g，底座大，肉质细腻，香味浓，耐贮藏。

当地成熟期在 8 月下旬。早实、丰产性强，正常管理条件下，定植 2 年开始结果。连续 2 年平均每平方米冠幅投影面积产量 0.55 kg。对栗疫病、栗瘿蜂、天牛等病虫害有较强的抗性。

38. 云珍（*C. mollissima* cv. Yunzhen）

实生选育品种，母株位于云南玉溪市峨山县，1999 年通过省级鉴定。

树冠偏圆头形，树姿较开张。1 年生枝灰绿色，皮孔椭圆形，大而稀，茸毛少，灰白色。每结果母株平均抽生新梢 6.4 条，其中结果枝占 62.5%，发育枝 12.5%，雄花枝 9.4%，纤弱枝 15.6%，每结果枝着生刺苞 2～4 个，连续结果能力强。刺苞椭圆形，平均单苞质量 48g，刺束稀，出实率 41%～55.2%，苞皮厚 0.2 cm，成熟时"一"字形开裂。坚果椭圆形，紫褐色，光亮，茸毛较多，平均单粒质量 11.2 g，果顶平，底座中等，接线如意状，果肉含水量 49.09%，干物质总糖 19.49%、淀粉 43.78%、粗蛋白 8.35%。

当地果实成熟期在 8 月下旬。早实性强，丰产，高接在 12 年生大树上，第 2 年单株产量 2.01 kg，第 6 年 13.56 kg。嫁接在 2 年生实生栗树上，第 2 年单株产量 0.52 kg，第 4 年平均株产 3.52 kg，结果株率 100%。抗逆性强，适宜云南海拔 1 200～2 100 m 广大山区、半山区栽植。

39. 云良(*C. mollissima* cv. Yunliang)

云南省林业科学院从板栗实生群体中选出，1999 年通过省级鉴定。

树冠圆头形，1 年生枝绿色，皮孔椭圆形、小、密度中等。叶片宽披针形至稀卵状椭圆形，叶色浓绿。每结果母枝平均抽生新梢 5.4 条，其中结果枝占 74%，雄花枝 11%，纤弱枝 15%，每结果母枝平均着生刺苞 14.2 个，连年结果能力强，出实率 41%～58.7%。刺苞椭圆形，平均单苞质量 82.16 g，刺束密度中等，苞皮厚 0.29 cm，成熟时"十"字形开裂。坚果椭圆形，紫褐色，茸毛较多，果顶微凸，平均单粒质量 11.28 g，底座中等大小，接线如意状，果肉香糯，含水分 50.91%，干物质中含粗蛋白 7.23%、总糖 21.87%、淀粉 48.41%，品质优。

在玉溪市峨山县，萌动期 3 月 1～5 日，盛花期 5 月 11～25 日，果实成熟期 8 月下旬，落叶期 11 月底。早实、丰产、适应范围广、抗逆性强，适宜云南海拔 1 200～2 100 m 广大山区、半山区种植。

40. 金栗王(*C. crenata* cv. Jinliwang)

湖北省农业科学院从日本栗后代中选育出的加工型栗新品种，2008 年通过湖北省林木品种审定。

树势强健，树姿直立，树冠圆头形，树干灰褐色。枝条细长，1 年生枝长 35～80 cm，粗 0.65 cm，节间长 3.2 cm，褐色，皮孔椭圆形，灰白色，中大而密。叶片长披针形，浓绿色，有光泽，叶缘锯齿明显，中等大小，平均长 22.5 cm，宽 5.2 cm，叶柄中长，平均 1.83 cm。雄花序长 15～22 cm，平均每果枝有雄花序 7.4 条，雌花着生均匀，每果枝有 1～4 个雌花，雌雄花序比为 1∶4 左右。刺苞椭圆形，苞刺较长，细密，苞皮厚 0.31 cm，栗苞较大，每苞含坚果 2～3 粒，出实率 55%。坚果椭圆形，红褐色，平均单粒质量 21.9 g，最大粒质量 34.5 g，果肉淡黄色，质地粳性，味甜，含淀粉 25.49%、蛋白质 3.74%、总糖 13.59%、钙 206 mg/kg、磷 846 mg/kg、铁 9.87 mg/kg、维生素 C 22.9 mg/kg，品质中上等。

在武汉 3 月下旬萌芽，4 月上旬展叶，雄花序 4 月中旬开始出现，盛花期 5 月下旬，雌花盛花期 5 月下旬至 6 月上旬，果实成熟期 9 月中、下旬，落叶期 11 月下旬至 12 月上旬。丰产、稳产，大苗砧主干上嫁接植株第 5 年进入丰产期，平均产量高达 7 667 kg/hm²。

41. 辽栗 10 号(*C. crenata* cv. Liaoli 10)

辽宁省经济林研究所以丹东栗为母本，日本栗为父本，杂交育成。2002

年通过辽宁省新品种审定。

树姿开张，新梢长势旺，较粗壮。枝干褐绿色，皮孔较大、白色明显。叶片为披针状椭圆形，深绿色，有光泽。1年生枝短截后能抽生结果枝，内膛枝组结果能力较强，每结果母枝平均抽生结果枝2.4条，每结果枝平均着生刺苞1.8个，每苞平均含坚果2.4粒，出实率65.7%。刺苞椭圆形，苞皮薄，刺束较长，"十"字形或T形开裂。坚果三角状卵圆形，褐色，平均单粒质量18.9g，涩皮易剥离，果肉黄色，较甜，有香味，含可溶性糖28.33%、淀粉52.59%、粗蛋白8.76%。

果实9月下旬成熟。早实、丰产，嫁接第2年结果株率在90%以上，嫁接4年平均株产5.3kg。抗栗瘿蜂和抗寒能力均较强，适合加工。

参 考 文 献

[1] 刘振岩,李震三.山东果树[M].上海:上海科学技术出版社,2000.

[2] 张宇和,柳鎏.中国果树志·板栗 榛子卷[M].北京:中国林业出版社,2005.

[3] 郗荣庭,刘孟军.中国干果[M].北京:中国林业出版社,2005.

[4] 明桂冬,柳美忠,沈广宁,等.板栗优良新品种'黄棚'[J].园艺学报,2005,32(3):564.

[5] 明桂冬,田寿乐,沈广宁,等.早熟板栗新品种——鲁岳早丰的选育[J].果树学报,2006,23(6):916-917.

[6] 明桂冬,田寿乐,沈广宁,等.早熟板栗新品种'东岳早丰'[J].园艺学报,2010,37(4):677-678.

[7] 沈广宁,明桂冬,田寿乐,等.早熟板栗新品种'岱岳早丰'[J].园艺学报,2011,38(7):1407-1408.

[8] 田寿乐,明桂冬,沈广宁,等.板栗新品种'红栗2号'[J].园艺学报,2010,37(5):849-850.

[9] 王广鹏,张树航,韩继成,等.燕山板栗新品种——'燕奎'的选育[J].果树学报,2013,30(2):328-329.

[10] 明桂冬,王斌,周广芳,等.板栗优良新品种——泰栗1号[J].园艺学报,2001,28(5):476.

[11] 孙海伟,张继亮,杨德平,等.泰山板栗早熟优质新品种——'泰林2号'的选育[J].果树学报,2014,31(3):520-522.

[12] 张继亮,李华,马玉敏,等.泰山板栗丰产优质型新品种——岱丰的选育[J].果树学报,2010,27(1):316-317.

[13] 张继亮,孙海伟,马玉敏,等.炒食型板栗新品种'泰栗5号'[J].园艺学报,2006,33(6):1406.

[14] 张树航,商贺利,刘庆香,等.优质早熟板栗新品种'燕金'[J].园艺学报,2015,42(3):

597-598.

[15] 王广鹏,孔德军,张树航,等.抗寒板栗新品种'燕兴'[J].园艺学报,2012,39(10):
 2085-2086.

[16] 王广鹏,刘庆香,孔德军.适宜密植型板栗新品种——燕光的选育[J].果树学报,2011,
 28(3):544-545.

[17] 刘庆香,孔德军,王广鹏.板栗新品种'燕晶'[J].园艺学报,2010,37(10):1705-1706.

[18] 刘庆香,孔德军,王广鹏.板栗新品种'替码珍珠'[J].园艺学报,2004,31(5):698.

[19] 刘庆香,王广鹏,孔德军.板栗新品种'燕明'[J].园艺学报,2003,30(5):634.

[20] 徐海珍,温桂华,曹淑云.板栗矮化新品种紫珀的选育[J].中国果树,2006(5):1-5.

[21] 娄进群,王燕来,曹淑云.板栗矮化新品种遵玉的选育[J].中国果树,2006(2):11-13.

[22] 王同坤,齐永顺,张京政.板栗新品种'燕龙'[J].园艺学报,2008,35(12):1851.

[23] 李保国,张雪梅,郭素萍,等.加工用板栗新品种'林冠'[J].园艺学报,2010,37(12):
 2033-2034.

[24] 齐国辉,郭素萍,张雪梅,等.板栗新品种'林宝'[J].园艺学报,2010,37(10):
 1703-1704.

[25] 兰彦平,刘国彬,兰卫宗,等.板栗新品种'良乡1号'[J].园艺学报,2014,41(8):
 1745-1746.

[26] 兰彦平,周连第,兰卫宗,等.板栗新品种'怀丰'[J].园艺学报,2011,38(4):801-802.

[27] 秦岭,张卿,曹庆芹,等.板栗早熟新品种'京暑红'[J].园艺学报,2013,40(5):
 999-1001.

[28] 李凤立,于乃京,王金宝,等.板栗新品种'怀九''怀黄'[J].园艺学报,2004,31(1):131.

[29] 吕平会,季志平,何佳林.山地板栗新品种'镇安1号'[J].园艺学报,2006,33(6):1405.

[30] 汪志强.板栗优良新品种'艾思油栗'选育研究[J].林业科技开发,2007(6):71.

[31] 肖正东,陈素传,黄国富,等.优良板栗新品种节节红选育研究[J].经济林研究,2003,21
 (3):21-23.

[32] 杜春花,邵则夏,陆斌,等.板栗新品种——云良的选育[J].果树学报,2009,26(6):
 924-925.

[33] 程军勇,周席华,徐春永,等.板栗新品种'八月红'[J].园艺学报,2011,38(12):
 2415-2416.

[34] 徐育海,蒋迎春,王志静,等.加工型板栗新品种——金栗王的选育[J].果树学报,2010,
 27(1):156-157.

[35] 郑小江,陈克奉,李求文,等.优质早实板栗新品种'沙地油栗'[J].园艺学报,2002,29
 (5):496.

[36] 王玉柱.主要果树新品种(新品系)及新技术[M].北京:中国农业大学出版社,2011.

第五章 板栗苗木产业与优质苗木繁育

板栗在我国栽培区域广阔，北至吉林，南至海南，东起沿海，西至甘肃、四川，纵跨寒温带至热带 5 个气候带，其中以华北和长江流域栽培最为集中、产量最大，苗木产业也最为集中。在世界栗属植物日益衰退的情况下，我国板栗的种植面积和总产量却在逐年增加。自 20 世纪 70 年代以来，随着我国板栗产业的恢复发展和科研部门资源调查及良种选育的进行，在当时国家林业部及各级地方推广部门的领导下，各板栗产区积极推广良种改造和嫁接栽培，新造板栗林开始采用良种嫁接苗，推进了我国板栗园良种化进程。

第一节 板栗苗木产业发展

一、板栗苗木生产现状

苗木产业属于果树产业链中的上游产业，板栗苗木产业的发展促进了板栗良种嫁接技术的推广和栽培面积的不断扩大。随着我国板栗良种的选育与推广，板栗苗木得到了快速发展。我国板栗苗木繁育与板栗产区分布基本一致，主要集中在河北、山东、辽宁、湖北、安徽、江苏等地，多个省份的苗木生产都是集中在几个地区，如山东临沂、泰安，河北迁西，湖北罗田等地。主要繁育品种和生产中主栽的品种也基本一致。板栗苗木产业虽然起步较晚，但随着农村经济的发展以及退耕还林等政策的实施，以及板栗种植面积的扩大，板栗苗木产业发展迅速。进入 21 世纪以后，劳动力和生产资料等成本的增加，全国板栗产业的发展逐渐进入稳定期。近几年板栗产业综合经济效益较低，其苗木产业也受到了较大的影响。

我国板栗苗木产业的发展受政策和市场的双重钳制。20 世纪 80 年代以后，国家林业局和各级地方政府倡导发展板栗产业，极大地带动了板栗苗木产业的发展，各级国有林场、园艺场和私营苗圃等均可从事板栗苗木的繁育，生产经营以自繁、自产、自销为主。近几年，随着市场化的深入和板栗产业的稳定以及板栗种植效益的低迷，农民发展板栗产业的积极性降低，板栗苗木市场需求量减少，板栗苗木繁育苗圃、个体业主等苗木繁育量大幅减少，目前还未出现具有一定规模的专业化板栗苗木繁育企业。与国外果树种苗等繁育技术和体系相比，我国板栗苗木繁育技术落后、成本高、周期长、市场风险大。

目前，我国板栗苗木繁育仍然沿用 20 世纪 70～80 年代采用的播种自根砧苗、翌年春季枝接的方式嫁接品种，年底后出圃销售。组培育苗、工厂化育苗以及苗木脱毒等技术尚未见报道。因此，加强苗木繁育技术的研究仍然是未来科技工作者的重要研究课题。以泰安为例，其地处暖温带大陆性半湿润季风气候区，四季分明，雨热同季，这种气候为板栗的生长提供了得天独厚的自然环境，也为板栗种苗的繁育提供了优越的生态和地理条件。泰安市岱岳区是我国著名的板栗生产基地，以"泰山板栗""泰山明栗"闻名全国，是山东板栗的代表产区。在泰安地表面积中，有山地 1 420 km^2、丘陵 3 190 km^2，山地、丘陵占到了市地表面积的 59.4%。板栗耐瘠薄、抗干旱、适应性广、抗性强，是山区、丘陵、河滩地农民脱贫致富的主要经济树种之一，并且投资少、见效快、管理简单。多年来，泰安市是我国重要的板栗苗木集散地，在 90 年代，泰山周边各苗圃、栗园个体户等经营板栗苗木者众多，年销售板栗苗木上亿株。近几年，随着板栗经济效益的停滞不前，泰安市的板栗苗木繁育也大幅萎缩，仅剩少数的苗木个体户进行自繁、自销，由于缺乏科学指导，其品种纯度、苗木质量均存在较大的隐患。

二、板栗苗木生产中存在的主要问题

虽然板栗苗木产业的发展取得了一定成绩，形成了一定规模，但须看到，在我国板栗苗木产业的发展中也存在着一些不容忽视的问题。这些问题影响和制约着板栗苗木产业的发展，主要体现在以下几个方面：

（1）苗木质量差，苗木繁育生产经营体系不完善

当前板栗苗木生产以个体繁育为主，分散经营，在苗木生产、销售过程中还没有形成有力、有效的监督管理机制，栗疫病、栗链蚧等检疫病虫害传播严重，对一些重大传播性病虫害的传播缺乏监控和有效的制约措施。苗圃重茬现象严重，苗木组织不充实，苗木品种混乱，接穗采集不规范、携带病

毒等，这些均严重影响了苗木的质量。

与专业苗木生产单位相比，个体育苗户普遍存在单位面积播种量过大、出苗量过大的问题，苗木细弱，组织不充实。密植育苗能有效利用土地，但过度密植对于培育高质量板栗苗木不利，育苗时密植必须适度。由于生产者缺乏信息来源，苗木繁育品种和数量盲目跟风现象较多，又未能很好地考察市场需求，多数个体散户无稳定销售渠道，造成苗木积压，进而引发恶性价格竞争，影响了苗木产业的健康发展。

(2)苗木种植结构不合理，缺乏培育优质苗木的创新体系

我国地域辽阔，各板栗栽培区的气候、资源、市场条件及产业发展水平差异较大，这也决定了苗木业的竞争将会以同一产销区内的企业竞争为主。各地生产与应用都以常规传统品种为主，苗木类型单一，新、名、优苗木较少，增值空间较小，缺少大规格、高标准的苗木。目前，我国板栗苗木培育依然以传统技术为主，对培育优质苗木技术的引进、利用和创新研究的认识不足，大苗、容器育苗、扦插苗繁育尚在摸索研究阶段，不具有规模效益。除迁西、泰安等少数传统产区外，国内绝大部分地区尚未形成自己的特色苗木产品。

(3)苗木产品一致性差，标准化程度低

大多数板栗苗木产品存在着档次低、一致性差等问题。近年来，板栗苗木市场的竞争逐渐加剧，对苗木的质量要求越来越高，要想生产出高质量的苗木，必须全面加强苗木质量管理。苗木质量管理的核心是苗木生产标准化管理，从苗圃整地、播种、浇水、施肥、病虫害防治直到苗木出圃的整个生产过程，都要按照标准化的生产技术规程进行。我国板栗苗木行业生产技术标准和质量分级标准体系的建设相当不完善，产品流通无统一标准，因而导致了苗木采购必须现场验货，买卖双方互信基础薄弱，同时标准化体系的建立过程相对漫长，经营者需承担成本风险。由于标准化程度低，苗木产品的整齐度、规格等均难以得到有效保证。

(4)信息沟通不畅，营销方式落后

多数板栗苗木生产者不注意了解板栗苗木的市场需求信息，生产随意性比较明显，存在盲目发展的倾向。一些民营和个体苗木生产者受小农经济意识的影响，还存在着"坐等买主"的现象，营销方式主要是靠大户跑市场、找门路，没有形成完整的营销体系。这种初级的营销方式直接造成板栗苗木生产者所占的市场份额不稳定，使一些大户控制了销售主动权，易造成苗木市场的无序竞争。苗木需求市场更注重苗木的质量和纯度，而板栗苗木的专业化、规模化、标准化、工厂化生产，将是提高板栗苗木质量、顺应苗木产业发展趋势的关键。

三、板栗苗木产业发展策略

(1)建立良种采穗圃基地，保证种苗质量

我国多数板栗苗木生产者缺乏正规的采穗圃地，穗条、品种来源混乱，或者虽然注重良种嫁接，但还有相当程度的劣质品种混杂其间，这直接影响了苗木的纯度，进而造成大面积栽培后板栗的质量参差不齐，最终影响经济收入。因此，我国亟须建立统一的板栗良种采穗圃或良种苗木基地，把采穗圃作为良种繁育基地的考核条件，以保证优质良种板栗苗的供应。在重点板栗产区，应以产地为中心建立优良品种苗木繁育基地，制定苗木法规，按规定标准育苗，实行良种良砧，严格控制苗木生产管理，杜绝杂、乱、假苗出现，确保良种良砧和品种纯度，使板栗苗木繁育、栗园建立逐步走上规范化道路。

(2)推广良种良法配套，保证板栗产业健康可持续发展

良种是实现板栗优质、丰产、高效的物质基础，良法是取得高产、高效益的技术条件。必须把良种和良法组装配套，加大推广力度，才能加快板栗生产发展的步伐。以板栗良种的选育与推广，带动板栗苗木产业的发展。在选育良种的同时，还要重视先进栽培技术的配套应用。在资源优势明显，产业基础好的板栗苗木主产区，按照规模化、专业化的要求，建立相对集中的特色苗木主产区，进一步推进规模化经营。

(3)研究优质壮苗快速繁育技术，逐渐实现标准化生产

各板栗产区应根据当地的气候、土壤、品种资源优势，进一步明确板栗苗木发展的主导品种，围绕优质健壮苗木生产，在生产过程中能够实施标准化管理，生产出高质量良种苗木。同时，加大组织培养、工厂化快速繁育以及无病毒苗木繁育技术的研究，提升苗木繁育的技术水平。苗木繁育标准化是未来我国果树苗木发展的必然趋势，因此应尽快建立板栗优质壮苗繁育技术标准与配套技术体系，以实现板栗苗木产业逐渐向标准化生产靠拢。

(4)加大政策扶持力度，建立健全苗木产业服务体系

苗木是果树产业的基础，处于产业链的最前端，投入的成本和劳动密集程度高，关系到产中、产后各个环节。为了确保板栗苗木产业的健康发展，应制定切实可行的鼓励政策，积极扶持具有一定经济实力和发展潜力的苗木生产企业，增强这些企业的辐射带动作用，以保证苗木生产条件和质量。应建立和完善苗木社会化服务体系，鼓励各地成立以服务社会为宗旨的板栗苗木协会或社会团体，为苗木生产者和经营者提供多渠道、全方位的社会化服务。帮助苗木生产经营者解决实际困难，为企业和苗农提供政策咨询服务，

加强苗木信息管理，做好苗木生产供应预测、预报等工作。搞好苗木调剂，保证苗木供应。加强板栗苗木信息网络的建设，实现苗木产、供、销信息的共享。

第二节 板栗砧木苗培育

我国传统板栗栽培采用实生繁殖，即直接利用板栗坚果经沙藏层积后，翌年在圃地播种培育成的板栗苗。采用实生苗繁育，方法简单易行，且在短时间内能培育出大量的苗木，苗木根系发达、生长健壮、寿命长、适应力强、移栽成活率高。20世纪70年代以后，我国各板栗产区全面推广嫁接栽培和野生、劣杂实生板栗林的良种改接工作，之后一直采用良种建园方式：一是直接采用优质嫁接苗建园，品种配置栽植；二是采用直接播种或栽植实生苗，翌年进行良种嫁接的方式建园。两种建园方式均需要首先培育实生苗，即砧木苗。因板栗嫁接苗建园栽植成活率、生长势比实生苗栽植建园略差，因此，培育健壮的砧木苗（实生苗）仍然是板栗苗木产业和栽培发展的重要技术措施。

一、栗种选择

种用板栗应在树体健壮、成熟期一致、高产稳产、抗逆性强的优良盛果期单株上选留。栗苞转黄、多数呈现开裂时为采种适期，采收不宜过早。栗种应大小均匀，挑选充实、饱满、整齐、无碰伤、无病虫害的坚果作种用，挑除虫蛀种、风干果和秕果。种子选好后必须进行妥善的贮藏。

二、种子贮藏

1. 种子休眠

板栗种子成熟后若立即播种，即使在适宜的条件下也不能萌发，这种特性就是休眠。种子的休眠特性是植物的一种重要适应现象，是保持物种不断发展和进化的生态特性。通常板栗种子休眠期为2～3个月。研究表明，不同地区及品种间在贮藏期和贮藏当中种子的萌发率不同。

南方板栗品种群在0～5℃的低温下，贮藏1个月后，40％以上的种子萌发。在相同条件下，北方板栗的萌发率很低，一般需2～3个月才能萌发。板栗休眠与栗果种皮、果皮和果仁内脱落酸的含量有关，人为除去果皮和种皮，种子在1周内就可以全部萌发，休眠后的种子，脱落酸含量显著降低。采用

3%的硫脲处理板栗种子，可解除休眠，直接用于生产。

2. 种子贮藏

（1）贮藏前处理

种栗在贮藏前应进行杀虫处理。处理方法通常有熏蒸和浸水2种。熏蒸灭虫，一般根据种栗的数量，在密闭的容器或熏蒸库房内进行，常用的药剂有二硫化碳、溴甲烷和磷化铝等。使用二硫化碳熏蒸时，要将药剂置于栗堆的上部，用药量为40～50 g/m³，熏蒸时间一般为18～24 h。该方法熏蒸时间久，易引起栗实温度升高，当温度超过25℃时，栗果易变质。使用溴甲烷熏蒸时，用药量为60 g/m³，熏蒸4 h杀虫率可达96%以上，该方法操作简便，工效高，适于大量种栗贮藏。使用磷化铝熏蒸时，用药量为21 g/m³，熏蒸时间为24 h。

大部分板栗品种成熟期在9月中旬前后，此时气温较高，从栗苞中脱离出来的栗果的湿度和温度都比较高，需要在自然状态下摊开风吹，以降低栗果的温度和湿度，俗称"发汗"。"发汗"后的栗果，呼吸强度与温、湿度都会降低，一般"发汗"2～3 d即可贮藏。

（2）贮藏方法

板栗坚果"怕热、怕干、怕冻、怕水"，所以采收的种子要及时贮藏，贮藏方法不当易造成腐烂损失。常用的贮藏方法有沙藏、蜡藏、冷藏。

1）沙藏

沙藏是栗产区最常用的贮藏方法，分为堆藏、窖藏与沟藏等。

南方多采用室内湿沙贮藏：在室内地板上铺秸秆或稻草，然后再铺1层5～6 cm厚的沙，沙的湿度以手捏成团、放下即散为宜（沙中含水量为6%～8%）。沙层上堆放栗果，1层栗果1层沙，每层厚3～6 cm，堆高50～60 cm，宽1 m，长度不限，最上面用稻草覆盖，每隔20 d左右检查1次，注意保持沙的湿度。有的地方用锯木屑、苔藓等填充物进行保湿。

北方多采用室外挖沟贮藏：选择排水良好的地段，挖1～1.5 m宽、长度依据种栗量的多少而定的沟，在沟底铺10 cm厚的湿沙，栗果与湿沙按1∶3的比例混合拌匀后放于沟内，或1层沙1层栗果，填到离地面20 cm为宜。其上培土，盖土厚度随气温下降分次加厚。

2）蜡藏

将石蜡用铁锅熬化，液态石蜡的温度控制在90～100℃之间，用特制大眼漏勺（可用粗2 mm左右的铁丝编制）将待处理的栗种（每次盛0.5～1 kg）迅速浸过熬化的液态石蜡。在经过石蜡的过程中要用力抖动漏勺，一方面确保每粒坚果完全沾蜡，另一方面防止坚果间相互黏合，然后将蜡封好的种子摊晾在干净的水泥地面上。蜡封种子的过程中，随时添加固体石蜡，以保持锅内有足量的液态石蜡，保证液态石蜡的温度不超过 100℃。将蜡封晾好的栗种装袋存放在温度 5～10℃的室内，用粗 30～40 cm 的塑料编织袋为宜，装填深度 50 cm 较好，不封口，袋与袋之间留 5～10 cm 的空隙单层摆放。

3)冷藏

冷藏方式包括冷库贮藏和土窑洞加机械制冷贮藏。一般在种栗入库前要用内衬浸湿麻袋的双麻袋或内衬打孔塑料袋的包装方法，确保在低温时的湿度。也可以用保鲜聚乙烯塑膜袋盛装，置入冷库或简易土窑洞冷库贮藏。贮藏温度一般在 0～4℃，温、湿度保持恒定，以利于栗种长时间存放。

三、播种

(1)圃地选择

苗圃通常设在苗木交易中心或交通便利的地方，以降低运输费用并减少途中损失。宜选择地势平坦、土层深厚的地块建苗圃，土壤肥沃、呈微酸性，砂质壤土或轻黏壤土均可，无严重病虫害、无重茬障碍、具备灌溉条件且排水良好的平地或缓坡地，坡度一般不超过 10°，坡向为阳坡或半阳坡。切忌在低洼盐碱、质地黏重、土壤瘠薄的地块育苗。

对苗圃要进行科学的规划设计，合理安排育苗区、道路和排灌系统。圃地选好后，应细致整地，深翻施肥(以农家肥为主)，一般每公顷施 45～60 t 的腐熟有机肥，然后整平做畦，灌足水准备播种。

(2)播种时期与播前处理

板栗的播种分春播和秋播 2 个时期。秋播适于冬季低温期短的地区，一般在 10 月下旬至 11 月上旬进行。秋播的栗种在土壤中自然完成休眠，不需要冬藏，播种后覆土 5～6 cm。由于外界条件变化较大，秋播易受冻害和鸟兽为害，出苗率较春播差，生产中不提倡。春播一般在清明前后，华北地区一般在 3 月下旬至 4 月上旬，当沙藏的种子发芽率达到 30%时进行。

经过冬季沙藏的种子不用催芽，冷藏的种子必须催芽。催芽的做法是：在苗圃地附近温暖向阳处挖东西向半地下式的畦，畦深 30～40 cm、宽 70～80 cm，长度依种量而定。播前 5～7 d 将种子从库中移入阳畦，以 25 cm 左右的厚度均匀摊积，上覆塑料膜增温，使温度达到 20～25℃，夜间覆草帘保温。3～5 d 后，拣出发芽的种子分批播种。播种前可进行药物拌种以防鼠害，每 100 kg 种子用硫黄粉 0.4 kg、草木灰 2 kg，先将硫黄粉和草木灰混匀，然后倒入已沾黄泥浆的种子拌匀。

(3)播种方法

播种实生苗建园，一般采用直播的方法。直播时将栗种播在定植穴内，每穴放种子2~3粒，覆土5~7 cm，1~2年后选壮苗就地嫁接。此法苗木不经移栽，根系发达，生长旺盛，对环境适应性强，但苗期管理不便。

培育嫁接砧木苗一般采用畦播，于春季种子发芽前后进行，畦内开沟，沟深5~6 cm，株行距10 cm×30~40cm，播种时种子侧放或平放，勿使果尖朝上或倒立放置，播后覆土3~5 cm。为避免土壤板结影响出苗，可根据土壤墒情及时浇水。干旱地区播种可略深，但覆土不能太厚。春季土壤水分蒸发过快，播后可用地膜或草苫覆盖。播种前进行催芽处理可提高出苗质量和整齐度，待胚根长到1~3 cm时剪去0.5 cm根尖，可促进侧根萌发，培育发达根系。

四、苗期管理

板栗种子播后10~15 d幼苗即可出土，幼苗前期生长缓慢，必须加强苗期管理。

水分管理：板栗幼苗不抗旱、不耐涝，必须注意水分管理。前期，6月下旬进入雨季前要视墒情灌水2~3次，灌后松土保墒，防止土壤板结。雨季要及时排水，防止圃地积水。后期8~9月视墒情灌水。封冻前浇足水有利于苗木越冬，防止抽干。

施肥管理：雨季对幼苗及时追肥或喷施叶面肥，追肥以氮肥为主，每公顷不超过225 kg。为促使组织充实，9月上旬后不再追施氮肥。秋季停止生长后，施有机肥。

病虫害防治：板栗苗木的病虫害较多，应注意观察，及时防治。苗期害虫主要有小地老虎、象鼻虫、蛴螬、金针虫、金龟子、舟形毛虫、红蜘蛛、刺蛾幼虫等；病害主要有立枯病、白粉病、根腐病等。

综合管理：及时进行中耕除草，在幼苗出土后立即进行1次，在以后生长季节内进行2~3次，使土壤保持疏松状态。北方冬季严寒干燥，易引发栗苗"抽干"，即自上而下干枯。为防止"抽干"发生，秋季剪除苗干（平茬）。土壤瘠薄的栗园，可连续平茬1~2年，以培育壮苗。

第三节 板栗嫁接管理技术

嫁接繁殖是板栗良种栽培的重要技术措施，经过多年的发展和实践，板栗嫁接已经成为产区推广的最常用技术之一。板栗嫁接主要用于嫁接苗的培育和实生园及低产板栗园的改接，嫁接方法主要有芽接和枝接。春季枝接方法简单、成活率高，是我国板栗主要采用的嫁接方法，已在各板栗产区推广应用。

一、接穗的采集与贮藏

（1）接穗的采集

在落叶后至萌芽前的整个休眠期，均可采集接穗。为方便穗条的贮藏，提高发芽率，最适宜采集期为萌芽前1个月以内，也可随采随用。为保证接穗质量，应从生长健壮的盛果期板栗树上采集发育充实的发育枝或结果枝，也可在采穗圃中剪取，剪取时要严格控制品种纯度。采穗时选取枝条粗壮、一般顶端有混合芽的结果母枝，或节间短、粗壮、芽体饱满的发育枝。

采回的接穗要及时处理，拣除病虫枝、细弱枝，剪去枝条前段不充实的部分和基部弯曲部分及盲节段，按每捆30～50条捆扎，做好标记备贮或备用。

（2）接穗的贮藏

板栗接穗的贮藏主要采用2种方式：一种是地窖沙藏法，即把采好的接穗按品种50～100条打捆，挂好品种标记标签以防贮藏期混杂，在低温保温窖内贮藏。窖内温度要低于5℃，湿度在90%以上。贮藏时接穗立放，接穗基部1/5埋入湿沙，沙中水分以用手攥紧后快速松开不结团为宜，防止接穗因过湿而腐烂。若窖内干燥，可用塑料布覆盖，以免接穗风干。另一种是蜡封贮藏，经过蜡封的接穗保湿效果好，在生产中应用广泛，在接穗采集后即可进行接穗蜡封。蜡封前洗净附着在接穗表面的沙粒或木屑，晾干表面水分，按照嫁接要求以2～3芽和节间剪好接穗。蜡封时控制好石蜡温度，以水浴夹层封蜡最好。当石蜡完全融化温度达到95℃以上时，即可蘸蜡。蘸蜡要快速，否则石蜡过厚易脱落，且时间过长时会伤及芽体。蜡封后在阴凉处晾干，待冷却后装湿布袋或塑料袋，内可放湿锯末保湿，然后进行沙藏或冷藏，冷藏温度以0～5℃为宜。

长时间贮藏板栗接穗以蜡封冷藏最宜。短时间贮藏或者采集后短距离运输后使用，沙藏或阴凉处保湿贮藏即可，重点是保湿和防止芽体萌发以及发霉变质。

二、苗木嫁接技术

1. 砧木的选择

我国板栗北方产区和长江流域产区采用实生板栗，即本砧，嫁接后亲和力好，根系发达，生长旺盛，较耐干旱和瘠薄，抗病性强，抗涝能力差。湖北、安徽、江苏南部等产区有用野板栗作砧木的历史和栽培经验。野板栗与板栗嫁接亲和力好，成活率高，但树势弱，嫁接后结果早，有一定矮化效果，但寿命较本砧短。一般来说，砧木粗度只要达到 1 cm 以上就可以嫁接，对大于 8 cm 的过粗的砧木，则可进行高接换头。

2. 嫁接时期

板栗嫁接一般在春季砧木萌动至萌芽展叶前进行，具体时期因各地气候而异，这时气温较高（15～25℃），树液开始流动，树皮易剥离，嫁接成活率高。嫁接时期不宜过早，过早温度低，愈伤组织不易形成，接穗组织内部水分大量蒸发，生命力降低，影响成活率。嫁接时期亦不宜过晚，否则砧木已发育生长，营养物质被消耗，成活后生长势弱。秋季嫁接在 8～10 月进行，此时以芽接和腹接为主，这种方法多在长江流域产区采用。

3. 嫁接方法

板栗嫁接方法主要有枝接和芽接，其中枝接又分劈接、双舌接、切接、腹接、插皮接等方法。由于板栗枝条木质部呈齿轮状，采用芽接法嫁接时芽片和砧木木质部外侧形成层不易贴合，导致成活率低，因此生产中以枝接为主。需根据嫁接时期、嫁接部位、砧木粗度、接穗粗度等选择合适的嫁接方法，嫁接时要做到削接穗和砧木要快、接穗与砧木切口接合要快、用塑料条包接口要快，并注意接穗和砧木的形成层要对准，接口要包紧包严。

（1）劈接

劈接法适于 1～2 年生砧木，接穗与砧木粗度相近，一般在春季萌芽期进行。该方法操作简单，嫁接速度快，但成活率低于双舌接，且不抗风折，在生产中已较少采用。

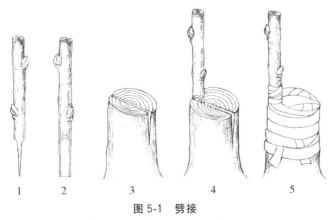

图 5-1 劈接

1、2. 削接穗；3. 劈砧木；4. 插接穗；5. 绑扎

操作方法(图 5-1)：将接穗下端削成长 3 cm 长的楔形，入刀处要陡，削面逐渐斜平。在砧木苗距离地面 5～10 cm 处选好嫁接部位剪断砧木，再用刀或剪枝剪将砧木从木质部的中间垂直劈开，深度 3 cm 左右，把接穗对准一侧形成层插入，上端"留白"0.5 cm，用带状塑料膜把接口部位绑紧绑严，不留缝隙。

(2)双舌接

双舌接适于 1～2 年生砧木，接穗与砧木粗度相近，一般在春季萌芽期进行。该方法接穗与砧木结合紧密，抗风折，目前在生产中采用较多。缺点是嫁接速度比劈接慢。

操作方法(图 5-2)：将蜡封好的接穗，在上部芽的对侧削一马耳形削面，长约 3 cm 以上，入刀处斜面要陡，再在削面距离尖端 1/3 处向接穗顶部方向平行切入 1.5～2 cm，削好的接穗要便于与砧木插合。将砧木苗距离地面 5～10 cm 选择好嫁接部位剪断砧木，用与削接穗同样的方法削 1 个长 3 cm 左右的马耳形削面，再在削面上距离顶部 1/3 处垂直向下切入 1.5～2 cm，快速将接穗与砧木的削面对准，形成层对齐插合、插紧，接穗与砧木粗度不一致时，至少一侧对齐形成层，最后用嫁接塑料条绑扎严密。

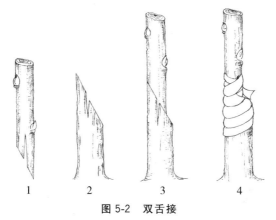

图 5-2　双舌接

1. 削接穗；2. 削砧木；3. 插接穗；4. 绑扎

(3)切接

切接法适用范围较广，幼苗和幼树均可采用，多用于较粗的砧木，嫁接时期一般在春季萌芽期进行。

操作方法(图 5-3)：在距地面 5～10 cm 的嫁接部位剪断砧木，在平滑的一侧断面木质部边缘向下直切 3 cm 左右，将带有 2 个芽的接穗在上部芽一侧缓缓地斜削一长斜面，切口比砧木面略长，再在另一侧削一短斜面，然后对准一侧形成层把接穗插入砧木切口，快速用嫁接用塑料条绑扎紧密，包严切口。

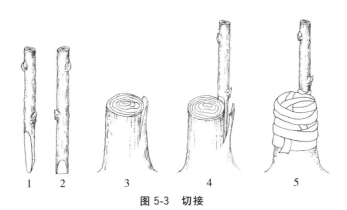

图 5-3　切接

1、2. 削接穗；3. 切开砧木；4. 插接穗；5. 绑扎

（4）插皮接

插皮接适用于砧木较粗的多年生实生苗、大树改接等，砧木嫁接部位的粗度须在 2 cm 以上，一般在春季砧木发芽后离皮时进行。该嫁接方法不抗风，嫁接枝条长至 30 cm 时须绑缚树枝以防风折。

操作方法（图 5-4）：将蜡封好的接穗上芽的对侧斜切一长约 4 cm 的平滑斜面，入刀处要陡，再轻轻刮掉斜面背侧的蜡层，斜面两侧可露出绿色形成层，下端削一小斜面，便于下部插入砧木皮层。砧木选择好嫁接部位后剪断或锯断，削平锯面，在光滑部位用嫁接刀纵切一刀，深达木质部，长 4 cm 左右，拨开皮层，插入接穗，接穗削面露白 0.3 cm 间隙，然后将接口用嫁接塑料条扎紧绑严。

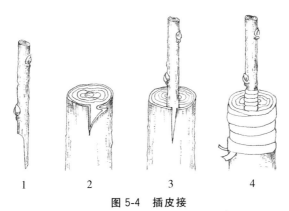

图 5-4　插皮接

1. 削接穗；3. 砧木皮开口；3. 插接穗；4. 绑扎

119

（5）腹接

腹接嫁接速度快，对砧木粗度要求不严格，1～3年生砧木均可采用，春、秋季均可嫁接。腹接时可不剪断砧木，待接口愈合后再剪砧。

操作方法（图5-5）：将接穗上部芽的对侧削一长约3 cm的斜面，另一侧削一长2～2.5 cm的斜面。在砧木茎干选一光滑的嫁接部位，刀与砧木成30°角向下斜削一刀，长约3.5 cm，然后对准一侧形成层将接穗插入切口，长削面靠近砧木茎干一侧，插紧后快速用嫁接塑料条绑紧扎严。

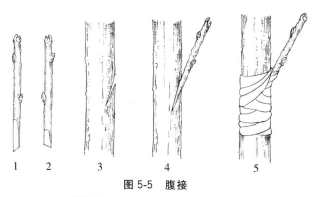

图5-5 腹接

1、2.削接穗；3.砧木切口；4.插接穗；5.绑扎

（6）开槽腹接

开槽腹接法是在腹接基础上改进的一种新的嫁接方法，适于砧木较粗的板栗树，尤其适合大树改接，一般于春季萌芽期砧木离皮时进行。该嫁接方法成活率高，抗风折，还可用于多年生大树的补枝。

操作方法（图5-6）：首先用木工凿在需要嫁接的部位沿树皮自上而下纵向

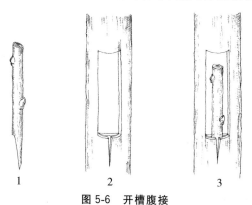

图5-6 开槽腹接

1.削接穗；2.砧木开槽口；3.插接穗

开槽，槽深至木质部，槽的长度为 10~12 cm，一般略长于接穗插入后露出皮外的长度，槽宽 1~1.5 cm。再在槽的下部用刀把树皮竖直切开，刀口 4 cm 左右。将蜡封好的接穗上部芽的对侧削一大斜面，长约 4 cm，入刀处略陡，在另一侧削一小斜面，轻轻刮掉斜面两侧和小斜面一侧的蜡层，露出形成层。然后用嫁接刀将砧木凹槽下部的树皮向两边适当挑开，快速插入接穗，大斜面朝向砧木木质部，接穗整体嵌入凹槽中，插紧后立即绑缚。绑缚时首先用农用薄膜将凹槽和接口全部包严，芽体部位仅包裹 1 层薄膜。待芽体生长至 0.5~1 cm 后，将芽体外薄膜撕开 1 个小洞，方便新梢露出。

（7）嵌芽接

嵌芽接也称带木质部芽接，适宜春季或秋季进行，春季应用较多。因板栗木质部有沟纹，芽片与砧木不能紧密靠实，因此成活率较低。但该方法节省接穗，可在接穗紧缺时采用。

操作方法（图 5-7）：在接芽上方 1 cm 左右处入刀斜切，深达木质部，长约 3 cm，在芽的下方 1~1.5 cm 处与穗条成 30°角反方向斜切至上一刀口底部，取下长 2~2.5 cm 的带木质部芽片。再按照芽片的形状和大小，在砧木上选择一光滑的嫁接部位切出与芽片一致的切口，快速将芽片嵌入砧木切口中，形成层对齐，宽度不一致时对齐一侧形成层，然后用嫁接塑料条绑紧绑严。

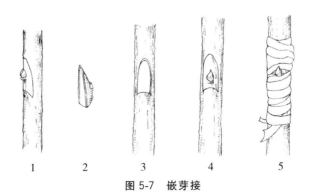

图 5-7 嵌芽接

1、2.削取接芽；3.砧木削口；4.嵌入接芽；5.绑扎

三、影响嫁接成活的因素

（1）砧、穗不亲和

所谓亲和是指砧木和接穗嫁接在一起后愈合生长的能力。这种能力的大小取决于砧和穗两者亲缘关系的远近，即同种的苗木嫁接成活率高，生长结

果稳定，不同种的嫁接不成活或短期成活。解决办法：在嫁接时一定要选用亲和力好、适应性强的品种作砧木，不要采用不亲和或亲和力差的品种作砧木。

（2）嫁接操作不当

嫁接时，砧、穗削面不平或削成毛面，砧、穗二者的形成层没有对齐贴紧，或接触部分极少，嫁接后发叶抽梢消耗完接穗中的水分和养分后，砧木不能继续供应而枯死。解决办法：嫁接操作人员必须严格按照嫁接规程操作，接穗、砧木要做到削面平整而光滑，两者形成层必须对齐贴紧，接口封严扎紧，包扎膜不能解开过早。

（3）接穗萌动造成接芽瘦弱

嫁接时间过晚，嫁接时接穗已萌动，接后很快发叶抽梢，接穗中的水分和养分消耗完后，接口尚未生出愈伤组织，造成水分和养分中断。解决方法：做好接穗储藏，适时嫁接，不用已萌动的接穗和弱芽、瘦芽接穗。

四、嫁接后管理

板栗嫁接完后，需及时检查嫁接成活情况，并做好嫁接后的管理。主要措施如下：

（1）检查成活和补接

发现原接穗未能成活后，利用预贮接穗，及时在原接口以下剪砧补接。嫁接当年进行补接，可提高苗圃的出苗率或保证高接大树当年形成树冠。春季嫁接一般在 20 d 左右补接。

（2）除萌蘖

嫁接后砧木萌蘖大量发生，为避免萌蘖与接穗争夺养分而影响苗木生长，必须多次、及时除去萌蘖。大树改接时注意在枝干稀疏或光秃地带，选留少数萌蘖留做第 2 年补接使用。嫁接后 2 个月内，每隔 10～15 d 除萌 1 次。

（3）设立支柱

在砧木和接穗没有完全愈合前，容易风折，须绑缚支柱。方法是当新梢生长至 30 cm 左右时，将新梢轻轻绑在支柱上，随新梢生长每 30 cm 捆绑 1 次，先后绑 3～4 道。绑缚不宜太紧，以免影响新梢生长。

（4）适时松绑

在枝干加粗生长的高峰前期，解除接口处的捆绑材料，防止其勒进砧木和接穗组织中形成缢痕，以免刮风时新梢折断。枝干的加粗生长高峰期正值高温多雨季节，及时解除绑缚物还可预防接口积水腐烂。解绑时用嫁接刀在接口对面竖划 1 刀，塑料扎条即可松开。

（5）病虫害防治

春季萌芽后易受金龟子、舟形毛虫等啃食嫩叶、嫩芽害虫的为害，夏季易受栗大蚜、红蜘蛛、刺蛾等为害。多发病害有白粉病、干枯病等，应注意防治。接口处易发生栗疫病，可用杀菌剂防治。

（6）土肥水管理

春季干旱时浇水，夏季追肥结合浇水进行，并注意中耕除草。生长季后期控制肥、水，改接树需进行摘心控制旺长，增加枝条充实度。冬季以主干为中心，在半径 80 cm 以上进行穴耕，改良土壤，达到保水、保肥的目的。

第四节　优质壮苗培育技术

一、优质壮苗的培育标准

根据建园要求选择实生苗建园或嫁接苗建园。实生苗要求嫁接品种类型合适，与建园品种亲和性良好。嫁接苗建园要求品种纯正，砧木类型正确，地上部枝条健壮、充实，芽体饱满。

实生苗规格：地径（苗木基部土痕处的直径）0.7 cm 以上，高度 80 cm 以上，无抽干，长 20 cm 左右的侧根 5 条以上，须根较多，根系完整，整株无病虫害及机械损伤。

嫁接苗规格：嫁接口以上直径 0.8 cm 以上，地上高度 1 m 以上，定干部分芽体充实饱满，无抽干现象，长 25 cm 左右的侧根 5 条以上，须根较多，根系完整，接口愈合好，无缢痕，无病虫害及机械损伤。

二、起苗出圃

前期育苗结束后，选取达到标准的嫁接苗出圃，对未达标准的继续培育。苗木出圃是板栗壮苗培育的最后环节，出圃过程中操作技术的正确与否，对苗木定植后的成活率、生长速度和进入结果期的早晚有直接的影响。做好苗木出圃的起苗、分级、包装和运输等工作十分重要。

一般在落叶后到翌年萌芽前板栗苗均可出圃，苗木出圃时间与果园定植期一致：秋季定植，秋季出圃、春季定植，春季出圃。冬季必须出圃而又不能及时定植的苗木须挖沟假植。起苗前 7～10 d 根据土壤墒情应浇 1 次透水，以便出圃时减少用工，并确保苗木根系完好。出圃时应选择晴朗无风、气温较高的天气，避免在寒流来临时起苗运输，以防止板栗根系受冻。板栗直根强大、入土较深、侧根少，根系再生能力弱，起苗时要求深刨，主根至少保留 20 cm，并尽量保护细根不受损失。对有伤口的根要进行修剪，剪口要平滑。

三、苗木分级

出圃的苗木必须合乎规格、品种纯正、生长健壮、发育充实，达到优质壮苗要求的高度和粗度，芽体饱满，根系发达，须根较多，无病虫害和机械损伤，嫁接部位愈合良好。起苗后随即进行分级，拣出不满足栽植要求的细弱苗以及接口部位愈合不充实的苗，分级后按照一定数量（一般 50～100 株）捆扎成捆，按品种分类假植或起运。

四、苗木检疫与消毒

苗木检疫须由国家指定的机构或相关专业人员进行。用于绿色无公害果园的苗木，必须具备合法的检疫证。板栗苗木、接穗、种子的国内检疫对象为栗疫病。消毒一般用喷洒、浸苗、熏蒸等方法，喷洒的消毒药剂多用 3～5°Bé 的石硫合剂；浸苗可用等量式 100 倍波尔多液或 3～5°Bé 的石硫合剂浸 10～20 min，苗木数量较少时也可用 1% 的升汞液浸泡 20 min；熏蒸多采用氰酸蒸气，每 1 000 m³ 容积可用 300 g 氰酸钾、450 g 硫酸、900 mL 水的混合液熏蒸 1 h。熏蒸时先关好门窗，将硫酸倒入水中，然后将氰酸钾放入。1 h 后将门窗打开，待蒸气散完后，方可入室取苗。由于氰酸蒸气毒性大，处理时要注意人员安全，消毒后的苗木必须用清水冲洗。

五、包装和贮运

苗木运输过程中应减少暴露，以尽量减少苗木的水分损失，提高栽植成活率。当年就近栽植的应及时定植，次年春季栽植的要尽快假植贮藏。对外运苗木，应在起苗后经当地植物检疫部门检疫，按规定办理有关检疫证书，然后立即包装运输。包装材料可就地取材，一般以价廉、质轻、柔韧，并能吸收水分保持湿度而又不致迅速霉烂、发热、破损者为好，如草帘、蒲包、草袋等。为保持根系湿润，防止干枯，包装袋内还应用湿润的苔藓、木屑、稻壳、碎稻草等材料作填充物。包装时，将合乎规格的单干苗 50～100 株或在圃内已整形过的苗木 25～50 株捆成 1 捆。捆扎时先用绳子在苗干基部和中部各系1圈并扎紧，将捆好的苗木放入草帘中，再用草绳捆好，最后挂上标签，标明苗木的品种、数量以及苗圃名称等。

运输过程中需经常检查包装内的温度和湿度，保证苗木质量，遇到绑绳松散、篷布不严等情况应及时停车处理。运苗时尽量选用较快的运输工具，缩短运输时间，有条件的还可用冷藏车运输。装车不宜过高过重，不宜压得太紧，以免压伤枝梢和根系。卡车后厢板应铺垫草袋、蒲包等物，以免擦伤树皮、碰坏树根；长途运输一定要用帆篷布封严，防止因风吹日晒和夜间寒冷造成苗木失水或受冻。

六、假植

不能及时栽植的苗木，均需要临时假植。假植方法因地而异：北方寒冷地区常用全株埋土法假植，方法是在背风干燥、平坦、排水良好的地方挖1条假植沟，沟宽1～1.5 m、深0.6～1.5 m，长度随苗木数量而定。沟底先铺1层10～15 cm厚的河沙，将苗梢朝南斜放在沟中。1层苗木培1层湿土，全株用湿土培严实，根间也需要培些湿土，不能留有空隙，最后用土盖严。南方地区，由于土壤通透性好，冬季气温较北方寒冷地区高，所以苗木假植沟底部不需再埋湿沙，也不需全株埋于土中防寒，只需将成捆的苗木成排直立埋在40～50 cm深的沟内即可。但根系与土壤一定要紧密接触，并使土壤始终保持有一定湿度。假植时要做好标记，标明数量、品种等。

参 考 文 献

[1] 张玉杰，于景华. 板栗丰产栽培、管理与贮藏技术［M］. 北京：科学技术文献出版社，2011.

[2] 郗荣庭，刘孟军. 中国干果［M］. 北京：中国林业出版社，2005.

[3] 吕平会，何佳林，季志平. 板栗标准化生产技术［M］. 北京：金盾出版社，2008.

[4] 田寿乐，明桂冬，沈广宁. 板栗栽培技术百问百答［M］. 北京：中国农业出版社，2009.

[5] 张铁如. 板栗无公害高效栽培［M］. 北京：金盾出版社，2010.

[6] 姜国高. 板栗早实丰产栽培技术［M］. 北京：中国林业出版社，1995.

[7] 张毅，田寿乐，薛培生. 板栗园艺工培训教材［M］. 北京：金盾出版社，2008.

[8] 韩嵩，刘俊昌，胡明形. 我国苗木产业发展存在的问题及对策［J］. 林业调查规划，2006，31(3)：126-129.

[9] 许天龙，冯永巍，吴智敏，等. 我国板栗生产现状与发展对策［J］. 浙江林业科技，

2000，20(5)：78-82.

[10] 焉军，王春，黄淑艳. 丹东板栗产业发展现状与对策研究 [J]. 中国林副特产，2006，4(83)：97-98.

[11] 周根土，张均. 安徽板栗产销状况及发展前景与对策探讨 [J]. 经济林研究，2003，21(3)：98-100.

[12] 周根土. 安徽板栗生产初探 [J]. 安徽林业，1997(6)：8.

[13] 周心智，张云贵. 美国板栗的生产与市场 [J]. 中国果菜，2006(4)：55.

[14] 龙兴桂. 中国板栗栽培管理技术 [M]. 北京：中国农业出版社，1996.

[15] 彭方仁. 板栗丰产栽培技术研究进展 [J]. 林业科技开发，1999(2)：7-9.

[16] 邵则夏，杨己命. 板栗良种选育与早实丰产栽培技术 [M]. 昆明：云南大学出版社，2000.

[17] 秦岭，王有年，韩涛. 板栗三高栽培技术 [M]. 北京：中国农业大学出版社，1998.

[18] 高新一. 板栗栽培技术 [M]. 北京：金盾出版社，1998.

[19] 张敏. 基于核心企业的农产品供应链分析 [J]. 物流分析，2004(5)：91-94.

[20] 张利群. 板栗产业的发展趋势与对策思考 [J]. 贵州林业科技，1999(2)：61-63.

[21] 贺盛瑜，胡云涛，李强. 区域农业产业链物流体系总体构想 [J]. 农村经济，2008(7)：113-115.

[22] 毛尔炯，祁春节. 国外农业产业链管理及启示 [J]. 安徽农业科学，2005，33(7)：1296-1297.

[23] 刘力，张艳华，李瑞峰. 中国板栗生产和国际竞争力分析 [J]. 世界农业，2005(10)：18-20，46.

[24] 闫逢柱. 中国板栗国际竞争力的变动分析 [J]. 华南农业大学学报：社会科学版，2007，6(2)：66-71.

第六章　板栗优质高效栽培

板栗是我国最早利用的果树，也是最早驯化栽培的一批果树之一。公元前的春秋时期，我国就有栗树的栽培，在《诗经》《左转》《史记》《齐民要术》等众多著名的史书中均有关于栗树的记载。板栗在我国虽已有几千年的栽培历史，但因诸多原因所致，长期处于自然生长状态，实生树繁殖，结果晚，产量低，质量良莠不齐，历史文献中也少有关于板栗栽培技术的记载。新中国成立后，随着土地所有制的变革、耕种技术的革新以及诸多新技术的引进，我国板栗生产有了跨越式的发展，板栗栽培技术从放任生长、实生结果到选种、育种，推广优良品种嫁接繁殖，板栗的产量和质量也有了大幅度的提高。

第一节　我国板栗栽培技术发展现状与趋势

一、板栗栽培技术的发展

中国板栗的品质在世界食用栗中最为优异：栗果形状玲珑秀美，风味香甜可口，尤其是板栗坚果的涩皮易于剥离，适宜于糖炒加工，在国际市场上被誉为"东方珍珠"。但我国板栗产业的发展经历了从放任管理到集约化管理，从实生栽培到品种化栽培的曲折过程。

（1）对板栗品种的认识阶段

新中国成立初期，全国各地栽培板栗的积极性空前高涨，板栗产区多建有板栗生产技术组（队），根据各自经验对放任管理的栗树进行疏枝、病虫害防治等管理，产量较之前有了明显的提高。然而，在栽培管理过程中发现，有的板栗树无论如何修剪或施肥浇水，坚果仍然很小，皮色暗淡；有的隔年或隔几年丰产 1 次，而有的树却坚果大、枝条健壮，连年高产稳产，相同的管理方法，产量相差几倍至十几倍。20 世纪 60 年代初期，河北昌黎果树研究所对迁西县杨家峪板栗产区的 340 株 40 多年生的板栗大树进行调查，平均株产仅为 2.4 kg，株产从 0.2 kg 到 12 kg，相差几倍到几十倍。巨大的产量差距，引起了有关部门和各研究单位的高度重视，我国的板栗选育种工作也由此开始。

（2）品种选育与高产栽培技术的研究推广阶段

20 世纪 60 年代末，我国开始了板栗的选育种工作，在河北、山东、江苏等省的板栗主产区，针对实生板栗资源丰富、变异类型多样的特点，开展了全民性的板栗选种、育种工作。全国成立了由山东省果树研究所牵头，河北省昌黎果树所、江苏省中国科学院植物研究所、北京市林业果树研究所等单位参加的板栗新品种选育工作组，先后选出了一大批板栗优良品种和优异的种质资源，为板栗产业的发展奠定了良好的基础。

20 世纪 60～80 年代末，我国板栗的栽培研究主要围绕提高板栗的产量展开，在栽植方式、整形修剪、花果管理、肥水管理、防止空苞、栗粮间作等方面，对主要栽培技术进行了研究，如"板栗早实丰产技术研究""栗粮间作研究"等。根据树势、品种和产量等综合因子，确定板栗的整形修剪方法，从理论高度纠正了"实膛修剪"和"清膛修剪"等修剪方式的弊端，有效缓解了栗树主枝后部光秃的生长习性所带来的不利影响，基本实现了栗树的立体结果。直到现在，这些成果仍在广泛应用，如"板栗蜡封接穗技术""板栗综合整形修剪技术""板栗穴贮肥水技术""板栗早实丰产栽培技术""栗粮间作栽培技术"等。

20 世纪 90 年代以后，随着板栗良种化的普及、现代集约化生产的出现以及安全农业的需要，板栗栽培研究逐渐转变到良种配套栽培技术研究、安全生产技术体系研究和高效优质密植栽培研究。

二、板栗栽培的发展趋势

通过多年的努力，我国的板栗栽培已由实生栽培基本普及到新品种嫁接繁殖栽培，技术水平和管理措施有了较大的提升。目前，主产区新发展的板栗幼树，新品种的普及率已达到 90％以上，对低产劣质大树多进行了优种嫁接，产量和质量有了较大的提高。但是，在集约化、标准化管理和品种化经营方面与水果相比，板栗还存在相当大的差距。

在板栗的栽培品种中，糯性、香气、口感等果实的内在质量以及大小、色泽、成熟期、耐贮性等有很大差异。而目前采收时多数为混采混装，优质产品难以实现优价。要实现板栗产业健康可持续发展，必须做到布局合理、品种优良、管理集约、销售畅通。

(1)区域化格局明显加强

由于受自然条件、栽培历史和社会经济等因素的影响，我国板栗品种的交流受到很大限制，品种的区域性分布十分明显。我国板栗栽培品种目前已形成的华北、长江流域、西北、东南、西南、东北6大品种群，各品种群生态类型多样、区域特点明显，且各区域自然资源丰富，拥有大量的实生变异，为新品种的选育与推广应用奠定了基础。随着板栗产业的发展，各产区之间的交流越来越多，但栽培区域格局已基本形成，且各区域特色逐渐加强。如河北迁西板栗，以其外形玲珑、壳皮具红褐色光泽，果仁肉质细腻、糯性黏软、甘甜芳香而著称，每年都是各地争相收购的优质加工原料，供不应求，在国内收购价格最高。20世纪70年代以来，迁西一直大力发展板栗种植，目前已有3.7万 hm^2，成为我国最具特色的板栗栽培区域之一。泰山板栗、罗田板栗、金寨板栗等也各具特色。东南品种群的建瓯锥栗近几年发展迅速，区域化特色明显，已成为我国发展最快的地方名特产之一。

(2)品种化栽培发展加快

板栗品种的区域性较强。北方板栗产区昼夜温差大、日照充足，生产的板栗含糖量高、糯性强、香甜适度，适宜糖炒；南方板栗果粒大、淀粉含量高，多数适宜用作菜栗和加工栗，有些也可炒食。因此北方应以发展品质好、产量高、抗逆性强的炒食品种为主，南方应以发展丰产、果粒大而整齐、适宜加工、菜食的品种为主。

随着产业的持续发展，市场对优质板栗的要求越来越高，品种化栽培成为板栗产业发展的必然趋势。为了更好地满足市场需求，应适当发展早熟品种、耐贮品种和抗病虫品种，延长板栗的成熟期和上市期。同时，应逐步推广按品种采收，使同一批产品的质量保持一致，从而实现优质高价的市场良性循环。

(3)产业化链条逐步完善

一个产业的健康发展必然要求产前、产中和产后各环节的紧密衔接，以提高产业的整体竞争力和经济效益。板栗产业需要科研单位、技术部门、流通领域、加工企业、生产单位等多部门紧密合作，共同将板栗产业做大做强。产前，要提供良种和良法，为板栗产业发展打下基础；产中，要提供各种技术服务，包括栽培、病虫害防治、生产无公害产品技术和优质高产栽培技术；产后，有关部门要相互协调，及时解决贮藏、加工、信息、销售等方面出现的问题，做好各环节的监管和衔接，逐步延长和完善产业链。

第二节　板栗建园

　　我国的板栗生产主要在山区。山地栗园的规划，包括了区划和道路、排灌系统的规划与设计。山地栗园的小区划分，应以自然沟或分水岭为界，面积控制在 3.3～6.7 hm²。小区间留出作业道，道宽要求在 2～4 m，主要干路可宽至 6～7 m，道路应设在缓坡处，遇陡坡地段尽可能迂回盘旋，以减缓路面的坡度，便于机械和车辆运行。横向道路要沿等高线走向，路面应向内倾斜、以防雨水冲刷路面。

　　结合山地综合治理来设计与规划排灌设施。利用自然地形修建小型水库或蓄水池，既可拦洪，又可蓄水，结合水土保持工程设置排灌系统。排灌系统分主、支、毛 3 级排灌渠道，灌水渠应用塑料管输水，以防渠水渗漏和因坡陡流急造成冲刷；排水主渠道结合自然沟设置，主、支排水渠道要用石或水泥筑砌，以防冲刷。在栗园的上部要设防洪排水沟或营造防护林，以防止山水过大而冲毁栗园。

　　水土保持是山地建园的一项基础工程。过去许多板栗园在大坡度山地栽植栗树，遇雨则造成水土流失，使园内土层变薄、根系外露、树势渐弱，造成减产，正如栗农所说"树下拉沟，栗子不收"。虽然栗农对水土流失的危害早有认识，但因在建园前缺乏总体规划，种植栗树后，仅能采取在树下修筑"果树坪""拦水埂"等零星的局部措施，收效甚小，而且这种方法也不便于树下的机具作业。近年来河北燕山栗区普遍推行的"围山转"栽植技术，即环山水平沟种植法，收到了较好的效果。

一、板栗生长要求的自然条件

(1)气温

　　板栗树生长要求的年平均气温在 10.5～21.8℃，在绝对最高气温不超过 39.1℃、绝对最低气温不低于 -24.5℃ 的地区均能正常生长结果。长江流域主要栗产区，如湖北、安徽、江苏、浙江等地，年平均气温在 15～17℃，生育期(4～10 月)的平均气温在 22～24℃。该区气温高、生长期长，树势生长旺盛，栗果个大，产量较高，适于南方各品种的生长。华北板栗主产区的河北、北京、山东、辽宁等地，年平均气温在 8.5～14℃，生育期(4～10 月)的平均气温在 18～22℃，该区气候冷凉，昼夜温差大，日照充足，生产的板栗栗果小、含糖量高、风味香甜、糯性强，品质优良，适合耐旱、耐寒的北方品种。

（2）降水

我国南方栗适于在多雨潮湿气候区生长，主产区年降水量在 1 000～2 000 mm。北方栗适于在半湿润气候区生长，受长期自然环境的驯化，能适应干燥的气候条件，但其生长的最佳降水量为 500～800 mm。北方栗区有"旱枣，涝栗"之说，说的是板栗种植多雨年丰产、少雨年减产，但这并不意味着北方板栗也喜潮湿气候，只是由于板栗多生长在保水性能非常差的片麻岩山地，过大的雨量对板栗根系的生长影响有限。但在黏重土壤或排水不良的园区，过多的降水对北方栗的生长、生产不利。

（3）光照

板栗是阳性树种，发育期间要求有充足的光照。光照不足 6 h 的沟谷，树体生长直立，叶薄枝细，产量低。密植园常因光照不足而使树冠内膛和主干枝中、下部枝条枯死，出现内部光秃、结果部位外移的现象。因此，板栗的整形修剪应充分考虑板栗喜光的特点。

（4）土壤

板栗生长状况与土壤类型密切相关，一般喜排水良好、含有机质丰富的沙壤土。在土壤黏重、地下水位高、排水不良的地块，根系浅而生长发育不良，严重时发生落叶甚至死亡。在保水力极差的粗沙土地块，土壤瘠薄、肥力低，树势弱、结果晚、产量低。板栗的适应性强，但对土壤的 pH 值要求较严，适宜范围为 4～7，最适宜值为 5～6，超过 7.5 时生长不良。因此，我国的内陆和滨海盐碱地区均不适于栽植板栗。

二、山地建园

（1）"围山转"建园

"围山转"适于在 8°～25°的缓坡丘陵地块建园。

具体做法是：根据坡度大小测出等高线，沿等高线挖沟，沟深 80 cm、宽100 cm。将表土填入沟内，把半风化石质土堆放在外沿筑成土埂，埂高40 cm，埂的内侧壕面筑成外高内低、宽 1.3 m 的倾斜面，以防雨量大时沟内积水外溢造成冲刷。板栗栽植在埂内厚土处，坡埂种植牧草或紫穗槐。

（2）树坪、鱼鳞坑建园

树坪、鱼鳞坑适于在坡度大于 25°的零散地块建园。

可因地制宜地修筑树坪种植栗树。先在局部将坡面找平，用石块砌成具有保土蓄水作用的半圆形或方形树坪，树坪横向直径不小于 2.5 m、纵向直径不小于 2 m。坪内保持外高内低，以利蓄水，防止积水外溢；内侧两端留溢水口，雨量过大时可以排水。

在较瘠薄或半风化的荒山陡坡，可采用挖鱼鳞坑法种植栗树。挖鱼鳞坑时应水平定坑、等高排列，坑距在 4～5 m，使上、下坑错落有序，整个坡面的坑构成鱼鳞状，以利于雨季截蓄地表径流。鱼鳞坑一般在栽树的前 1 年雨季挖好，填土应稍低于地面以利蓄水，坑的外沿应高出地面成弧形埂，两侧留出溢水口，两坑之间保留坡地的自然植被，坑内填土栽树。

(3)谷坊建园

山区沟壑及谷地的土层较厚，土质肥沃，适宜栗树生长。但沟壑及谷地是山水汇集地带，坡陡流急，冲刷严重。因此，利用沟壑谷地建园，更须重视水土保持。栽树前，在沟谷内自上而下，每隔 5～10 m 筑一石坝(谷坊)，筑坝淤地成平台，在台上栽树。为避免沟内积水，树宜栽于沟的两侧。谷坊坝砌石必须坚固，以弧形为宜，弧顶内侧承受压力大，可减少冲塌的危险。

三、利用自然资源嫁接建园

长江流域以南的江苏、安徽、湖北、湖南，以及河南、云南、陕西等地，有丰富的野生栗树资源，选择适宜的野板栗就地嫁接、稍加抚育，即可建成板栗园。江苏的宜兴、溧阳，浙江的长兴、吴兴，安徽的广德、舒城，湖北的罗田、宜昌，以及河南的罗山、信阳等地，很早就有用野板栗就地嫁接成园的做法。

自然野生栗一般分布在山坡、山坞、沟道、台地等处，坡度多在 45°以上，为了便于管理，应选择在地势较平缓、土层较厚、避风向阳、易排水的浅山丘陵区有规划地建园。须先在园区内按 3～5 m 的株行距选留生长良好、树龄适中的野板栗树，将其他杂木及多余的野生栗全部清除。一般于冬季或早春进行嫁接。由于山地面积大、劳动强度高，嫁接建园宜逐年进行。利用野板栗建园有以下优点：

(1)早成园、早结果、早收益

就地利用的野板栗砧龄大，嫁接后苗木生长快，一般嫁接当年即可结果，2～3 年丰产，比实生造林提早结果 5～6 年，比人工培育砧木或移植野生砧木进行嫁接提早 3～4 年。

(2)节省育苗和栽植的投入

在丘陵低山区，如用育苗移植，每人每天仅能栽种 20～30 株，而用此法平均每人每天可嫁接 50～60 株，节省用工量约 50%。同时，也节省了之前的种子和育苗的成本。

(3)野生资源丰富，发展潜力大

野生砧不仅在平缓山坡、土层深厚处生长，在较瘠薄的高山陡坡、山溪两岸等人工栽植较困难的地方也能生长，通过就地嫁接成园，扩大了山地的利用范围。

利用野生板栗资源建园虽然能够节省建园成本、提早收益，但要注意不能盲目砍伐野生板栗资源。在一些生态环境较恶劣的地区，野生板栗资源蕴含着丰富的抗性基因，是进行板栗品种改良的重要基因库，保护、保存这些资源意义重大。因此，对自然野生板栗资源一定要在保护的前提下利用，尤其是在茅栗、锥栗等野生资源混交的地带，尽量不要改接，以保持其野生状态和原生环境，维持生态平衡。为了追求短期的经济效益而破坏宝贵的野生板栗资源和生态环境，将不利于板栗产业的可持续健康发展，其后果得不偿失。

四、板栗栽植

板栗树生根慢，又多定植在片麻岩砾质土壤，保水能力差。北方春季雨量少，气候干燥，新植板栗成活率低。要提高栽植成活率，必须采取相应的技术措施。

（1）苗木选择

苗木质量的好坏直接影响成活率的高低。选苗时，应选择直径为 1 cm 左右、主侧根系在 5 条以上、根长 20 cm 左右、枝条发育充实、无病虫害的 2 年生以上的健壮苗木。板栗枝条含水量低，最好从当地购苗，随起随栽。从外地购苗时，一定要加湿包装，严防运输中的苗木风干失水。另外，一定要考虑苗木的适应性和嫁接亲和性。北方山区栽植嫁接苗成活率较低，成活后生长势很弱。南方雨量充沛，嫁接苗比实生苗见效快、收益早。

（2）栽植形式与密度

板栗栽植形式有长方形、正方形、三角形和等高形等。栽植行向以南北向为好，但山坡地一般随坡向栽植。长方形栽植有利于田间作业，三角形栽植有利于密植增产但不便于管理。栽植密度依地力条件及品种特性而定，瘠薄山地、河滩沙地宜栽短枝型品种，栽植密度宜为 $675 \sim 990$ 株/hm^2；土质较好、水源充足的地块，栽植密度宜为 $525 \sim 675$ 株/hm^2，也可采用 2m×3m 和 2m×4m 的高密度栽植，以提高前期产量，利用轮替更新修剪技术，控制树冠的扩展速度，延长密植园的高产年限，随着郁闭程度的增加，有计划地进行间伐。

（3）栽植时期

板栗栽植可分春栽、秋栽和夏栽。春栽在北方栗产区以清明前后（4月上旬)为宜，南方一般在 1 月至 2 月中旬进行。秋栽的优点是定植后第 2 年春季根系活动早、成活率高。北方秋栽以 10 月下旬至 11 月上旬为好，此时叶片变黄失去光合作用，但根系仍在活动，由于土壤温度较高，土壤结冻前可形成少数的愈伤组织，有利于翌年的生长发育。北方秋季定植一定要埋土防寒，以避免抽条。夏栽一般多用于北方春季干旱、交通不便或水源较远的边远山区，早春利用营养钵育苗，7 月雨量充沛时移栽。夏栽成活率高、节省水分、无缓苗期，苗木生长快。

（4）栽植方法

我国南方雨量充沛，栽植后成活率高。北方干旱少雨，须采用相应的技术措施提高栽植成活率。

①春季侧根插瓶栽植。4 月上、中旬在"围山转"内按株距 2.5～3 m 挖长、宽、深各 1 m 的定植穴。苗木定植时先将废酒瓶（也可用易拉罐等）灌满水，将苗木 1 个侧根（粗约 0.3 cm）插入瓶内，苗木连同酒瓶一同埋入定植穴内，从 80～100 cm 处定干，浇足水，水渗下后将树盘修成直径 1 m、低于地面 10～15 cm、中间低四周高的漏斗形状，以便蓄积地表径流。1～2 周后补浇 2 次水，然后覆盖黑色地膜，防止水分蒸发和杂草丛生，同时提高土壤温度，促进生根，提高成活率。

②秋季无水栽植。雨季之前，在"围山转"内按 2.5～3 m 的株距挖好 1 m 见方的定植穴，每穴施入秸秆或杂草 10～20 kg，表土在下、底土在上，填至距地面 15 cm 处，覆盖长、宽各 1.2 m 的黑色地膜，地膜内均匀扎 15～20 个直径为 1～1.5 mm 的小孔，以便雨水和地表径流蓄积到穴内。据测定，在年降雨量为 300～650 mm 的情况下，秋后定植穴内的土壤相对水分可达到 76%～81%，如果秋季雨水多则土壤水分更大，完全可以满足苗木根系生长的需要。10 月中、下旬，揭掉地膜，挖长、宽、深各 40 cm 的定植穴，将选好的苗木栽入穴内夯实，并覆盖黑色地膜。结果表明，秋季进行无水栽植并覆盖地膜，除可防止水分蒸发外，10～20 cm 的土层温度还可提高 0.2～0.35℃，延迟土壤结冻时间 7～10 d。12 月中旬，在土壤结冻前除去地膜，将树干弯倒埋土防寒，埋土厚度为 20～30 cm。翌年春季扒开防寒土，扶直树干，从苗木 80～100 cm 处定干，并将树盘修成低于地面 10～15 cm、直径 1 m 的漏斗状，覆盖黑色地膜。

③沙地泥浆栽植法。沙地土质松软，通气性强，保水性能差。挖长、宽、深各 40 cm 的定植穴，表土填至穴内 2/3 处，每个定植穴内填入干黏土 15 kg；栽植时，每个定植穴内浇水 10 L，用铁锹把黏土和沙搅成泥浆，将板栗苗木插入泥内，过 6～8 h 待泥浆重力水全部渗下后，将树盘修成直径为 80～100 cm、低于地面 10～15 cm 的漏斗状，覆盖黑色地膜。如果栽后长时

间干旱无雨，可在树盘内浇2～3 L的水，水沿树干直接渗透到根系部位，可显著提高成活率。

（5）大苗移栽

由于板栗再生根比较困难，起苗时应尽量保持根系完整，主侧根系要有5～8条，长度不低于50 cm，根系附近要有一定数量的毛细根，以便加快栽植后的生根。移栽时，定植穴要大，8～12年生的植株，定植穴直径应不小于1.5 m。做到随起随栽，裸根时间不可过长。春季栽后浇足水，1～2周后再浇1次水，覆盖黑色地膜。秋季栽树，除定植时浇2次水外，结冻前一定要浇防冻水。春季解冻后，及时覆盖黑色地膜，以提高地温、防止水分蒸发。大苗移栽后，地下不能及时向树上供给养分，长出叶片后要及时进行叶面喷肥，用0.3％的尿素或0.25％的磷酸二氢钾每隔10 d喷施1次，连续喷施3～4次，成活率可达95％以上。

（6）栽后管理

新植板栗树展叶后，要进行叶面喷肥。前期以氮肥为主（0.3％的尿素），后期以氮、磷、钾复合肥为主，每隔10～15 d喷施1次，连续喷施3～4次；6月下旬在距树干30 cm处挖2个深12 cm的施肥坑，每株追施氮、磷、钾含量各15％的复合肥50 g。

（7）病虫害防治

有些板栗栽培地区春季虫害发生严重，尤其是大灰象甲和金龟子，往往在芽膨大期或展叶前为害，严重者叶被食光。早春可在新定植栗树下面种植菠菜，在金龟子出土期喷洒800～1 000倍的菊酯类农药，把害虫消灭在为害树叶（芽）前。2年生以上的栗园，行间种植紫花苜蓿，苜蓿比栗树发芽早，在苜蓿上喷药可收到显著的防治效果。在虫害发生严重的栗园，喷药后每平方米苜蓿地有死金龟子35～50只。此方法在金龟子、大灰象甲发生严重的栗园，防治效果可达到95％以上。连续防治2～3年，病虫害密度可降低到10％以下。

第三节　整形修剪

整形修剪实际上是一个调节树体生长平衡的过程。板栗属喜光性树种，壮枝结果。然而，树体自然生长时，枝条生长点多，壮枝不壮、中庸偏弱枝多，达不到阴阳平衡，造成产量低或隔年结果的现象。我们按阴阳理论，规定树上为阳、树下为阴，冠外为阳、冠内为阴，壮枝为阳、细弱枝为阴，壮芽为阳、弱芽（瘪芽）为阴，结果枝为阳、营养枝为阴，通过整形修剪，使阴阳互为转换，达到养分供给平衡，实现高产高效。

传统的板栗树修剪，是利用钩镰和斧头进行修枝和川树，将弱枝全部疏除以使养分集中于壮枝，以利于壮枝结果。连年反复，造成壮枝（阳）更壮、光秃带加大、养分运输消耗加强，产量依然低下。用辩证理论分析，即是过壮为弱。目前板栗修剪已从冬季1次修剪发展到一年四季修剪。其方式也从川树、清膛修剪发展到运用短截、拉枝、刻芽、抹芽等综合技术。

一、传统的板栗树修剪

过去由于对板栗树的生长结果习性缺乏深入细致的研究，所以没有按照板栗的生长结果习性进行科学的修剪。板栗树的修剪先后经历了打枝、川树、清膛修剪、实膛修剪、精细修剪和轮替更新控冠修剪的过程。

（1）打枝

古籍中记载板栗修剪的文献很少，早期栽培的板栗多数是在自然状态下生长的，产量很低。在实践中人们发现，板栗多在壮枝上结果。但既没有壮枝如何产生的理论依据，亦没有培养壮枝的方法。在打栗苞的过程中偶尔把枝条折断，由于养分集中，第2年出现壮枝结果。在实践中发现，折断的外围枝越多，新抽生的枝条就越壮，则结果越多、果粒大而整齐，从而产生了生成壮枝的方法，这一方法被称为打枝。新中国成立前后，在河北太行山板栗产区，实施了多年打枝栽培技术。

（2）川树

新中国成立后土地归集体所有，栗树的所有权归生产队，当时板栗作为我国为数不多的出口农副产品，价格相当于粮食的3～5倍。燕山板栗产区的迁西、迁安、遵化等地，对板栗的管理非常重视，每个生产队都有果树专业队，技术人员达到几十人。当时板栗管理的主要工具就是钩镰和斧头。在3～5 m的长杆上安装钩镰，用于疏除弱枝，以集中养分培育壮枝。斧头主要用于疏除病虫枝和多余枝，使树体透光。利用钩镰和斧头对栗树进行的这种修剪被称为川树。通过川树，板栗的果品质量和产量较以前有了较大的提高。

（3）清膛修剪

清膛修剪方法是在川树的基础上发展而来的。川树起到了改善树体状况、提高栗果产量和质量的作用。为了实现板栗产量的最大化，人们开始进一步研究板栗连年结果的技术。人们从生产实践中总结出了板栗壮枝结果的规律，因此在修剪时减少结果母枝数量，每平方米仅保留8～10个结果母枝，疏除全部的细弱枝，修剪质量也有了较大的改善。由于养分全部集中到少数的枝条，抽生的新梢基本能够形成雌花。当时衡量1个品种的产量状况，一般看母枝的连续结果能力，有的由于连年前追，单轴枝组长达5～7年，其基部粗度在3～5 cm，长度达到2～3 m，顶端却只有2～3个结果枝，产量很难再继续提高，这是养分运输途径过长，消耗过大所致。因此，该修剪方法只持续了很短时间。

（4）实膛修剪

实膛修剪方法仍以疏间为主，一般不采用短截，是在清膛粗放修剪的基础上改进的方法，其初衷是通过疏间拉开骨干枝间距，以创造良好的骨架结构，通过母枝疏枝来平衡树势和稳定产量。实膛修剪时利用"娃枝"充实内膛结果，利用"接班枝"进行控冠，防止结果部位外移。此方法在板栗产区盛行了很长的时间，然而，在实践中仍有很多问题没有解决，例如"拉开骨干枝的间距"，没有提出具体的距离，"利用'娃枝'"没有提出控制"娃枝"高度的具体方法，修剪后的树体基本没有树形，完全处于自然半圆形结构的状态，单位面积产量与其他方法大致相同。

（5）轮替更新控冠修剪

轮替更新控冠修剪方法是在总结前人多年修剪经验的基础上，根据阴阳平衡理论，总结出来的新型修剪技术体系。它根据板栗生长结果规律，提出了阴阳平衡的修剪理论。所谓阴阳平衡，就是培养开心形树体结构，短截1/3的壮枝（阳枝）成为瘪芽（阴枝）；利用2/3的中庸枝（阳枝）结果；翌年，利用上年短截瘪芽抽生的壮枝（阳枝）结果，回缩1/3上年结果的阳枝，使其再度成为隐芽（阴枝）。在树冠上下左右的不同部位轮替应用此法，控制树冠的扩展速度和树体的高度。

二、现代的板栗树修剪

（1）幼旺树的修剪

嫁接1～2年的幼树生长旺盛，燕尾枝、三叉枝较多，对于粗度在0.7 cm以上、长度在40 cm以上的母枝，从母枝基部的2～4 cm处短截，利用1个母枝结果，将短截后的瘪芽抽生的枝条作为预备枝下年结果，回缩上年结果枝组，再度培养预备枝；三叉枝根据枝条生长方位和树体空间短截1个壮枝，利用2个中庸枝结果，下年回缩其中的1个枝组，培养预备枝，这样就培育出了1、2、3年的结果枝组。第3年，再回缩3年生的枝组。每3年轮替更新1次，树冠的扩展速度减缓2/3。

（2）结果树的修剪

要使多年生结果大树持续高产稳产，首先要调节树上与树下、树冠结果枝（阳）与预备枝（阴）、壮枝（阳）与弱枝（阴）的关系。而按照板栗的结果习性，如果树冠扩展的速度过快，则养分在树干运输中的消耗加大，很难保持产量稳定。要实现结果大树持续高产，首先要打开层间距。分层形树体结构1、2层的层间距应在1.5 m左右，使层间有足够的光照条件，利用"娃枝"结果。层间培育枝组的方法是疏除主侧枝先端过多的生长点，促中、下部隐芽萌发"娃枝"。根据"娃枝"的着生部位和生长状况，8月中旬进行成花处理，每隔30～40 cm保留1个较粗壮的中庸枝，其余疏除；如果"娃枝"较长、枝条较细，从枝条3/4饱满芽处短截，控制枝组的高度。对于结果母枝的修剪，要截壮、疏弱、留中庸。截壮是为了培养预备枝，为下年降低枝组的高度打下基础；疏弱是为了集中养分，保证枝条的高产稳产，增加单位结果面积和产量。如果层间结果枝较壮，尾枝过长，8月中旬从蓬苞以上第4芽处短截，可起到良好的控冠抑高作用。其次是控制树冠的扩展速度，外围保留适当的结果枝和预备枝，使树冠内外的养分相对平衡，即回缩（基部保留2～3个芽眼）1/4的2年生结果枝组，将瘪芽抽生枝条作为预备枝，利用3/4的枝组结果，翌年再回缩1/4的上年结果枝组，培养预备枝，如此循环往复，控制树冠的扩展速度，保持紧凑的树形结构和良好的通风透光条件。结果大树的外围树冠，母枝留量一般为8～10个/m^2，层间枝组为4～6个/m^2。

（3）放任树的修剪

放任树是指未修剪过的自然生长树，这种树外围枝条密挤，骨干枝轮生、重叠、交叉，内膛光秃带大，结构极不合理，结果能力很弱。对这种树首先要疏间过密的大型骨干枝，拉开各主枝之间的距离，使内膛通风透光。在此基础上疏除过密的细弱枝，对3～4年生的细弱枝组要重回缩，促使其重新抽生新梢，要少留树冠外围的生长点，促进主侧枝中、下部抽生枝条。

（4）衰弱树的更新修剪

对于衰弱树，应根据立地条件和树龄进行更新修剪。过去对衰弱树的更新基本上是从十几年到几十年的主侧枝处锯掉，这使树体的地上部与地下部严重失衡，树上由于养分过于充足，更新当年枝条的生长量在2～3 m。第2年，树下的毛细根大量死亡，致使树体很快转弱。因此，衰弱树的更新修剪要适地适树而定，一般情况下，更新到3～5年生主侧枝处。更新的标准是：更新后的枝条有30%～40%能够结果或枝条长度在30～40 cm。枝条生长过长说明更新太重，枝条生长过短或没有抽生新梢则说明更新太轻。弱树更新一定要在有肥水保证的基础上进行，单靠修剪只能起到使树暂时转旺的临时作用，收不到壮树增收的效果。

（5）郁闭园修剪

郁闭栗园树冠的四周基本没有产量，只有树冠顶端着光部位有少量的蓬苞。这种栗园首先要进行间伐，根据栗园栽植的行向和密度，进行隔株或隔行间伐。保留下来的植株要进行着光和成花处理，即疏除多余密挤主干枝，回缩主侧枝的细弱枝和过高枝组，疏除密挤枝，树冠周围的较弱枝组回缩到2～3年生部位，促进主侧枝背上的隐芽萌发枝条。

郁闭园修剪后的夏季修剪：大型枝组、重叠枝、密挤枝重回缩及短截后，剪口易抽生大量新梢，需及时对新梢进行有目的的培养。疏除丛状枝、密挤枝、背下枝、侧生枝，每隔20～30 cm保留1个背上壮枝，保证新抽生的枝条有良好的光照条件。新生壮枝较长时，8月中、下旬从3/4饱满芽处短截，以控制枝组的高度和树冠的扩展速度。中庸侧枝条生长量小，在不影响光照条件下可任其生长。

三、板栗幼树培育技术

(1)1年生树的修剪

接穗成活后，新梢长至30～40 cm时进行摘心，同时摘掉顶端的2个叶片。结果后嫁接的新梢，成活后出现雄花，在雄花以上4片叶处摘心，同时摘除顶端的2个叶片。

表6-1　板栗摘心去叶效果

处　理	处理枝量/个	总发枝量/个	新梢母枝/个	新梢长度/cm	成花枝数/个	成花/%
摘心去叶	50	226	5.12	57	81	0.00
摘心不去叶	50	96	1.92	76	0	0
对照(不摘心)	50	59	1.18	126	41	67.00
8月中旬饱满芽短截	50	0	0			85.00

摘心后的新梢停长较晚，枝条内有机养分的积累不足，难以形成饱满的混合芽。8月中、下旬，在枝条3/4饱满芽处进行短截，此时华北地区天气转凉，昼夜温差大，摘心后芽体不再萌发，叶片积累的有机物质多，顶芽饱满，翌年85%以上的枝条能形成雌花。

(2)2年生幼树的修剪

春季修剪：板栗发芽后，抹掉枝条基部的瘪芽，保留顶端的2～3个饱满芽，将养分集中到饱满芽上以利形成雌花。对于角度较小的枝条，进行撑枝或拉枝(角度在60°～70°)，使整个树冠有充足的光照条件。夏季修剪：对剪口部位萌发的新梢进行处理，有生长空间的枝条保留，将密集多余的枝条全部疏除。秋季修剪：板栗幼树生长旺盛，结果后尾枝较长，8月中、下旬(南方板栗产区在 8 月下旬），在结果部位以上 4～6 叶处进行短截，以减缓树冠的扩展速度，促进成花。冬季修剪：2 年生幼树结果枝较壮，燕尾枝、三叉枝多；壮旺燕尾枝从枝条基部 2 cm 处短截，利用瘪芽培养预备枝；三叉枝短截1 个最壮枝来培养预备枝，利用中庸枝结果；疏除过密枝组，打开层间距，培养高效的树形结构。

（3）3 年生幼树的修剪

分生长季修剪和冬季修剪。生长季修剪：3 年生树已进入结果期，结果枝量多，枝条转向中庸，三叉枝、四指枝、五掌枝增多，按幼旺树的方法修剪即可。发芽期根据结果母枝的状况适当抹除弱芽，将养分集中到壮枝上以促进结果。冬季修剪：疏除层间的多余枝组，使树体内外有良好的光照条件，回缩 2 年生枝组培养预备枝，为抑高控冠奠定基础。3～4 年生幼树每平方米投影面积的母枝留量在 12～14 个，以缓和树体的旺盛生长。

四、整形

过去人们过于强调树形结构，把树形视为决定产量的主要因素，因此在板栗栽培中首先培养树干、确定树形，再培养结果枝组。这种管理方法的结果是内膛光秃、外围结果，单位面积产量低。华北产区多是实生建园，定植后 2～3 进行嫁接，由于砧木根系大，成活后的新梢生长旺盛，当年生枝条长度在 1.5 m 以上，短截后抽生的新梢长度仍在 1 m 以上，连年如此，造成树体高、光秃带大，结果晚、产量低。此外，有些地方嫁接后不修剪，放任生长，留枝量过多，养分分散，这也是板栗幼树早期低产的主要原因。南方由于春季雨量充沛，气温高，直接定植嫁接苗易于成活，由于根系生长与树上养分平衡，新抽生的枝条生长中庸，可收到早结果、早丰产的效果。

现在认为，只要连年丰产，便于管理、便于采收、便于修剪的树形即是好树形。高产树形一般通风透光条件要好，可实现立体结果。根据板栗的生长结果习性，多采用自然开心形、小冠疏层形、疏散分层形、多主枝开心形等树形。

（1）自然开心形（图 6-1）

树形特点：树冠开展、紧凑，内膛通风透光良好，成形早、结果早、早丰产，树形培育技术简单，便于掌握和操作，适宜于各种立地条件和密植园。但结果部位少，不便于早期间作。该树形没有中央领导干，可培育成形，也可由自然半圆形树形改造而成。主干高度在 35～80 cm，干高随立地条件和栽培习惯而定。在主干上选留长势均衡、角度开张、错落有致的 3～4 个主枝，各主枝间距在 25～30 cm，开张基角约为 55°。各主枝上选留 2～3 个侧枝，间距在 50～70 cm，且左右错落排列，侧枝的开张角度稍大于主枝。冠高控制在 2.5～3 m。

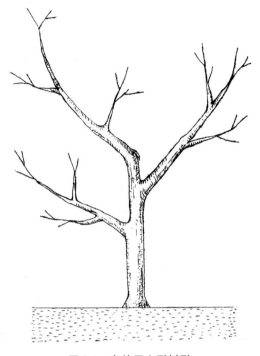

图 6-1　自然开心形树形

整形技术要点：

定干：板栗直播苗嫁接后或嫁接苗定植后，在距地面 35～80 cm 处剪截或摘心，即定干。剪口下留 5～7 个饱满芽，定干后促使萌发 3～5 个健壮枝条以利于整形。

留主枝：定干当年从萌发出的 3～5 个健壮枝条中选 3～4 个主枝进行培养，如果因层间距过小或方位错落不均衡而选不出 3 个合适的主枝时，可以在最强的直立新梢上再摘心，从抽生的新枝中再选择。8～9 月对枝条进行开角，基角为 50°～60°。

选配侧枝：主枝选定后的第 2 年，从主枝的健壮分枝上选留、搭配合理的侧枝。

安排结果枝组：在主侧枝上配备临时性和永久性的结果枝组。要求骨架结构牢固，合理利用空间，做到"大枝亮堂堂，小枝闹嚷嚷"，内外透光，立体结果。对 2～5 年生的幼树，要加强夏季摘心，增加枝叶量，扩大光合面积，一般 3～5 年就可形成树冠。

另外，整形时除骨干枝上的延长枝外，都要以轻剪为主，少疏多留，以利于幼树早成形、早结果、早丰产。

（2）小冠疏层形（图 6-2）

小冠疏层形是在大冠主干疏层形的基础上简化而成的，适于中密度栽植建园。与主干疏层形相比，其不同之处有：一是树冠小，干高 40～50 cm，树高 2.5～3.5 m，冠径为 3 m，树冠成半圆形。二是主枝的数量虽然也为 5 个，但主枝的长度缩短，粗度减小，层间距也相应缩小。第 1 层主枝数量为 3 个，均匀分布，层内间距在 15 cm 左右，主枝基角在 60°～70°；第 2 层有 2 个主枝，层间距为 15 cm，主枝基角略小于第 1 层，第 1 层与第 2 层之间的距离保持在 80 cm 左右。第 1 层每个主枝选留 2 个侧枝，侧枝间距在 50～60 cm，第 2 层每个主枝选留 1～2 个侧枝。小冠疏层形树形的成形需 4～5 年完成。

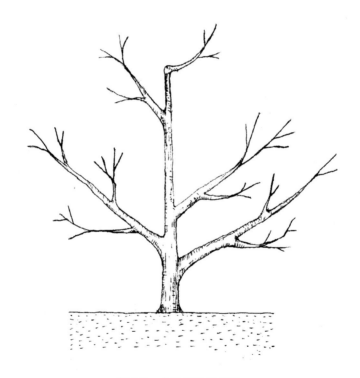

图 6-2 小冠疏层形树形

整形技术要点：

第 1 年在生长季定干，定干高度为 60～70 cm，在剪口下选 1 个直立的新梢作中央领导干。选择 3 个伸展方向好的新梢作为第 1 层主枝，对主枝进行拉枝开角；当主枝长至 70 cm 以上时，在 70 cm 处短截，促发第 1 侧枝。如第 1 年培养的不足 3 个主枝，可于第 2 年在剪截后的中央领导干延长枝上继续培养。对主侧枝以外的新梢，长至 30 cm 以上时短截摘心，促发分枝，使其尽早结果。

第 2 年，在距第 3 个主枝上部 80～100 cm 处对中央领导干短截，促生分枝，用于选择第 2 层主枝；对第 1 层主枝在距主干 60～70 cm 处短截，培养第 1 侧枝；主枝继续延长，在距第 1 侧枝 50～60 cm 处的另一侧，选留第 2 侧枝。以此培养第 2、第 3 主枝的侧枝。当侧枝长至 50 cm 时进行撑角，同时摘心促发分枝，用于培养结果枝组。冬季对中央领导干进行中、短截。

第 3 年，继续选留 1 个直立生长的新梢作中央领导干。选留 2 个方向较好的新梢，作为第 2 层主枝。若达不到选留要求，通过刻芽或对中央领导干摘心促生新梢，继续选留第 2 层主枝。冬季对长至 60 cm 以上的第 2 层主枝进行短截，促生侧枝。疏除或回缩生长在主枝和中央领导干上的辅养枝。

第 4、第 5 年，如果主侧枝已配置完备，要对中央领导干进行落头开心。对主枝的延长头短截或回缩，保持主枝长度的稳定。调整侧枝上的结果枝组，采用交替回缩和短截的方法，在保证结果的同时，避免侧枝生长过高而影响主枝间和层间的光照。对生长在中央领导干、主枝、侧枝上的临时结果枝组作适度回缩或疏除，以不影响上下光照为准。

(3)疏散分层形(图 6-3)

疏散分层形又叫主干疏散形，适于土层深厚、土质肥沃的稀植大树。干高一般为 50～70 cm。全树有 5～6 个主枝，分 2～3 层。第 1 层的 3 个主枝邻接或邻近，相距 20～40 cm，在 1～2 年内选定；主枝基角为 60°～70°。第 2 层有 1～2 个主枝，插第 1 层主枝的空当。第 3 层有 1 个主枝。第 1 层主枝(第 3 主枝)距第 2 层主枝(第 4 主枝)的层间距为 120～150 cm，第 2 层距第 3 层 60～70 cm。基部 3 个主枝各配备侧枝 2～3 个，第 1 侧枝距主枝基部 60～70 cm，第 2 侧枝距第 1 侧枝 50 cm，着生在第 1 侧枝对面，上层主枝可配备 1 个侧枝或不配备侧枝。树高控制在 4～5 m，冠径控制在 5～6 m。

整形技术要点：

疏散分层形从定干开始，大约需 5～6 年完成。定干，指培养低矮主干，即在苗木定植时或定植后萌芽前，在离地面 80～100 cm 处短截，让其在剪口下整形带内萌发新梢。这一步也可在苗圃地进行。

培养中央领导干并选留主枝。定干后，翌年春剪口芽萌发成直立向上的枝条，剪口下也萌发出许多枝条，选 1 个直立生长的强旺新梢作为中央领导干。冬季修剪时，选健壮、方向不同、相距 20～40 cm(层内距)的 3 个分枝作三大主枝，从 80 cm 处短截，并对主枝进行拉枝开角。对中央领导干在分枝上部 80～100 cm 处短截，其余枝条去弱留强，注意避免重叠。

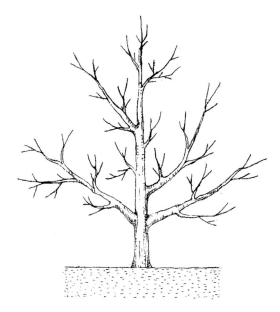

图 6-3　疏散分层形树形

　　第 2 年，对各级主枝剪口芽下萌发的枝条，分别选 1～3 个健壮枝作侧枝培养。当侧枝长至 50 cm 时，摘心促生二次枝，作为二级侧枝培养。当二级侧枝长至 30～40 cm 时，对强旺的新梢继续摘心，培养三级侧枝，对其余二级侧枝在饱满芽处轻短截，促其早结果，作为临时性结果枝组。同层侧枝要避免发生交叉。同时，一级、二级侧枝的间距要保持在 40 cm 左右，二级、三级侧枝的间距要在100 cm 左右，并注意侧枝的走向要始终与主枝延长头保持一致。在中央领导干上部选留 2 个新枝作为第 2 层主枝。冬剪时，适度回缩主枝，调整各级侧枝的数量和伸展方向，避免交叉、重叠，对延伸过快的要进行回缩；对临时性结果枝组，视其有无伸展空间保留、回缩或疏除。短截第 2 层主枝，来年促生分枝。

　　第 3 年，选择直立生长的新梢作为中央领导枝，当长至 80～100 cm 时，短截促生第 3 层主枝；对第 2 层主枝短截，培养 1～2 个侧枝；当侧枝长至 30～40 cm 时，摘心培养结果枝组。冬季修剪时，适度回缩第 1、第 2 层主枝，交替回缩和短截第 1 层主枝上的结果枝组。对主干上萌生的其他枝，有伸展空间的短截作为辅养枝，无伸展空间的一律疏除。

　　第 4～6 年，在主干上选留 1 个枝作为第 3 层主枝，对第 3 层主枝进行短截，促生侧枝；对部分侧枝进行短截，部分保留，交替更新，作为结果枝组培养。至此，疏散分层形的骨架结构基本形成，在以后的整形修剪过程中，

144

要处理好各类枝条的从属关系，保持骨干枝的生长优势，注意对辅养枝及其他枝条的选留，充分利用空间，增加分枝的数量，扩大有效的结果面积。

（4）多主枝开心形（图6-4）

多主枝开心形树形适合较高密度及计划密植条件下的临时株，早期产量高，后期易回缩更新和控冠。该树形无中心干、不分层。多主枝开心形有主枝3～5个，在主枝上选留侧枝。

图6-4　多主枝开心形树形

整形技术要点：

栽植后定干60 cm左右，抽枝后，从中选留3～5个位置适宜的枝作主枝，通过修剪和拉枝的方法使主枝角度开张到70°以上，待主枝长到1 m以上时，适当进行轻短截，促使剪口下分生小枝，培养成结果枝组。在主枝的背上斜和背下斜插空配备1～2个中型结果枝组，以利于长久结果。这种树形的特点是全树无主干、树冠低矮、便于密植，适于在土壤干旱瘠薄、风速较大的地方采用。

五、密植栗园的控冠修剪

要实现密植板栗早果丰产和持续高产，必须掌握3项关键技术：一是保证前期有足够的枝条数量，为早期高产打下基础；二是保证枝条养分均匀分配，促生中庸枝，为早期高产奠定基础；三是保证树形结构紧凑，控制树冠外展。20世纪90年代发展的株行距为2m×3m的密植园，没有相应配套的密植管理技术，幼树前期生长量大、结果晚，密植园刚刚结果就出现郁闭，产量不升反降。有的栗园在没有达到最高产量时就已出现郁闭现象，给生产带来了极大的损失。要维持密植园的持续丰产稳产，必须注重采取以下的技术措施：

（1）间伐

根据栗园的栽植密度和郁闭程度决定是否间伐。间伐的时间以春秋季为好，对于株行距为2m×3m、郁闭度达到95%以上的栗园，视栽植行向进行隔行或隔株间伐，间伐后的密度为4m×3m。

（2）促花

①疏除过密枝、交叉枝、重叠枝，打开内膛光照。对主侧枝背上的2~3年生过高枝组，从基部2~3 cm处进行回缩，疏除细弱枝，对外围细弱主侧枝头从3~4年生处回缩，促生壮枝。郁闭度较轻的栗园，可以进行更新控冠处理，重点是回缩外围枝组，压缩过高过密的结果枝（组），疏除多余的细弱枝，打开栗园行间、株间和树冠内膛，增加光照，培养壮枝。

②促壮枝。大型枝组、重叠枝、密挤枝经重回缩、疏除以及短截后，剪口会抽生出大量的新梢，有目的地培养这些新梢作为更新枝，疏除丛状枝、密集枝、背下枝、侧生枝，保证新抽生的枝条有良好的光照从而形成饱满的混合芽。

③促成花。8月中、下旬，对较长新梢在枝条3/4饱满芽处进行短截，降低枝组高度，促进养分积累。

（3）控冠

密植栗园持续高产的关键是保证园内通风透光，减缓树冠的扩展速度，延迟郁闭年限。除利用轮替更新的控冠修剪技术外，应抓好以下几点：

①施肥控冠。板栗的结果枝不需要太长，尤其是密植栗园，更需要结果枝短而粗，芽体饱满。因此，在施肥时，尽量不施或少施氮肥，以有机肥或磷、钾肥为主。每公顷施用有机肥45~75 t或磷酸二铵450~600 kg，使枝条壮而不旺、短而不弱，缓慢扩冠。

②节水控冠。结果板栗大树，新梢生长时间很短，燕山产区从4月中旬发芽到6月中旬停止生长，仅仅为2个月时间。该阶段新梢生长快、枝条长、树冠扩展快。春季不是特别干旱的情况下应尽量少浇水，避免结果枝过长。

③利用短枝品种。短枝品种比常规品种的枝条生长量小，树冠扩展慢。利用短枝品种建园，再辅以轮替更新控冠修剪技术，可大大延缓栗园的郁闭年限。目前北方应用较多的短枝品种有燕山短枝、沂蒙短枝、莱州短枝等。

第四节　土肥水综合管理

板栗侧根发达，大树没有明显的垂直根。从垂直分布看，板栗根系主要分布在 20～80 cm 的土层内，约占根系总重的 98% 以上，其中 40～60 cm 处的根最多，约占其总重的 77.28%～80.51%，而细根的垂直分布多集中在土质较好的 20～40 cm 的土层内(表 6-2)。

表 6-2　板栗根系垂直分布

树龄 /年	土层 /cm	占根重 /%	≤0.5mm /%	树龄 /年	土层 /cm	占根重 /%	≤0.5mm /%
50	0～20	3.69	15.29	25	0～20	6.22	12.10
	21～40	24.21	34.28		21～40	48.01	40.21
	41～60	56.30	31.91		41～60	29.27	29.69
	61～80	14.51	15.50		61～80	15.24	14.09
	81～100	1.15	1.95		81～100	0.88	12.91
	101～120	0.14	1.07		101～120	0	0

一、土壤管理

板栗大多栽植在半风化的片麻岩山地、砂石山地、丘陵或河滩沙地，立地条件差，土壤瘠薄，有机质含量低、理化性状不良；园区缺乏应有的水土保持工程，有的甚至根系裸露，树体长期处于缺失肥水的饥渴状态，树势衰弱、结实少、产量低。为此要从地下抓起，改良土壤、培肥地力、修建水土保持工程，以充分利用山地资源，建立可持续发展的良性土壤管理机制。

1. 改土扩穴

（1）深翻

退耕还林的平地栗园，进行畜力或机械深翻改土，翻土深度在 20～30 cm。深翻改土可以改善土壤的物理结构和化学性能，提高板栗的抗逆性。

山区地形复杂，不便于进行畜力或机械深翻改土，可进行树下局部深翻（刨树盘），即在垂直树冠的范围深翻树下土壤。北方春翻宜早，以促进根系活动，翻土深度在 10～15 cm；秋季改土在 8 月中、下旬进行，翻土深度在 20～30 cm。翻土应与施用有机肥和压绿肥相结合，有利于同时培肥地力。翻树盘内里浅外深，以免伤及粗根。

（2）扩穴

片麻岩山区，土质坚实、结构不良，种植板栗时如果定植穴小，生长多年后根系仍局限于定植穴内，"花盆效应"非常明显，树体生长缓慢，容易形成"小老树"。实行扩穴后可使根系扩展，弱树转强（表6-3至表6-5）。

表6-3 闷炮扩穴的松土效果

炮孔深/m	1.0	1.0	1.0
药量/g	0.1	0.2	0.25
松土面积/m²	2.62	3.66	4.57
松土深度/m	1.0	1.2	1.2

表6-4 扩穴对土壤物理性状的改良

类别	土壤孔隙度/%	渗水速度/%	土壤含水量/%		
			0～20 cm	20～40 cm	40～80 cm
扩穴	7.16	14.76	7.33	9.19	11.22
对照	4.38	4.38	4.38	4.38	4.38

表6-5 扩穴对根系伸展的效果

类别	根系伸展/cm²	根系重量/kg
扩穴	54.48	29.69
对照	22.32	10.33

人工扩穴：从定植穴左右壁开始，挖深80 cm、宽50～60 cm的沟，由里向外逐渐外扩。对0.5 cm以上的根应尽量保留。用翻出的石块补修梯壁或垒成堰，沟内尽量填入腐殖土和地表熟土。深翻扩穴可隔年分期分批进行，随树体增大，直到全园深翻完毕为止。秋季深翻时如果土壤干燥，翻后应灌水，以使土壤和根系紧密接合。无灌水条件的山地栗园，则应在雨季翻土，既改善了土壤结构，又起到了蓄水保墒的效果。

闷炮扩穴：对于山地半风化片麻岩母质的栗园，可采取机械打孔、闷炮扩穴的方法。用功率1.2 kW、钻杆长1.2 m、钻头直径10 cm的电钻，在垂直于树冠的地面打孔，根据树体的大小，每隔3 m打1个孔。密植栗园可在株间打孔，将孔内的松土掏净，使爆破孔达到1 m以上。河北昌黎果树研究所在迁西县2万 hm²的板栗园进行大面积闷炮扩穴，结果表明，扩穴后的活土层深度增加0.9 m，松土直径为1.2 m，土壤含水量增加5.6%，11年生板栗树 1.5 m 处的根数达到 79 条，较对照增加了 137％。

（3）松土除草

松土除草的作用是切断土壤中的毛细管，减少土壤水分的蒸发，防止杂草与栗树争夺水分和养分。江苏、浙江、安徽板栗产区的栗园以野生板栗嫁接建园，将此项工作视为土壤管理的一项重要措施，每年进行 2～3 次。成龄树全园松土锄草，幼树在树干周围 1～2 m 的范围内进行。这种清耕方式由于使地面裸露从而极易造成新的水土流失，在国外已经被生草栽培所代替。我国部分栗产区正在逐步改变这种清耕模式，把树下杂草收割覆盖于树下，以增加土壤中有机质的含量，涵养水源，减少地表径流。

2.生草培肥地力

生草栽培具有覆盖地表、防止水土冲刷和风蚀的作用，同时把收割后的生草留在田间增加了土壤的有机质、改善了土壤的物理结构和化学性能，兼具防止水土流失和提高地力的作用。在欧美发达国家生草栽培已经作为主要的土壤管理措施而被广泛应用。生草栽培也存在和栗树争肥的缺点：在 6～7 月的干旱季节，生草会加剧栗园的干旱状况。栗树生长需肥高峰期，也是生草耗肥盛期，有时会造成栗树养分匮乏。在土层薄、水量少、气候干旱的北方进行生草栽培，最初几年要通过增施肥水供应来解决草树互争肥水的矛盾。几年后，通过刈割翻压，增加土壤有机质的含量，并逐步代替有机肥。生草栽培是充分利用当地的自然资源，生产无公害产品的有效途径，也是解决山地栗园交通不便、运肥困难等问题的捷径。在我国，栗园生草适用于土壤水分条件较好或降雨较多的地方。生草的种类应选用符合当地自然环境条件、适应性强、抗旱耐瘠薄、干物质产量高、养分消耗少的品种，如紫花苜蓿等。

（1）平原沙地生草

平原沙地可在栗园行间种植紫花苜蓿。苜蓿为多年生豆科植物，根系发达，抗旱耐寒，适应性强，产草量高。播种时期为春季和夏季，雨季播种量为 11.25 kg/hm²，春季干旱期播种量为 15.0 kg/hm²，播种后覆土2～2.5 cm。苜蓿苗期生长缓慢，苗木出土后要及时中耕除草。每年收割 2～3次，以开花 30％～50％时收割最好，此时枝叶量大，枝叶营养丰富，既可地面覆盖，又可压施于树下培肥地力，也是牲畜的好饲料。

通过观察，栗园播种苜蓿有许多优点：首先是培肥地力。刈割苜蓿 2～3年，土壤的有机质含量提高 0.15％～0.26％。其次可引诱防治金龟子、大灰象甲。即利用金龟子、大灰象甲出土后在地面取食的特点，在金龟子出土期向苜蓿上喷洒菊酯类农药，把金龟子消灭在为害栗树叶芽之前。在栗园内间作绿肥植物，应注意秋季大绿浮尘子的为害。多数栗园只注意春季防治金龟子而忽略秋季防治大绿浮尘子，会造成新栽幼树死亡，结果树母枝大量干枯。

秋季浮尘子产卵前，在苜蓿和板栗枝叶上喷布 2 次 5％吡虫啉乳油 2 000～3 000倍液，防治效果可达 95％。

(2)山地栗园生草

我国北方水土流失严重的山地栗园，在"围山转"坡埂种植紫穗槐、草木樨等宿根草类和灌木，既可防止水土流失，又可作为绿肥。

紫穗槐为多年生落叶灌木，根系发达，抗旱耐瘠薄，根部有大量的根瘤，自身有固氮和改良土壤的作用。春季栽植紫穗槐，当年苗高可达到 80 cm，第 2 年夏季即可收割压肥。需要注意的是，无论是"围山转"坡埂还是栗园边缘的紫穗槐，每年必须收割 2～3 次，以控制其自由发展，否则会影响板栗树的生长。草木樨也是豆科植物，抗旱、抗寒、耐瘠薄，根系发达，生长快，覆盖率大，适应性强。枝、茎、叶收割后均可覆盖树盘或压施于树下。

3. 防止水土流失

以"围山转"、鱼鳞坑形式栽植的栗园，要经常修筑坡埂和围堰，防止雨季水土流失。坡度较缓的栗园按缓坡的水平方向每隔 40～50 cm 折起 1 道 20～30 cm 高的拦水埂，蓄积土壤水分，增加树体根系的吸收面积。

坡度较大且未实施防水保土工程的"围山转"、鱼鳞坑栗园，应经常维护其防水土流失结构。有条件的地方一定要修建永久性的防水排涝工程。随着雨季地表径流的冲刷，土壤会逐渐蓄积在坑穴内，因此每年都要检查水土保持工程的防护情况。

二、施肥

板栗多栽植在土壤瘠薄的丘陵、山地和河滩沙地，施肥对增加产量和提高果实质量的效果明显。要使板栗连年丰产稳产，特别是在集约化经营、管理水平较高、栗树负载量较大的栗园，需加强肥水管理，尤其是有机肥的施用。试验证明，施肥的栗树比对照增产 23.5％，变产幅度由 23.45％下降到 6.08％，多年连续施肥的栗树比不施肥的增产 1～2 倍。

1. 板栗的需肥规律及施肥种类

板栗在生长发育周期中需要多种营养元素，其中氮、磷、钾 3 种元素是主要元素，其次是钙、硼、锰、锌。

(1)氮肥

氮元素是板栗生长结果的重要营养成分，枝条、叶片、根系、雄花和果实中的氮元素含量分别为 0.6％、2.3％、0.6％、2.16％和 0.6％。氮肥对栗树营养生长作用明显，氮元素充足时枝条生长量大，叶片肥厚、浓绿；缺氮时光合作用受阻，新梢生长减弱，叶片小而薄、色泽浅淡，树体衰弱，栗果小，产量低，果品质量差。氮元素的吸收从早春根系活动开始，随着发芽、展叶、开花、果实膨大，吸收量逐渐增加，一直持续到果实采收，然后下降，到休眠期停止吸收。因此，春季适量施氮，可促进树体和果实的生长发育。氮肥过量也会引起枝条旺长、成熟度低，影响翌年的产量，同时引发栗园过早郁闭，缩短密植栗园的高产稳产年限。生产中判断树体氮元素的多少，一是看叶片的大小、厚薄和颜色的深浅；二是看尾枝的长短，一般尾枝含 3~6 个饱满芽说明施氮适中，尾枝过长则说明氮肥过量。

（2）磷肥

正常板栗的枝、叶、根、花和果实中的磷元素的含量分别约为 0.2%、0.5%、0.4%、0.51% 和 0.5%。尽管磷元素含量比氮元素少，但磷在板栗的生命周期中却起着重要的作用。缺磷时碳素的同化作用受到抑制，延迟展叶、开花，叶片小而脆，花芽分化不良，树体的抗逆性降低。在缺磷的栗园施用速效磷肥，增产效果明显。

（3）钾肥

钾元素虽然不是植物体的组成部分，但在植物体内的代谢过程中不可缺少。钾能促进叶片的同化作用，还可促进氮的吸收，适量的钾可促进细胞的分裂和增大，促进枝条的加粗生长和机械组织的形成。钾肥不足时枝条细弱，老叶边缘有焦边现象，坚果的产量和质量明显降低。

（4）有机肥

施用有机肥是生产无公害果品的基础。板栗作为我国出口创汇的拳头产品，增加有机肥的施用显得尤为必要。目前生产上常用的有机肥有圈肥（猪、羊畜、禽粪便）、人粪尿、堆肥、绿肥以及饼肥等。这些肥料含丰富的有机质，肥效长，效果显著。长期施用有机肥时，不仅可以提高地力，还可以改善土壤结构，尤其适于山岭薄地和贫瘠的河滩沙地。使用各种养殖场的有机肥时，一定要先进行发酵或无害化处理，避免直接施用未经处理的各种畜禽粪便而造成新的环境污染和病虫害的发生。近年来，有的地方由于大量施用未经发酵和熟化处理的禽畜粪便，使地下害虫蛴螬（金龟子）十分猖獗，人为增大了产区的防控压力。

（5）其他微量元素肥料

随着产量的提高和大量元素的不断施入，有些栗园已经有了微量元素缺乏症的表现：2002 年，河北山海关的一户板栗种植户，9 月 3 日采收栗果时发现 67%~72% 的栗仁出现了霉烂现象；迁西县海达板栗加工厂冷库贮藏的 400 多 t 板栗，烂果率达 30% 以上。对多种微量元素进行化验分析后发现，缺钙是导致烂果的直接原因。在同等的冷贮条件下，正常板栗的含钙量为 102.5 mg/100g，而烂果的含钙量仅为 51.2 mg/100g。中国科学院武汉植物所张忠慧的研究表明，变褐腐烂多的栗仁含钙量仅为 0.1%，且栗果变褐较重的果园土壤含钙量常低于 1 200 mg/kg，而高于 3 500 mg/kg 的栗园很少有栗果褐变现象。

在我国南方酸性较高的土壤，每平方米施 40 g 的石灰，其栗仁褐变腐烂率为 3.54%；每平方方施 80 g 的石灰，栗仁褐变腐烂率为 1.74%；每平方米施 160 g 的石灰，栗仁褐变腐烂率为 0.79%，说明钙对栗仁褐变有直接的影响。北方土壤一般不易缺钙，但土壤溶液中的铵、钾、钠、镁离子等能与钙起拮抗作用，进而抑制栗树对钙离子的吸收。土壤补钙要结合土壤特点进行不同钙素的补充：沙质土壤宜施钙镁磷肥、过磷酸钙、氨基酸钙、腐殖酸钙和生物钙肥等。土壤中铵、钾离子过高以及氮、钙比过高（N∶Ca＝10∶1）时，均能抑制钙的吸收。因此应适当控制氮肥、钾肥的施用量，科学施肥，避免出现氮、钾过高的现象。另外，过度干旱或雨量过多均不利于钙的吸收。在中性偏酸的栗园中，以施腐殖酸钙和生物钙肥为主，尽量少施石灰。

2. 施肥时期

板栗在不同时期需要的营养元素的种类和数量不同。氮的需求在果实采收前一直呈上升趋势，采收后急剧下降，在整个生长过程中，以新梢快速生长期和果实膨大期的需求量最多。栗树开花前对磷的需求量较少，开花后到采收期的需求最多。栗树开花前对钾的需求很少，开花后迅速增加，从果实膨大期直至采收期的需求量最多。一定要在树体需肥前的 10～15 d 施肥，以便及时满足树体的需求。

（1）秋施基肥

栗果采收后，树体内养分匮乏，此时施有机肥有利于根系的吸收和有机质的分解。施有机肥时加入适量的磷肥和硼肥，对增加雌花分化、减少空苞有明显的效果。成龄树株施有机肥 50～100 kg、幼树为 20 kg。一般每生产 1 kg 栗果，施有机肥 10 kg 左右、硼肥 5 g。在生产中应根据土壤的肥沃程度和养分含量酌情增减。

（2）夏压绿肥

山地栗园因为运输困难施用有机肥难度大，可就地取材，收割压施山顶、"围山转"坡埂的杂草，这不失为解决施用有机肥困难的好办法。

（3）追施膨果增重肥

7～8 月板栗幼苞生长迅速，氮、磷、钾肥的需求量均很大，此时追施板栗专用肥（750～1 500 kg/hm²），有利于栗苞膨大，增加果粒重。

3. 施肥方法

施肥方法直接关系到肥料的利用率和吸收效果，一般情况下是将肥料施在根系集中分布的区域。板栗的根系水平分布超出树冠外围，近树干处运输根（粗根）多、吸收根（毛细根）少，因此施肥不要靠近树干。从根系的垂直分布看，吸收根多分布在深度为 30～40 cm 的土层中，所以施用有机肥的最佳深度在 30～40 cm。在土层薄的地块，土层厚度在 20 cm 以下为半风化的土壤，应结合改土加深施肥深度，提高根系的吸收面积，增加板栗的抗旱性能。

(1)沟状施肥法

幼树可在原定植穴的左右边缘挖深 40 cm、宽 40～50 cm、长度依树冠大小而定的施肥沟，将表土和有机肥混合后施入沟内，底土在上，施肥、改土同时进行。翌年在树体前后或上下(山地)另行挖沟施肥，逐年交替进行。

(2)环状沟施肥法

环状沟施肥法和沟状施肥法相似，施肥与改土可同时进行。环状沟施肥当年施一侧，翌年施另一侧。该方法更适宜于土壤瘠薄的山地。在挖沟施肥时注意保护粗根。

(3)放射沟施肥法

以树干为中心，向外挖 4～6 条宽 40～50 cm、长至树冠外围的内浅外深的施肥沟，将腐熟的有机肥等肥料施入沟内。在压绿肥或秸秆时，可在其上倒入腐熟的人粪尿、沼气废液或生物菌肥，以加快绿肥或秸秆的腐烂速度。

(4)穴施法

穴施法主要用于追肥。在树冠范围内挖 4～6 个 15～20 cm 深的施肥穴，盛果期大树可挖 8～10 个，将肥料施入穴内。氮肥易淋溶，施肥穴可适当浅些；磷肥分解较慢，应深施。

(5)撒施法

撒施法适用于已经腐熟好的有机肥。将肥料均匀地撒在树冠下，结合间种绿肥，将化肥或农作物秸秆作为肥料翻入土壤内。该方法施肥均匀，有利于根系的吸收，但施肥较浅，长期施用易使根系上移从而降低树体的抗旱性能，应与前述施肥方法交替进行。

(6)叶面喷肥

叶面喷肥是将液肥直接喷洒到叶片或嫩枝表皮上，养分直接被树体吸收利用，可以避免某些养分在土壤中淋失和固定，肥效高、用量少、发挥作用快，可满足各阶段树体的养分需求，预防多种缺素症。在展叶后至落叶前均可进行叶面喷肥，根据树体不同时期对养分的需求，以展叶期、果实膨大期和落叶后喷施为好。展叶期也是雌花分化期，叶面喷施磷酸二氢钾和硼酸，可有效地提高雌花分化，减少空苞率；7～8 月喷尿素，加快刺苞和栗果的生长发育速度；秋后喷磷钾肥补充树体的养分亏损，增加叶片的光合效能。叶面喷肥可与喷药同时进行。喷施浓度根据肥料的种类和有效含量而有所差异：磷酸胺、磷酸二氢钾、过磷酸钙喷布浓度为 0.1%～0.3%，尿素为 0.2%～0.3%，废沼气液为 10%～15% 的澄清液。板栗结果过多时，树体的养分缺亏严重，展叶后喷 0.25％的尿素＋0.2％的磷酸二氢钾，单粒重可增加 15.7％。栗园空苞严重时，可增加 0.2％～0.3％的硼溶液防止空苞。

三、水分管理

水分是有机物质合成的原料和运输介质，并直接参与树体的光合作用，光合产物通过水溶液被运送到树体的各个部位，供不同器官生长发育使用。水是板栗进行蒸腾作用、调节树体温度的必需物质，栗树吸收水分的 96％以上随蒸腾作用而消耗。水分是树体吸收营养的重要载体，土壤中的无机营养只有成为水溶状态，才能被根系吸收，并随水分被运送到叶片中进行光合作用。

缺水会影响树体的生长，严重时甚至导致树体死亡。春季缺水，不但当年枝条的生长量小、雌花少、产量低，而且还影响翌年的产量。1997—1998 年华北地区连续 2 年严重干旱，北京、河北的板栗减产 40％以上，一级果率仅为56％。水分过量同样会影响栗树的正常生长，降水过大时，会导致土壤黏重或排水不良的栗园土壤缺氧，根系呼吸受阻进而抑制生长，严重时造成叶片发黄脱落，甚至树体死亡，此类果园应注意雨季防涝。长期降雨还会使树体光照不良，果皮颜色暗淡，果实糖分降低、水分增高，果个虽然增大，但糯性和耐贮性降低。

水分管理是在了解栗树需水特点、掌握其水分利用规律的基础上，最大限度地利用自然降水，保持土壤水分，减少地表蒸发。干旱缺水时及时灌溉，水分过剩时及时排水，满足板栗在生长周期不同阶段对水分的需要。

1. 板栗的需水特点

4～6 月，新梢生长及器官形成都需要充足的水分供给。前期降雨量少，空气湿度小，树体蒸腾量大，水分消耗多。此时过度干旱，会导致新梢生长量小、雌花量少，影响当年及翌年的产量。7 月下旬至 9 月上旬，是板栗果实发育的高峰期，也是板栗需水的高峰期。北方此时正值全年雨量的集中期，一般年份均可满足板栗生长发育的需要。雨量充足时增产明显，严重干旱少雨的年份，会减产 50％～60％。华北地区年降雨量为 550～800 mm，雨量分布为冬季(11 月至翌年 2 月)占 5％～8％，3～6 月中旬占 10％～20％，6 月中旬至 8 月占 60％～80％，9～10 月占 5％～12％。降雨集中在 6～8 月，利用率低，而在生长季节常出现春旱和秋涝现象。

2. 保墒蓄水与灌溉

(1)保墒

保墒是充分利用自然降雨保持土壤水分、提高水分利用率的一个重要方面，特别是对干旱少雨、距水源较远的栗园，保墒蓄水是保持树体正常生长结果的必要措施。

①耕作保墒。耕作保墒的主要措施是对树盘深耕和中耕。早春刨树盘可提高土壤温度、改善通气状况、促进根系活动、增强吸收能力，使土壤深层上移水分被根系利用并减少园地的表面蒸发。夏季中耕除草，除可减少杂草与树体争夺水分外，同时还切断了土壤中草根的毛细管，减少了水分蒸发。冬季翻树盘有利于片麻岩半风化土壤的熟化和积雪保墒。

②覆盖保墒。覆盖保墒包括春季覆盖和夏季覆盖。春季覆盖主要是用麦秸、玉米秸、水稻皮等对树盘进行覆盖（其上覆土），防止水分蒸发。夏季收割山顶、"围山转"绿坡埂的荆条、杂草及行间绿肥覆于树盘下，防止地表裸露，减少水蚀和地表径流冲刷，有机物的腐烂也可促进土壤有机质的增加和团粒结构的形成，使土壤的保墒能力增强。

③工程蓄水。利用高处的小型沟壑或雨季地表径流集中的地带，根据地形挖长 4～5 m、宽 3～4 m、深 2～3 m 的蓄水窖，在蓄水窖的入水口处挖好过滤池，雨后及时清除过滤池内的泥沙，避免蓄水池内的泥土淤积。在有条件的山区，每 1～2 hm² 挖 1 个蓄水窖，干旱季节用于自流灌溉。在栗园附近的沟壑处建立小塘坝，既可减少水的地表径流，防止过度水蚀，又能蓄积雨水，方便春秋干旱季节就近取水灌溉。

（2）灌溉

山区水源缺乏，水利工程设施条件差，尤其是在前些年，许多地方原有的水利设施弃毁严重。现在国家对"三农"问题高度重视，山区水利设施和水利工程正在恢复和完善，而且技术更加先进，水资源的利用率得到进一步的提高。目前，各地栗产区根据山区水源缺乏、渠流灌溉蒸发量大、渗漏多、水分利用率低的情况，利用滴灌、微灌及小管出流、高扬程塑料管、蓄水池自流灌溉等先进技术，使水分的利用率和灌溉的效果有了大幅度提高。

①滴灌。滴灌是靠塑料管道输水，利用机械施压或落差将水送到田间，并用滴管将水缓慢地浸润到土壤根系分布层。相比地面灌溉，此方法具有省水、省工、节能、适应性强以及避免渠道渗漏和土壤表面蒸发等优点。河北省昌黎果树研究所于 1982 年和 1983 年在遵化市达志沟进行了 2 年滴灌试验，土壤田间持水量分别达到 56.96% 和 63.41%，而对照只有 32.41% 和 48.44%；产量达到 7 570 kg/hm² 和 6 712 kg/hm²，比对照分别增产 91.7% 和 95.3%。

②小管出流灌溉。灌水器易被堵塞是困扰滴灌系统使用的一个难题。小管出流灌溉是采用超大流道、以 PE 塑料小管代替滴头并辅以田间渗水沟的微灌系统，具有水质净化处理简单、不易堵塞的特点。小管出流灌溉还具有省水的优点，灌溉时只湿润渗水沟两侧果树根系活动层的部分土壤，水分利用

率高。板栗施肥时，可将化肥液注入管道内使其随灌溉水进入根区土壤中，也可把肥料均匀地撒于渗沟内使其溶解并随水进入土壤。

③管道输水灌溉。管道输水灌溉是用软塑管或其他软管将水直接输送到树盘内灌溉，投资小、移动方便，尤其是在树下覆盖的栗园应用效果更佳，是目前山地栗园灌溉的主要方法。

④穴灌。在树盘内外挖 4～6 个直径为 30 cm、深 40 cm 的穴，将玉米秸秆捆成直径为 25 cm、高 35 cm 的草把，用水浸透后埋于穴内。穴口低于地面 10 cm，以便随时补充水分。秸秆内的水分缓慢地浸润土壤，从而达到节水抗旱的目的。近年有些栗园采用埋陶罐的方法，在干径为 15 cm 左右的大树周围埋 4 个容积约为 10 L 的陶罐，使用时往罐内注满水和速溶性肥料，依靠罐体的微渗作用进行灌溉。该方法可实现水肥协同管理，一次埋罐可使用数年，灌溉效果很好。

⑤渠灌。由于山地距水源远，渠道渗水和表面水分蒸发严重，目前此方法在山区栗园已很少使用。

3. 灌溉时期

山区缺水，灌溉困难，为提高水的利用率，根据板栗年周期生长发育的需水特点，科研人员经过多年的试验，提出了"1 年 2 水"的灌溉思路，既能满足板栗生长发育的需要，又节约了水分：

①春浇促梢增花水。早春浇水有利于新梢生长和雌花分化，不但能提高新梢的生长量，增加当年的产量，而且对来年的雌花分化有一定的效果。

②秋浇膨果增重水。秋季干旱时，及时补充土壤水分，有利于增加栗果的重量，提高当年的产量和坚果质量。

参 考 文 献

[1] 曹均，曹庆昌. 板栗密植栽培实用技术 [M]. 北京：中国农业科学技术出版社，2010.

[2] 姜国高. 板栗早实丰产栽培技术 [M]. 北京：中国林业出版社，1995.

[3] 孔德军，刘庆香，王广鹏. 板栗栽培与病虫害防治 [M]. 北京：中国农业出版社，2006.

[4] 孔德军. 板栗质量等级 GB/T22346—2008 [S]. 中华人民共和国国家标准，2008.

[5] 林莉. 板栗矿质营养与施肥研究 [D]. 北京：北京林业大学，2004.

[6] 吕平会，何佳林，季志平，等. 板栗标准化生产技术 [M]. 北京：金盾出版社，2008.

[7] 田寿乐，沈广宁，许林，等. 不同节水灌溉方式对干旱山地板栗生长结实的影响 [J]. 应用生态学报，2012，23(3)：639-644.

［8］郗荣庭，刘孟军. 中国干果［M］. 北京：中国林业出版社，2005.

［9］张铁如. 板栗无公害高效栽培［M］. 北京：金盾出版社，2010.

［10］张铁如. 板栗整形技术图解［M］. 北京：金盾出版社，2007.

［11］张毅，田寿乐，薛培生. 板栗园艺工培训教材［M］. 北京：金盾出版社，2008.

［12］张宇和，柳鎏，梁维坚，等. 中国果树志·板栗 榛子卷［M］. 北京：中国林业出版社，2005.

［13］张玉杰，于景华，李荣和. 板栗丰产栽培、管理与贮藏技术［M］. 北京：科学技术文献出版社，2011.

［14］张玉星. 果树栽培学各论(北方本，第三版)［M］. 北京：中国农业出版社，2003.

第七章　板栗园管理机械装备与应用

　　果园机械化是现代果树生产的重要内容，在提高生产效率、降低生产成本等方面的作用日益突出。在一些发达国家和地区，种植业水平越高，对农机的依赖程度也越高。在现阶段甚至在将来的更长时期，我国板栗生产者将以中老年为主，为降低劳动强度，果园管理必须以机械装备为主，尤其是在土壤管理、病虫防治、整形修剪等环节更要倚重于机械设备。在现代果园管理中，农机与农艺的作用相辅相成，二者联合应用更能提高现代化果园的管理效率和管理水平。从农艺角度讲，合理的农艺措施是农业机械高效应用的前提；从农机角度来讲，农机可使农艺措施得到充分的发挥。因此，农机与农艺的结合利用更符合我国现阶段果业生产的实际。

第一节　板栗园管理机械应用现状和发展趋势

一、我国板栗园的基本情况及生产特点

　　应用果园管理机械不但可以有效地减轻种植者的劳动强度，提高工作效率和管理水平，同时还能提高果品的品质。在农业管理水平相对发达的欧美国家果园管理机械的应用已很普遍。中国仍是发展中国家，受生产规模、种植方式、生产成本以及果农技术水平等因素的限制，当前我国果园生产管理正处于传统手工操作方式向现代机械化管理转型的阶段，果园机械应用正逐渐普及，但机械化的水平整体较低。板栗是我国重要的干果树种，广泛分布于全国 24 个省(自治区，直辖市)，从栽培地形来看，目前主要以山地、丘陵为主，仅有少量栽植在地形相对平缓的河滩平地。以我国板栗主产区山东为例，历史上既有泰安、五莲、费县、蒙阴、沂水、莱阳等山地产区，也有海

阳、乳山、胶南等丘陵产区，以及诸城、郯城、莱西、临沭、莒南等河滩地产区，但栽培地形仍以山地、丘陵为主，因此果园机械的推广使用要以适合山地丘陵果园的管理为主。

现阶段，我国板栗生产的特点集中体现在以下几个方面：

①栽培地形多样。板栗园栽培区域有平地、梯田、浅山、丘陵等多种地形，其中丘陵和山地果园最多。园区的地势大多起伏不平，可耕作面积小，作业机械很难进入工作区域。

②种植模式不一。传统果园株行距的设置不合理，株距或行距太小，不利于机械作业。近年新发展的板栗园株距大多在2～3 m，且主干的高度太低，造成工作面过于狭窄，致使牵引式打药机、有机肥深施机及小型微耕机等不能正常作业。树形多样、树龄不一客观上也造成了管理障碍。

③果树分散栽培，分户管理，无法开展大型机械作业，群防群控工作难以实施。自国家实行家庭联产承包责任制以来，农户依据家庭情况自主安排果树生产，分户地块较小且多为独立分布，更适合小型机械管理。

④生产成本增长较快。目前我国果农家庭经济状况较差、购买力不高，但用于日常生产的农资、人工费用逐年提高，尤其是人工费用的增长最快，传统的手工操作费工费时、管理效率低下，对现代机械化管理的依赖程度日益提高。

⑤劳动力资源逐渐萎缩。随着我国城镇化进程的不断加快，大量农村剩余劳动力转移至城镇，农村劳动力出现短缺，专门从事板栗生产的果农数量日趋减少。

二、我国板栗园管理机械发展概况

（1）植保机械

我国果园机械化始于植保机械，果园植保是各项果园管理作业中机械化应用最为普遍，植保机械有各种手动式、背负式和担架式喷雾、喷粉机械，以及近年逐渐推广的弥雾机、注液机等机械。通过在山东、河北、辽宁等板栗主产区的调查发现，目前国内板栗园主要以背负式和担架式喷雾为主，平缓区域使用三轮摩托加装隔膜泵或柱塞泵后进行打药作业，少数地区应用弥雾机等其他机械。多数传统打药机械的农药液滴较粗，农药有效利用率较低，最多的也不足30%，不仅使药剂的损失严重，而且"农药残留"也对土壤、水源和其他生物等生态因素造成了威胁，并对目前实施果品安全生产构成了一定的危害，而弥雾机或风送喷雾机等新型机械多因价格昂贵、适用性差等因素尚未被推广普及。

（2）施肥机械

施肥是一项作业量大、劳动强度高的工作，但在现代果园管理中却是必不可少的。目前我国自主研发的施肥机械种类较多，主要用于大田作物，在果园中应用得较少，尤其是适宜于山地果园应用的几乎没有。近年来，国家对农业机械化进行了大力扶持，已有一些果园施肥机械面世。如2009年新疆农业科学院农业机械化研究所开发研制的1K-40型偏置式果园开沟施肥机，主要用于果园施肥开沟、种树开沟。背负式果树施肥器可将化肥定点施入果园土层，而且对施肥深度和施肥量都可进行调节，较目前采用的施肥方法可节约化肥50％以上，施肥速度可提高4倍左右，但在山地等碎石较多的果园应用效果不甚理想。根据山地果园的特点，施肥机械应向坚固耐用、综合性能好、通用性能强的方向发展。目前山地板栗园大多仍采用人工施肥，工作效率和肥料利用率均小于机械施肥。

（3）耕作除草机械

国内市场小型松土中耕机械的种类繁多，主要用于我国设施农业及丘陵山区经济作物。这类果园机械具有机型小巧、便于移动、操作简单、使用灵活、价格便宜、质量可靠及稳定性强等特点，市场持有量较大。目前国内厂家生产的微耕机系列产品从结构上可分为自走式、手推式、履带式、侧挂式4种类型。从牵引动力上分为汽油机和柴油机2种类型，汽油机动力小但启动性能好，柴油机动力强但启动性能稍差。从性能和功能上也分为2种：一类是功能单一、操作不够方便的机型，但价格低，销售量逐步增加；另一类是多功能管理机型，可配套多种机具，如起垄、培土、除草、旋耕一体机，播种、施肥、覆膜一体机，抽水、喷药、载重一体机，等等，但这类机械易出现故障，且售价偏高。目前由于多数的田园管理机械不是针对山地果园设计的，因此会出现动力不足、故障率高、外形尺寸或结构不适合山地果园行间或株间作业等问题。新疆机械研究院根据果园生产实际研制的LG-1型多功能果园作业机，具有体形窄矮、重心低、可原地转向、爬坡能力强、操纵方便等特点，果树行间的通过性能好，便于推广应用。今后果园管理机械在设计、生产、制造等环节还要针对以上问题做进一步改进。

（4）灌溉机械

现阶段我国多数平地果园的灌溉采用漫灌方式，条件较好的地区应用了微喷、滴灌、喷灌等节水技术，但因设备造价高、操作复杂、维护困难等原因，节水设施至今尚未大范围推广。我国山地面积广阔，具备灌溉条件的区域却寥寥无几，依靠自然降水和农艺节水仍然是目前解决山地灌溉的主要途径。在地势较平缓且靠近水源地的山地栗园，通常采用大水漫灌的方式，使用8.95 kW(12马力)以上的大功率柴油机将灌溉用水直接输送到田间地头实施大水漫灌；在坡度为 30°以上的陡峭山地，必须用大扬程水泵先将水输送到山间蓄水池，再用软水管从水池向下引水，借助自然落差实施灌溉。以上 2 种山地灌溉方法费力费工，而且对水分的利用率低，一般只在经济效益较好的果园应用。鉴于现阶段的生产力水平和山地的特殊地理条件，研制简易、低成本、机动式管道灌溉和控水灌溉设备将是今后的发展重点。

三、我国板栗园管理机械发展趋势

(1)农机与农艺相结合

在现代果园管理中，农机与农艺的作用不可相互替代，二者的联合应用更能提高现代化果园的管理效率和管理水平。从农机角度来讲，农机可使农艺措施得到充分发挥，尤其是在土壤管理、病虫防治、整形修剪等环节已经必不可少，在一些发达国家和地区，种植业水平越高，对农机的依赖程度也越高。从农艺角度来讲，合理的农艺措施是农业机械高效应用的前提，如现阶段推广的宽行矮密栽培模式，在保证果品优质丰产的同时，必须考虑果园机械管理的高效便捷性，即要最大限度地满足果园机械的应用要求。美国、俄罗斯、以色列、日本、法国、德国等果品生产先进国家，从建园时的修筑梯田、开沟、耕作、挖苗、栽种，到果园管理的灌溉、施肥、修剪、喷药，再到采收、包装、运输、加工等环节都实现了机械化，这些国家在注重管理机械创新和应用的同时，较早地进行了农艺和农机相结合的工作，以便于实现机械化操作，例如果园防除杂草、果树的矮化密植、篱壁形整枝等。

(2)研发一机多用或光、机、电、液一体化机械

过去的农业机械研制多突出单一功能，机具与动力系统的配套性能差，动力机械的利用率低，将所有机械配置齐备往往需要重复投资，加之机具在改造升级过程中产生的费用无形中都增加了生产成本。集喷药、施肥开沟、翻地控草、机械采收等作业项目于一体的多功能联合作业平台，特别适合于当前果农分散经营，将成为果园机械的研发方向。这类新型机械不仅可提高机械设备的利用率，还能降低因频繁更新所产生的成本。如能把光、机、电、液多种技术集于一体并实现自动控制，将提高操作的便捷性、减轻劳动强度、提高工作效率。如西北农林科技大学研制的基于红外探测反馈技术的果园自动喷药机控制系统，通过将连续喷施改进为间歇式对靶喷施，能有效地减少农药的浪费，大大提高了农药的利用率，降低了农药对环境的污染，并能有效地缓解传统施药作业带来的植保与环保间的矛盾。

(3)研发体积小巧、操作简单的机械

由于果农的文化程度一般都不高，再加上从业人员的老龄化，要求机械体

积小，操作简单、轻便，各种调节设置更加方便，能确保操作人员的人身安全和作业质量。为节约更换机具的时间、减轻劳动强度，机械与配套机具的挂接应采用快速挂接装置，拆换机具的操作要简单、快捷。同时，为了高效、节能、环保，要求发动机具有动力强、能耗低、噪声小、排放少、污染轻等特点。

第二节 部分适于板栗园管理作业的机械

一、植保机械

（1）3M-150 型高效精密喷药机

3M-150 型高效精密喷药机主要用于果树的病虫害防治，使用时可根据果树的种植结构调整作业的高度和宽度，安装方便，可与任意后动力拖拉机配套。该喷药机采用新型雾化喷嘴，通过内部特殊结构的设计，可使药液和气体均匀地混合形成微细雾状颗粒，这些雾状颗粒能均匀地附着在果树的正反叶面上。该喷药机的配套动力为 17.6 kW（约 24 马力），可调节离地间隙，以适应不同的动力装置，喷雾高度可达 3 m，药箱容量为 150 L（可根据实际情况加大），作业效率为 0.67～1.07 hm²/h。

（2）自走式风送喷雾机

自走式风送果园喷雾机是将风送果园喷雾系统安装于果园动力底盘上，液力雾化、风力吹雾，雾滴被强大的气流吹至树冠，枝叶被气流翻动，极大地提高了雾滴的附着率。喷药全程只需 1 人操作，劳动强度低、作业效率高、农药利用率高。该喷雾机的配套动力为 14.72 kW（约 20 马力），离地间隙为 0.2 m，药箱容量为 500 L，作业效率为 0.53～1.07 hm²/h。

（3）悬挂式风送果园喷雾机

悬挂式风送果园喷雾机采用液力雾化、风力送雾的方式，弥雾滴被气流吹至树冠，枝叶被气流翻动，雾滴的附着率高、附着均匀，省药、高效。该喷雾机的配套动力为 14.72 kW（约 20 马力），离地间隙为 0.2 m，药箱容量为 260 L，作业效率为 0.27～0.33 hm²/h。

（4）脉冲式动力弥雾机（金亮牌，型号 6HYC-25）

该弥雾机工作时，脉冲式发动机产生的高温高压气流从喷管出口处高速喷出，打开药阀后，药箱里的气压将药液压至爆发管内，与高温、高速气流混合，在相遇的瞬间药液被粉碎、雾化成烟雾状，从喷管中喷出后迅速扩散弥漫。该弥雾机只需 1 人操作，机动性强、作业效率高、劳动强度低、农药利用率高。弥雾机的外部尺寸为 1 345mm×280mm×330mm，耗油量为 1.8

L/h，药箱容量为 8 L，空机重量为 6.8 kg，使用燃油为 90[#] 或 93[#] 汽油，药液输出量为 25 L/h，雾粒直径≤50 μm，作业效率为 3.33～6.67 hm²/h。

（5）担架式喷药机（昆山机械，DA-26B 型）

担架式喷药机的动力设备为 8.04 kW（约 8.5 马力）的汽油机，配置 40 型柱塞泵，额定流量为 100～110 L/min，工作压力为 0～40 MPa，额定转速为 800～1 000 r/min，水平射程为 20～25 m。药桶与主机分离，药液容积可根据需要自行配置。

二、开沟施肥机械

（1）可调式振动深松施肥机

该机器的配套动力为 15.7～22 kW（约 21～30 马力），可单行或双行施肥，单行施肥深度为 0.35～0.5 m，双行施肥深度为 0.2～0.3 m，作业速度为 1.5～3 km/h，作业效率为 0.4～0.8 hm²/h。

（2）1KLX 型多功能开沟机

该机械的配套动力为 25.725 kW（约 35 马力），开沟深度为 0.3～1.2 m，开沟宽度为 0.3～0.5 m，作业速度为 60～30 m/h。

（3）实生苗断根施肥机

该机器的配套动力为 22.1 kW（约 30 马力），悬挂作业，可单行或双行断根，断根宽度为 0.45～0.55 m，断根深度为 0.25～0.3 m，作业速度为 1.5～4 m/s。

（4）果园开沟机

该机械配套动力为 14.72 kW（约 20 马力），开沟深度为 0.3～0.6 m，开沟宽度为 0.2～0.3 m，作业速度为 150～600 m/h。

（5）挖穴机——"新阳"牌多功能挖坑机

该机械钻头采用硬度很高的锰钢合金，适于硬质土、超硬质土、黏土、冻土等多种土质作业。该机械动力强劲、操作简单、地形适应性强、效率高，可单人操纵，也可双人操纵，作业速度为 80 个/h。

三、耕作除草机械

（1）动力底盘配旋耕混肥装置的作业机组

该机械适用于密植园、新建幼龄园和老园间伐提干改造园的作业。重心低，驱动力大，液压转向、机动灵活，其特有的结构、配置特别适合在丘陵浅山坡地果园应用。该机械的配套动力为 14.73 kW（约 20 马力），轴距为 1 850 mm，离地间隙为 0.2 m，作业幅宽为 1.2 m。

(2)9GXQ-1.40 型割草机

该型割草机是带传动型双元盘的割草机，其安装简单、效率高、操作方便，能与任意型号的小型拖拉机配套。可进行田间牧草、杂草的收割等作业。配套动力为 17.6 kW(约 24 马力)，割幅为 1.4 m，割茬高度<5 cm，作业效率为 0.33～0.80 hm²/h。

(3)9GXD-80 型割草机

该型割草机是带传动型单元盘的割草机，安装简单、效率高、操作方便，能与任意型号的小型拖拉机配套。可进行果园行间牧草、杂草以及矮秆作物的收割等作业。配套动力为 17.6 kW(约 24 马力)，割幅为 0.8 m，割茬高度<5 cm，作业效率为 0.2～0.53 hm²/h。

(4)果园割草机

该果园割草机为自走式，遇障即停，随行机动灵活，茬高几挡可调。配套动力为 7 kW(约 9.5 马力)，割幅为 0.6 m，割茬高度为 5～15 cm，作业效率为 1～1.3 m/s。

(5)侧挂式割灌机(小松，BC4310FW)

该割灌机以小型二冲程汽油机为动力，机动性强、启动可靠、性能优良、经久耐用。整机总重为 7.4 kg，排量为 41.5 cm³，最大转速为 3 200 r/min，功率为 1.6 kW，总长度为 1 800 mm，主要用于堤堰、坡地等坑洼不平环境的杂草、小型灌木的清除。

(6)机动链锯(杜卡迪 7902A)

该链锯的动力采用单冷双冲程汽油机，额定输出功率为 2.3 kW，怠速为 3 000 r/min，燃油混合比为 25∶1，燃油箱容积为 550 mL，机油箱容积为 260 mL，净重为 7 kg。该链锯机动性强，主要用于堤堰、坡地等复杂地形小型灌木的清除。

四、灌溉机械

(1)移动抽水泵

一般以小四轮拖拉机或手扶拖拉机上的柴油发动机为动力，柴油发动机输出功率最好在 8.8 kW 以上，水泵安装在拖拉机底盘的前段支架上。该抽水泵机动性强、移动方便。和普通抽水机相比，劳动强度低，节省劳力。

(2)涌泉灌

涌泉灌也叫小管出流，属微灌范畴，是中国农业大学水利与土木工程学院研究开发的一种微灌技术，通过采用超大流道，以直径为 4 mm 的塑料小管代替微灌滴头，并辅以田间渗水沟，解决了微灌系统中灌水器易被堵塞的问题。与地表灌溉相比，涌泉灌可节水 70% 以上，灌溉均匀度可达 90%。与其他适于果园灌溉的微灌技术相比，具有抗堵塞能力强、灌溉均匀、运行可靠、便于管理及造价低廉等优点。

参 考 文 献

[1] 刘振岩，李震三. 山东果树 [M]. 上海：上海科学技术出版社，2000.

[2] 郭辉，崔海民. 果园植保机械现状与发展研究 [J]. 农业技术装备，2009（05B）：30-31.

[3] 李倩，宋月鹏，高东升，等. 我国果园管理机械发展现状及趋势[J]. 农业装备与车辆工程，2012(2):1-3,7.

[4] 刘西宁，朱海涛，巴合提. 牧神 LG-1 型多功能果园作业机的研制[J]. 新疆农机化，2009(1):42-44.

[5] 田寿乐，许林，沈广宁. 干旱山地果园节水灌溉评价与思考[C]//郗荣庭，刘孟军，王文江. 干果研究进展(7). 北京：中国农业科学技术出版社，2011:259-263.

[6] 宋树民，湛小梅，庞有伦. 果园管理机械发展现状与趋势分析[J]. 现代农业装备，2010(7):58-59.

[7] 金慧迪，陈军，袁池. 基于红外探测的果园自动喷药机控制系统[J]. 农机化研究，2011(12):154-157.

[8] 孟祥金，沈从举，汤智辉，等. 果园作业机械的现状与发展[J]. 农机机械，2012(25):114-117.

[9] 汤智辉，贾首星，沈从举，等. 新疆兵团林果业机械化现状与发展[J]. 农机化研究，2008(11):5-8.

[10] 卢林瑞，王庆喜，仵大伟. 农艺与农机相结合的探讨[J]. 吉林农业大学学报，1994,16(2):93-95.

[11] 周艳，贾首星，郑炫，等. 果园气力式静电喷雾机的研制[J]. 新疆农机化，2011(6):16-18.

[12] 王京风，杨福增，刘世，等. 微型遥控果园开沟机的研究与设计[J]. 农机化研究，2010(4):40-42.

[13] 李传友. 京郊林果机械化发展现状与趋势[J]. 农机科技推广，2008(9):31-32.

[14] 杨有刚，刘迎春. 一种新型链式开沟机设计参数和功率的确定[J]. 农业机械学报，1998,29(2):21-26.

[15] 徐秀栋，杨福增，姚垚，等. 微型果园机械远程控制系统的研究与实现[J]. 农机化研究，2010(3):111-114.

[16] 邢敬轩. 果园风送喷雾机喷雾特性的试验研究[D]. 保定：河北农业大学硕士论文，2012.

[17] 傅锡敏，吕晓兰，丁为民，等. 我国果园植保机械现状与技术需求[J]. 中国农机化，2009(6):10-13,17.

第八章 板栗病虫灾害综合防控

板栗多栽植于山岭薄地，生态环境复杂、生物群落丰富。微生物和昆虫是板栗园的主要生物群落，它们常年栖居在树体、土壤和落叶上，以板栗树的枝叶、花果、根系、主干为食，不断吸取树体的养分以便其生长发育和繁衍后代，同时抑制板栗树生长和开花结果，甚至导致树体死亡。板栗病虫害是影响板栗产量的主要因素之一，每年造成的损失达20％～30％，甚至高达50％。因此，控制病虫为害是保证板栗优质高产的一项重要技术措施。

第一节 板栗病虫的种类分布与发生趋势

一、板栗病虫的种类与分布

我国板栗种植范围广，受气候条件、地理位置的影响，各地板栗园的病虫种类及优势种群的差异很大。而且，栽培品种和管理措施的不同，也会引起栗园生物群落的变更与种类的变化。同时，随着苗木接穗的调运和果实的远距离运输和销售，病虫会随之不断扩散，这也增加了板栗病虫的多样性。据《中国果树病虫志》记载，为害板栗的病害有29种，害虫有258种。但不同地区板栗的病虫种类与优势种群差异很大。

蔡志辉等人1996年报道，在昆明地区栗园共采集到害虫46种，病害8种，主要病、虫有板栗剪枝象甲（*Necorhis cumulatus* Voss）、二斑栗实象甲（*Curculio bimaculatus* Faust）、栗实蛾（*Laspeyresia splendana* Hub）、栗瘿蜂（*Dryocosmus kuriphilus* Yasumatsu）、栗链蚧（*Asterolecanium castaneae* Russll）、白生盘蚧（*Crescocus cambidas* Wong）、云斑天牛（*Batocera horsfeldi* Hope）、蓝墨天牛（*Monochmu millegranas* Bates）、豹纹木蠹蛾（*Zenjera* coffeae Nitner)、赤腰透翅蛾（*Aegeria moeybaoceps* Hampson）、板栗枝干溃疡病（*Coryneum kurilns* Cordvar）。毋亚梅于 1997 调查，发现云南省板栗害虫分属 6 目、32 科、97 种，以蛀果害虫栗实象甲（*C. davidi* Fdiraire）和二斑栗实象甲为害最重，栗实一般受害率在 25%～45%，严重者达 80%。季梅等人于 2000 年报道，为害云南板栗的病虫害种类有 112 种，其中主要病虫为板栗剪枝象甲、二斑栗实象甲、栗瘿蜂、蓝墨天牛、栗大蚜（*Lachnus tropicalis* (Van der Goot)）、金龟子（*Scarabaeidae* spp.）、黄刺蛾（*Cnidocampa flavescens* (Walker)）、栗黄枯叶蛾（*Trabala vishnou* Lefebure）、种实霉烂病（*Aspergillus niger* V. Tiegh，*Trichothecium roseum* (Bull) Link，*Penicillium* spp.）、白粉病（*Phyllactinia roboris* Blum）、溃疡病（*Pseudovalsella modonia* (Tul.) Kobayashi）。2008 年，赵丽芳提出云南滇中地区栗园的主要害虫是栗瘿蜂、白生盘蚧、板栗剪枝象甲、二斑栗实象甲，板栗病害共 21 种（36 种病原），其中板栗溃疡病、板栗疫病（*Endothia parasitica* (Murr.)）、板栗炭疽病、板栗种实霉烂病等发生普遍而严重。

福建省栗树害虫计昆虫纲 8 目，蛛形纲蜱螨亚纲 1 目，合计 68 科，约 290 种，主要害虫有栗大蚜、栗绛蚧（*Kermes nawai* Kuwana）、板栗剪枝象甲、栗实象甲、珊毒蛾（*L. viola* Swinhoe）、栗瘿蜂。

湖北省林业科学院调查，湖北省为害板栗的害虫有 142 种，分属 7 目、41 个科，其中为害果实的主要有桃蛀螟（*Dichocrocis punctiferalis* Guenee）、栗雪片象（*Niphades castanea* Chao）、栗实象甲等，为害叶片的是板栗红蜘蛛（*Oligonychus ununguis* Jacobi）、刺蛾类（Limacodidae）、栗大蚜等，为害枝干的主要有栗瘿蜂、天牛类（Cerambycidae）和透翅蛾等。

1974—1980 年，袁昌经对江西省 6 个地区的主要板栗林区的主要病虫害进行了调查，共记载害虫 79 种，隶属 8 目、33 科，其中为害较重的是台湾黑翅大白蚁、栗大蚜、吹绵蚧（*Leerya purehasi* Maskell）、日本龟蜡蚧（*Ceroplas tesjaponieus* Green）、栗链蚧（*Asterikecabuyn castabeae* Ryssell）、透翅蛾、大蓑蛾（*Cryptothelea vaiegata* Snellen）、绿刺蛾（*Latoia consocia* Walker）、朝鲜黑金龟、大栗金龟（*Melolontha hippocastani* mongolica）、栗瘿蜂、云斑天牛、栗红天牛（*Zrythras bowringii* (Pascoe)）、栗实象甲、板栗红蜘蛛。

汤才等 1988 年报道，浙江省板栗共有 8 目、44 科、108 种害虫，其中主要害虫有 29 种。2005 年，严素晓进一步调查，发现浙江省共有板栗害虫 9 目、77 科、263 种，比 1988 年增加了 155 种，主要害虫为栗瘿蜂、栗潜叶蛾（*Leucoptera scitella* Zeller）、栗皮夜蛾（*Characoma ruficirra* Hampson）、栗剪枝象甲、桃蛀螟；板栗病害共有 45 种，其中叶部病害有 11 种，枝干病害有 13 种，根部病害有 9 种，木腐病害有 6 种，生理性病害有 6 种。2010 年有报道，浙江丽水市板栗有虫害 10 目、83 科、248 种，其中有 1 个为国内新记种，有 1 目、18 科、119 种属浙江省的新记录，严重为害板栗的是黑翅土白蚁（*Odontotermes formosanus*）、黄翅大白蚁（*Macrotermes barneyi* Lighe）、白翅叶蝉（*Erythroneura subrufa*（Motschulsky））、栗绛蚧、褐圆蚧（*Chrysomphalus aonidum* Linnaeus）、栗大蚜、栗花翅蚜（*Nippocallis kuricola* Mats）、栗苞蚜（*Moritziella castaneivora* Miyazaki）、硕蝽（*Eurostus validus* Dallas）、红脚异丽金龟（*Anomala cupripes* Hope）、深绿丽金龟（*Anomala heydeni* Frivaldszky）、铜绿金龟子（*Anomala corpulenta* Motschulsky）、栗剪枝象甲、栗瘿蜂。

重庆合川板栗园有节肢动物 12 目、63 科、136 种，其中害虫有 70 种，关键害虫为栗瘿蜂和桃蛀螟，其次是斑翅蚜、金龟子、毒蛾、刺蛾、斑蛾、舟蛾等。

陕西板栗病害有 18 种，虫害有 35 种，其中板栗疫病为灾害性病害，主要害虫有剪枝象甲、透翅蛾、板栗皮夜蛾、板栗大蚜、桃蛀螟、栗实象、栗雪片象、栗实蛾。

安徽东至县板栗的害虫有 7 目、51 科、86 属、102 种，从害虫发生数量和为害程度来看，造成危害的种类仅有 6 种，其中云斑天牛和栗瘿蜂对板栗的为害最重。而黄山市板栗的主要害虫为铜绿金龟、栗大蚜、栗花翅蚜、桃蛀螟、栗实象甲、栗瘿蜂、剪枝象鼻虫、栗绛蚧。方明刚（2007 年）报道，安徽广德板栗有害虫 10 目、67 科、270 种，其中成灾的是栗大蚜、金龟子类、栗绛蚧、栗链蚧、栗瘿蜂、板栗剪枝象、针叶小爪螨、栗皮夜蛾、桃蛀螟、栗实象、刺蛾类、天牛类。

山东省板栗的主要病、虫为枝干溃疡病、炭疽病、赤斑病、栗大蚜、栗瘿蜂、栗皮夜蛾、桃蛀螟、栗实象、板栗剪枝象、针叶小爪螨、透翅蛾、栗实蛾。

刘惠英等人通过对河北燕山板栗产区的遵化、兴隆、迁西等县（市）进行调查，初步确定板栗害虫共有 129 种，隶属 6 目、46 科，主要害虫为栗大蚜、栗瘿蜂、桃蛀螟、栗实象、针叶小爪螨、透翅蛾。

辽宁省为害丹东栗的虫害主要有栗实象甲、栗实蛾、栗皮夜蛾、桃蛀螟、栗红蜘蛛、天幕毛虫、舟形毛虫、舞毒蛾、天蚕蛾、栗透翅蛾、栗大蚜、蝙蝠蛾和梨圆蚧 13 种。

总之，尽管板栗的病、虫多达 300 余种，但在板栗园常发生并造成严重危害的病、虫仅有 20 种左右。主要病害有板栗疫病、白粉病、炭疽病、叶斑病、栗实腐烂病。主要害虫有为害果实的栗实象甲、桃蛀螟、栗实蛾；为害芽叶的红蜘蛛、栗大蚜、栗瘿蜂、金龟子；为害枝干的云斑天牛、透翅蛾、栗绛蚧、板栗剪枝象甲；为害根系的巨角多鳃金龟（*Hecatomnus grand icornis Fairmaire*）、蝼蛄等。随着板栗栽培品种、栽培方式和周围生态环境的变化，主要病虫的发生种类也会随之改变，一些次要病虫上升为主要病虫，个别病虫有些年份会出现大爆发。

二、板栗病虫害的发生趋势

（1）板栗害虫由以往的大型裸露性害虫向小型隐蔽性害虫发展

主要害虫栗瘿蜂为害 1 年生板栗的枝条和叶，形成独特的虫瘿，而这种害虫大部分时间都隐蔽在虫瘿内，只有在成虫期才暴露在外。栗实象甲、桃蛀螟以幼虫蛀果为害板栗，常常造成有果无收的现象。这 2 种害虫的幼虫都生活在果实中，只有老熟后才脱出入土化蛹，很难防治。

（2）病害与虫害发生相互促进

害虫为害板栗树体形成的伤口会促发病害，而病害导致树势衰弱又诱发害虫。刺吸式传毒媒介昆虫的为害会引发病毒病的发生严重。板栗疫病是威胁板栗生长的主要病害，但只有在树体出现伤口时，病菌才能通过风雨从伤口传播侵入树体。因此，许多枝干害虫如天牛、透翅蛾、小蠹等虫的蛀孔便是疫病菌的侵染口。还有为害根系的蛴螬、蝼蛄、金针虫取食根系后，会加重根部病害紫纹羽病和白纹羽病的发生。田间观察发现，病弱树容易招引小蠹类害虫。

（3）不断出现新病虫

20 世纪 90 年代，在安徽板栗园相继发生了为害枝干、新梢的削尾材小蠹（*Xyleborus mutilatus* Blandford）、暗翅材小蠹（*Xyleborus semiopacus* Eiohhoff）、小粒材小蠹（*Xyleborus saxeseni* Ratzeburg）、板栗巢沫蝉（*Taihorina* sp.）、板栗中沟象（*Isojocerus* sp.），并在一些地区造成了大树死枝、幼树死亡的现象，严重影响了板栗的产量。1990 年，在北京怀柔发现的板栗黄化皱缩病（Chinese chestnut yellow crinkle，CnYC），有向其他地区扩散的趋势。

第二节　板栗主要病虫的发生特点与防治措施

要合理、有效地防治板栗病虫，首先应掌握它们的发生特点和习性，以便在关键时机采取相应的有效防治措施，通过防治主要病虫，达到兼治次要病虫的效果。

一、板栗的主要病害及其防控

1. 板栗疫病（图 8-1）

板栗疫病又称栗干枯病、腐烂病、溃疡病、胴枯病、烂枝病等，是造成栗树死亡的一种主要病害，在国内外均有发生。主要为害主干、侧枝，成树主枝基部或丫杈处易发病。枝干染病，初在树皮上形成红褐色、不规则的病斑，稍凸起，病组织松软，常有黄褐色汁液从病斑处流出，树皮腐烂后散发出浓酒糟味，经过一段时间的扩展，病斑失水干缩纵裂，病皮变成灰白色至青黑色，常产生黑色小粒点，即病菌的分生孢子器。空气湿度大或雨后，分生孢子器上常涌出丝状扭曲的橙黄色孢子角，后病部干缩开裂，或在病部四周产生愈伤组织。幼树染病，多始于树干基部，导致病部以上枯死。

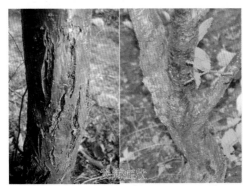

发病症状　　　　　　　　　　　　　　　　　刮治病斑

图 8-1　板栗疫病

病原属子囊菌亚门真菌，以分生孢子器或菌丝在病皮上越冬。翌年春季产生分生孢子，借雨水、气流、昆虫、飞鸟传播，远距离主要是通过调运带病苗木、接穗、原木和栗实等进行传播。孢子萌发后，只能从伤口侵入，日灼、冻害、嫁接和虫害所致的伤口是病菌孢子的主要侵染途径。栗树发芽前后是发病高峰期，病疤迅速扩展，有的病疤在短时间内从树干（枝）基部很快扩展至树干 1 周致全树或整枝死亡，土壤瘠薄、根系浅、树势弱则发病重。栗树品种间的抗病性差异明显，长江流域的果栗、长安栗抗病，红栗、二露栗、油光栗、无花栗、领口大栗抗病性次之，薄皮栗、半无花栗、兰溪锥栗、大底青、新杭迟栗易感病。老栗园内的菌源量大，管理粗放、树势弱，枝干遭受害虫为害而造成了大量的伤口，容易被病原菌侵染和发病。10 年生以上的板栗高接换头后发病重，其原因是造成了大量的伤口后，树势衰弱，病菌极易侵入为害，造成嫁接后第 1 年生长正常，第 2 年长势一般，第 3 年病斑累累，第 4 年出现死枝的现象。因此，高接换头后应及时涂药保护嫁接口，促使其尽快愈合。

防治措施：

①加强检疫。严格检疫栗类的苗木、接穗、带皮原木和枝条，防止病害传播到无病区。从病区调入的苗木，除严格检验外，尚需在萌芽前用 3～5°Bé 的石硫合剂或波尔多液(1∶1∶160)喷洒，或用 0.5％的福尔马林浸种30 min、5％的次氯酸钠溶液浸苗 10 min。

②加强板栗林的抚育管理，适当修剪，改良土壤，增强树势。

③彻底清除重病枝和重病树并及时烧毁，可减少病菌来源。

④药剂防治。对主干和枝条上的个别病斑，可进行刮治，然后用药剂涂抹。有效药剂为 10％的碱水、10％的甲基或乙基大蒜素溶液 200 倍液加0.1％的平平加(助渗剂)、石硫合剂原液、5％的菌毒清水剂 100～200 倍液。

2. 板栗白粉病 (图 8-2)

板栗白粉病在山东、河南、贵州、广西、安徽、江苏、浙江等地均有发生。主要为害板栗、茅栗、栎类等树种，尤以苗木、幼树受害较重。主要侵害板栗嫩梢、幼叶和叶芽，在发病部位表面着生一层灰白色粉霉状物，嫩芽受害后叶片不能伸长，幼叶局部感病则扭曲变形，后期病斑发黄或枯焦，影响生长，严重时可引起幼苗死亡。

发生特点：病原为子囊菌亚门的粉孢霉菌(*Microsphaera alphitoides*)。病原菌以闭囊壳在板栗病落叶、病梢或土壤中越冬，翌年春季发芽时，由闭囊壳释放出子囊孢子，借气流传播到嫩叶、嫩梢上进行初侵染。板栗苗木栽植过密、低洼潮湿、通风透光不良、光照不足时有利于病菌侵染和流行。圃地偏施氮肥而磷钾不足，苗木徒长时发病重。温暖而干燥的气候条件有利于白粉病的发展，南方梅雨季节的气候条件可抑制侵染与发病。不同的板栗品种对白粉病的抗性差异显著。

防治措施：

①秋冬管理时，要注意彻底清除发病园的落叶，剪除病枝，集中烧毁。对附近发病的栗属和栎属亦一并管理，耕翻林地或圃地土壤，以减少病原菌源。

②新开发板栗园，应选择抗病、丰产的品种，并采用嫁接苗。

③合理施肥，不偏施氮肥，宜增施适量磷肥、钾肥及硼、硅、铜、锰等微量元素，提高苗木的抗病性。

④药剂防治。发病初期喷洒三唑酮或戊唑醇药液，每 15 d 喷 1 次，连续

喷洒 2～3 次。

图 8-2　板栗白粉病

图 8-3　板栗赤斑病

3. 板栗赤斑病 (图 8-3)

板栗赤斑病又名板栗赤枯病。主要为害板栗、槲树的叶片，在叶片上形成枯死的病斑。严重时造成早期落叶，影响栗树的正常生长，对苗木和幼树的为害较大。发病初期，在叶缘、叶脉处形成圆形和不规则的橘红色病斑，边缘为褐色，中央散生黑色小粒点，随即病斑扩大并连成片，形成枯叶。

发生特点：病原菌为叶茎点霉菌（*Phyllosticta castaneae*），以分生孢子在落叶病斑上越冬。次年春季，板栗展叶期分生孢子随风、雨及昆虫传播到新叶上，从叶片的伤口和气孔处侵入，条件适宜时发病，6～7 月为发病高峰期。

防治措施：

①清除落叶，烧毁病枝，消灭越冬病原菌。

②改善栗园通风、透光条件，加强抚育管理，提高栗树的抗病力。

③在栗树发芽前喷洒 2～3°Bé 的石硫合剂或 5% 的硫酸铜溶液；发病初期，叶面喷洒 1∶1∶120～160 的波尔多液防治。

4. 板栗炭疽病

板栗炭疽病在国内板栗栽培地区均有发生。主要侵害芽、枝梢、叶片、果实。叶片发病时病斑呈不规则至圆形，褐色或暗褐色，常有红褐色的细边缘，上生许多小黑点；芽被害后，病部发褐腐烂，新梢最终枯死；小枝被害后易遭风折。受害栗蓬主要在其基部出现褐斑，受害栗果外壳的尖端常变黑，种仁上发生近圆形、黑褐色或黑色的坏死斑，后期果肉腐烂干缩。

发生特点：病原菌为胶孢炭疽菌（*Colletorichum gloeosporioides*），属半知菌亚门真菌。以菌丝体在活体的芽、枝内潜伏越冬，或在地面上的病叶、病果上越冬，翌年 4～5 月产生分生孢子，由风、雨及昆虫传播，经皮孔或自表皮直接侵入。该病发生的轻重与病菌的积累、栗树的生长势、肥水管理、其他病虫害发生的情况等关系密切，前期发病重、树势衰弱、病虫为害重和果实生长期潮湿多雨的天气条件等都有利于其发生。采后栗棚、栗果大量堆积，若不迅速散热，容易发生病害，造成腐烂现象严重。

防治措施：

①结合冬季修剪，剪除病枯枝，彻底清扫树下落叶、枝梢、果实，集中烧毁或深埋。

②春季发芽前，树上喷施 1 次 50％的多菌灵可湿性粉剂 600～800 倍液或 5°Bé 的石硫合剂。4～5 月间和 8 月上旬各喷 1 次杀菌剂，有效药剂为 0.5％的石灰半量式波尔多液、65％的代森锌可湿性粉剂 800 倍液。

5. 贮藏期病害

栗果贮藏期腐烂由多种真菌为害所致，是在栗树生长季节侵染、贮运期发病的一种潜伏侵染性病害，特别是用打落法收获的板栗极易染病，其染病率高达 52％。在较好的常规贮藏条件下，栗实腐烂的损失率约为 10％，而贮藏不当时损失率可达 50％。在北京地区，板栗实腐病的病原菌有胶孢炭疽菌（*Colletotrichum gloeosporioides*）、聚生小穴壳菌（*Dothiorella gregaria*）、腐皮镰孢菌（*Fusarium solani*）、拟茎点菌（*Phomopsis sp.*）和匐枝根霉（*Rhizopus stolonifer*）。板栗贮藏病害的症状比较复杂，主要特征是栗果外观无异常或种皮变褐，种仁有各种坏死斑点，后期在种皮病部形成各种霉状物，根据不同症状病害类型可划分为黑腐、褐变、红腐、干腐、湿腐、青腐、点腐 7 种症状。贮藏前期以褐变、黑腐为主，后期以干腐为主。

防治措施：

①避免产生伤口。防好蛀果性害虫，在采收、贮运过程中，避免伤害栗实，以杜绝病菌侵入。

②合理贮藏。目前在世界范围内广泛采用和正在研究的贮藏保鲜技术，有温度调节法、辐射贮藏法、减压贮藏法、高压放电贮藏法、臭氧离子贮藏法及涂膜保鲜法等物理方法，有用硫熏蒸，用百菌清或甲基托布津浸泡等化学方法，以及生物防治法。这些方法对板栗的贮藏保鲜均有一定的效果，如用植物提取物厚朴保鲜剂洗果液清洗板栗后，可有效地减轻贮藏病害的发生。

③库房消毒。贮藏栗实的库房，贮前用 40％的甲醛 10 倍液或硫黄熏蒸消毒，可抑制各种霉菌。

④种子消毒。用作育苗的栗实，沙藏催芽前应先用 0.3％的高锰酸钾溶液浸泡消毒 20～30 min，然后用清水冲洗干净；用作沙藏的细沙，也要事先喷洒 40％的甲醛溶液 10 倍液消毒 30 min，待药味散发后再与栗实混匀进行沙藏。

二、板栗的主要害虫及其防控

1. 果实害虫

板栗的果实害虫主要有栗实象甲、桃蛀螟(图 8-4)、栗实蛾。

板栗果实害虫是造成板栗减产的主要害虫，栗蓬的受害率一般为 10%～30%，严重时可达 50%～80%。从南向北均有发生，有时几种害虫同时发生。为了便于区分和及时有效地进行控制，下面把 3 种常见的果实害虫放在一起进行比较叙述。

图 8-4 桃蛀螟各虫态及为害状

栗实象甲：寄主主要是栗属植物，还有榛、栎等。以幼虫在栗实内取食，形成较大的坑道，内部充满虫粪，被害栗实易霉烂变质，完全失去发芽能力和食用价值，老熟幼虫脱果后在果皮上留下圆形的脱果孔。

桃蛀螟：又名桃蛀心虫、豹纹蛾等。主要为害板栗、桃、李、杏、梅、梨、石榴，还为害向日葵、玉米、大豆等，以幼虫为害板栗总苞和果实，被害栗蓬苞刺干枯、易脱落，被害果被食空、充满虫粪，并有丝状物相粘连。

栗实蛾：又名栗子小卷蛾、栎实卷叶蛾。以幼虫取食栗蓬，稍大后蛀入果内为害，从蛀孔处排出灰白色短圆柱状的虫粪堆积在蛀孔处，有的咬断果梗，导致栗蓬脱落。

（2）形态特征

栗实象甲：属鞘翅目，象甲科。成虫体长 5～9 mm，宽 2.6～3.7 mm，体深褐色至黑色，被覆黑褐色或灰白色鳞毛，前胸背板有 4 个白斑，鞘翅具有形似"亚"字的白色斑纹。幼虫老熟时体长 8～12 mm，头部黄褐色或红褐色，身体乳白色或黄白色，多横皱褶，略弯曲。

桃蛀螟：属鳞翅目，螟蛾科。成虫体长 10～14 mm，翅展 25～30 mm，体和翅鲜黄色，翅面上有多个黑色斑点。老熟幼虫体长 20 mm 左右，头部黑褐色，全体背面暗红色，各节有黑褐色毛片 8～10 个。

栗实蛾：属鳞翅目，卷蛾科。成虫体长 7～8 mm，体银灰色，前翅灰色，有白色波状纹，后翅黄褐色，外缘灰色。老熟幼虫体长 8～13 mm，圆筒形，头黄褐色，胴部暗褐至绿色，各节上有毛瘤，上生细毛。

（3）发生特点

栗实象甲：2 年完成 1 代，以老熟幼虫在土中做土室越冬。越冬幼虫于新梢停止生长、雌花开始脱落时进入化蛹盛期，并有成虫羽化，雄花大量脱落时为成虫羽化盛期，栗球苞迅速膨大期为成虫出土盛期，直到 9 月上、中旬结束。成虫出土后取食嫩叶，寿命 1 个月左右。交尾后的雌成虫在果蒂附近咬一孔产卵其中，卵期 8～12 d，幼虫孵化后蛀入种仁取食，经 20 d 左右变老熟脱果入土，早期的被害果易脱落，后期的被害果通常不脱落，果实采收时未老熟的幼虫仍在种子内取食，直至老熟后脱果。

桃蛀螟：在华北地区 1 年发生 3 代，少数 2 代；浙江 1 年发生 5 代，以老熟幼虫在栗果堆积处等不同场所越冬。第 1 代幼虫主要为害桃、李、石榴，第 2 代幼虫主要为害玉米、高粱及桃等，第 3 代幼虫发生于 8 月下旬至 9 月上旬，主要为害栗果及向日葵等。为害板栗时，幼虫多从果柄附近蛀入，在板栗生长期多数幼虫食害蓬皮和蓬壁，少数幼虫蛀入栗果，而采收后在堆积 7～10 d 内即大量蛀入栗果。栗果采收后，幼虫便随虫果一起进入堆果场、果实仓库，并且从一个果转到另一个果为害，老熟幼虫还在栗果仓库内的墙壁、屋顶和堆积物缝隙中吐丝做茧越冬。

栗实蛾：1 年发生 1 代，以老熟幼虫结茧在落叶或杂草中越冬，翌年 6 月化蛹，7 月中旬后进入羽化盛期。成虫寿命 7～14 d，白天静伏在叶背，晚上产卵，多产于栗蓬刺上和果梗基部。初孵化幼虫先蛀食蓬壁，而后蛀入栗实，1 个果里常有 1～2 头幼虫，幼虫期 45～60 d，9 月下旬至 10 月上、中旬幼虫老熟后，咬破种皮脱出落地进入越冬。

（4）灾变因素

栗实象甲：发生和为害程度与板栗品种、立地条件等有密切关系。大型栗苞、苞刺密而长、质地坚硬、苞壳厚的品种表现出抗虫性，主要原因是成虫在这种类型的球苞上产卵比较困难，相反，小型栗苞、苞刺短而稀疏的品种被害率则高。山地栗园或与栎类植物混生的栗园受害重，平地栗园受害则轻。

桃蛀螟：板栗附近种植桃树、玉米等其他寄主，容易给板栗园提供桃蛀螟虫源。华北地区采收栗果采用树下拣拾自然脱蓬落栗和打落栗蓬2种方法。拣拾落栗法，可以大大减轻桃蛀螟的为害，但比较费时费工。打落栗蓬法是当栗蓬开裂30%～40%时，用长木杆打落栗蓬并拣拾落栗，然后将未开裂的栗蓬放在冷凉处集中堆积，使其后熟。这种方法给桃蛀螟为害创造了条件，因为栗蓬堆积后因呼吸加强而发热，原来钻入栗蓬里的幼虫受热后便纷纷向外爬，而为了防止高温影响栗果质量，又必须向蓬堆泼水降低温度，这时爬出来的幼虫又钻进栗蓬，它一般不钻进原来的虫果，而是钻入了另一个栗果，这样爬出钻入好几次，虫果量就会大大增加。据试验记载，刚采收的栗蓬桃蛀螟虫果率仅为4.1%～7.5%，经过15 d的堆积脱粒后，虫果率就增加到了39.4%。

(5)防治措施

①在板栗收获前，由于3种害虫均在栗果上为害，应及时剪除和拾取落地的虫果，集中烧毁或深埋，以消灭其中的幼虫。

②利用栗实象甲成虫的假死习性，在成虫发生期振树，待虫落地后捕杀，在栗实象甲虫口密度大的栗园，于成虫出土期(7月下旬)在地面喷洒5%的辛硫磷粉剂或辛硫磷微囊剂，喷药后用铁耙将药、土混匀，可兼治剪枝象甲。

③在栗园周围零星种植向日葵，诱集桃蛀螟产卵，在8月中旬将向日葵盘收割烧毁。

④树上喷药防治。从成虫的发生和产卵期来看，7～8月是3种害虫的共同发生期，可以通过向树上喷药来杀卵和初孵幼虫，有效药剂有25%的灭幼脲悬浮剂2 000倍或20%的速灭杀丁乳油1 000～2 000倍液，最好连续喷洒2次，中间隔15 d左右。

⑤采收后处理果实，以消灭果内的幼虫。采收后，立即用50～55℃的水浸泡10～15 min。及时进行脱粒，入冷库存放。

2.栗剪枝象甲

栗剪枝象甲又名板栗剪枝象鼻虫、剪枝象甲。成虫产卵前，先在距果苞5 cm处咬断果枝，仅留一部分表皮，然后爬到果苞上产卵，这一果枝随即枯死落地。

形态特征：成虫体长6.5～8.2 mm，体蓝黑色，有光泽，密被银灰色茸毛。

发生特点：1年发生1代，以幼虫在土中越冬，次年5月开始化蛹，6月上旬成虫出土，6月下旬为出土盛期。成虫有假死性，受惊即落地，1头雌虫一生可剪断40多个果枝。成虫产卵于栗苞内，幼虫孵出后在苞内取食，将果仁全部吃空，使果内充满虫粪，取食30余天后幼虫老熟，在栗实上咬一圆孔，随即爬出钻入土中越冬。

防治措施：成虫发生期，利用其假死性，猛摇树枝把成虫振落，集中消灭。在成虫产卵为害期（6～7月）拾净落地果枝，每10 d进行1次，集中烧毁，以杀死其内的卵和幼虫。树上喷药防治方法参照桃柱螟。

3. 板栗红蜘蛛

板栗红蜘蛛（图8-5）又名栗小爪螨、针叶小爪螨。主要为害板栗、山楂及部分针叶林木，以幼若螨、成螨在栗叶正面刺吸汁液，被害处呈黄白色小斑点，虫口密度大时每叶有成螨300～500头，多者达1 000余头，使叶片全部失绿变为黄白色至灰白色，渐变成褐色枯斑直至全叶变褐枯死。

形态特征：雌成螨体长0.42～0.48 mm、宽0.26～0.31 mm，椭圆形，红褐色，体背隆起前端较宽，末端狭窄钝圆，足粗壮、淡绿色，体背刚毛粗大，共24根，体背常有暗褐绿色斑块。卵似圆葱头状，顶端有1根刚毛，初产为乳白色，近孵化变红色，越冬卵呈暗红色。

发生规律：该螨1年发生7～9代，以卵在1～4年生枝条上越冬，尤其在2年生枝芽周围、树皮缝隙及分枝处为多。越冬卵于栗芽萌发至叶片伸展期孵化，80％～90％的卵集中在10 d内孵化，幼螨孵化后即集中到幼嫩组织上取食为害。展叶后集中到展平的叶片正面群集为害，生长季节卵多产在叶片正、反两面。干旱年份板栗红蜘蛛发生为害的状况比较严重，6～7月为害最为严重。因成螨、幼若螨多集中在叶片正面取食，栗叶光滑，所以遇暴风雨冲刷时螨口可减少80％～90％。因此，进入雨季后，该螨数量骤减，这也是南方板栗红蜘蛛发生轻于北方的原因。

防治方法：在越冬卵孵化盛期和末期连续喷药2次，可以控制全年为害，可喷洒灭扫利或尼索朗、螺螨酯等杀螨剂，发芽前树上喷洒石硫合剂或机油乳剂＋辛硫磷，可同时防治介壳虫、蚜虫等。

为害状　　　　　　　雌成螨　　　　　　　越冬卵

图8-5　板栗红蜘蛛

4. 栗大蚜

栗大蚜(图 8-6)又名板栗大蚜、栗枝黑大蚜，属同翅目，大蚜科。国内普遍分布，除为害板栗外，还为害白栎、麻栎等。成、若蚜群集枝梢上或叶背面和栗蓬上吸食汁液，影响枝梢生长，蚜虫排出的蜜露招引蚂蚁取食。

为害新梢　　　无翅蚜　　　越冬卵

图 8-6　栗大蚜

形态特征：栗大蚜是一种黑色的蚜虫，无翅成蚜体长 5 mm，黑褐色腹部肥大。若蚜黄褐色，逐渐变为黑褐色。越冬卵长椭圆形，长约 1.5 mm，初产时为暗褐色，后变为黑色，有光泽，单层密集排列在枝干背阴处和粗枝基部。

发生特点：1 年多代，以卵于枝干皮缝处或表面越冬，阴面较多，常数百粒单层排在一起。第 2 年 4 月孵化，群集在枝梢上繁殖为害，5 月产生有翅胎生雌蚜，迁飞扩散至嫩枝、叶上为害和繁殖，10 月中旬产生有性雌、雄蚜，交配产卵，11 月上旬进入产卵盛期。

在旬平均气温约为 23℃、相对湿度为 70% 左右时适宜栗大蚜繁殖，一般 7～9 d 即可完成 1 代。气温高于 25℃、湿度为 80% 以上时虫口密度逐渐下降。暴风雨冲刷会造成大量蚜虫死亡。

防治措施：冬春季节结合修剪查找卵块，消灭越冬卵。喷药防治应在蚜虫初发期，用 10% 的吡虫啉可湿粉剂 3 000～4 000 倍液或 50% 的可立施水分散粒剂 8 000～10 000 倍液喷洒枝叶。

5. 栗瘿蜂

栗瘿蜂(图 8-7)又叫栗瘤蜂，属膜翅目，瘿蜂科。以幼虫为害板栗芽和叶片，形成各种虫瘿，虫瘿呈绿色或紫红色，到秋季变成枯黄色，每个虫瘿上留下 1 个或数个圆形出蜂孔。栗树受害严重时很少长出新梢，不能结实，树势衰弱，枝条枯死，发生严重的年份，栗树受害株率可达 100%，是影响板栗生产的主要害虫之一。

形态特征：瘿内老熟幼虫黄白色，体肥胖，略弯曲，无足，头部稍尖，口器淡褐色，末端较圆钝。

发生特点：栗瘿蜂1年1代，以初孵幼虫在被害芽内越冬。在翌年栗芽萌动时开始取食为害，被害芽逐渐膨大形成坚硬的木质化虫瘿，幼虫在虫瘿内继续取食为害，老熟后即在虫室内化蛹。成虫羽化出瘿后即产卵在栗芽上，喜欢在枝条顶端的饱满芽上产卵，一般从顶芽开始，向下可在5～6个芽上连续产卵。卵期为15 d左右，幼虫孵化后即在芽内为害，于9月中旬开始进入越冬状态。

北京、河北6月上旬至7月中旬为成虫羽化期，成虫羽化后咬1个圆孔从虫瘿中钻出，成虫出瘿期在6月中旬至7月底。在长江流域的板栗产区，上述各时期提前约10 d；在云南昆明地区，

图8-7　栗瘿蜂

越冬幼虫于1月下旬开始活动，3月底开始化蛹，5月上旬为化蛹盛期和成虫羽化始期，6月上旬为成虫羽化盛期。

防治措施：

①剪除虫枝。结合冬季修剪，剪除虫瘿周围的无效枝，尤其是树冠中部的无效枝，集中处理，能消灭其中的幼虫。

②剪除虫瘿。在新虫瘿形成期，及时剪除虫瘿，消灭其中的幼虫。剪虫瘿的时间越早越好。

③利用天敌。长尾小蜂是栗瘿蜂的一种主要寄生性天敌，该蜂成虫交尾后，寻找有栗瘿蜂幼虫的嫩瘿，把产卵器插入瘿内产卵，幼虫孵出后以吸食栗瘿蜂体液为生，一般1个虫瘿内有1只寄生蜂幼虫。由于长尾小蜂的幼虫长期寄居在栗瘿蜂的瘿内，并有很长一段时间与栗瘿蜂的幼虫同居，所以人们往往把长尾小蜂的幼虫错认为是栗瘿蜂的幼虫。

6.板栗金龟子

为害板栗的金龟子有很多种，它们均以成虫取食板栗的嫩梢、幼叶和花序，幼虫(蛴螬)取食根系，而且在不同的板栗产区发生的金龟子优势种不同。在北方板栗上发生的金龟子主要是大黑鳃金龟、铜绿丽金龟、小青花潜金龟，成虫在春季和夏季为害嫩梢和幼叶，小青花潜金龟主要为害雄花序。在南方的板栗产区，4月上、中旬栗叶初展期，铜绿丽金龟、墨绿彩丽金龟、深绿丽金龟、红脚异丽金龟开始取食嫩叶。到5月上旬，这4种金龟子的数量达到高峰期，金龟子群集取食栗叶，食后仅剩叶脉。5月下旬，隆胸平爪鳃金龟、斑青花金龟、棉花弧丽金龟开始取食板栗花。6月下旬，食花金龟子的数量达

到高峰期。在景宁，铜绿异丽金龟和棉花弧丽金龟的数量多而且发生的时间长，对板栗的为害最严重。金龟子多是杂食性害虫，可以取食为害多种林木、农作物和蔬菜。所以，在山上林栗混栽区和平原靠近花生、马铃薯种植区的板栗产区，金龟子的发生数量较多。

近年来，在昆明的板栗上巨角多鳃金龟（*Hecatomnus grand icornis* Fairmaire）猖獗为害。该虫主要以幼虫（蛴螬）啃食根系表皮，影响根系对水分和养分的吸收，导致树体死亡，同时，巨角多鳃金龟为害形成的伤口有利于病菌侵染，加重板栗根部的病害发生，致使 10～30 年生的板栗树大量死亡，短期内造成了十分严重的经济损失。通过实地分析，认为造成该虫猖獗为害的原因有 3 个：一是气候变化异常，极端低温现象频发。自 2008 年至 2009 年，昆明地区的气候变化异常，出现暖冬、倒春寒现象，数十年一遇的极度低温和冰雪霜冻灾害开始出现，这些反常的气候现象为板栗种植地病虫灾害的暴发创造了有利的条件，许多次要林木的病虫害上升为主要病虫害，为害区域及破坏程度不断扩大。二是规模化种植，树种单一，为该虫提供了充足的食料。三是普遍使用未腐熟的农家肥。巨角多鳃金龟具有极强的趋光性，夜里村民家中的灯光引诱其成虫在农家肥堆放地产卵和栖息，而这些农家肥使用前又不经任何灭菌杀虫处理，在施肥时就把巨角多鳃金龟虫源带入板栗园内，长此以往使得板栗园内的巨角多鳃金龟虫口数量不断累积，致使板栗树的受害程度不断加重，受害面积不断扩大。

防治措施：

①在板栗园的周围种植蓖麻。因为蓖麻叶中的蓖麻素有毒，而金龟子又最喜食蓖麻叶，板栗园的四周种蓖麻，金龟子飞来时就先取食蓖麻叶，吃后会中毒而死。

②向树上喷药。在成虫发生盛期，每隔 10 d 向树上喷 1 次 2.5％的溴氰菊酯（敌杀死）乳油或 12.5％的高效氟氯氰菊酯（功夫）乳油 1 500～2 000 倍液，使金龟子食叶后中毒而死。喷药最好于下午傍晚进行，此时正值金龟子上树为害时间，有利于药剂快速发挥作用。

7. 板栗天牛

天牛是为害板栗树的一类主要蛀干害虫，主要种类有云斑天牛（*Batocera horsfieldi*（Hope））、黑星天牛（*Anoplophora leechi*（Gahan））、蓝墨天牛（*Monochamus guerryi* Pic）、秀色粒肩天牛（*Apriona swainsoni*（Hope））、栗山天牛（*Massicus raddei* Blessig）、薄翅锯天牛（*Megopis sinica* White）、栗长红天牛（*Erythresthes bowringii*（Paseoe））等，均属鞘翅目，天牛科。我国各板栗产区都有天牛分布，在不同的地区发生的种类不同，有的种类分布的范

围较广，但为害程度轻，有的种类分布的范围小，但为害程度严重。天牛的寄主范围很广，除果树外，还有多种林木，是造成果树和林木死亡的一类重要害虫。

所有天牛均以幼虫蛀食树干或枝条，由皮层逐渐深入到木质部，造成各种形状的隧道，使其内充满虫粪或木屑，有的种类在蛀道内向外咬通气孔，并由此孔排出木屑和虫粪，成虫可啃食枝条皮层或取食叶片，被害树树势衰弱，枝条枯死，严重时整株死亡。

(1)形态特征

云斑天牛：成虫体长约 50 mm，体黑色密布浅灰色茸毛。前胸背板中央有 1 个近肾形的黄白色斑，两侧有刺突，鞘翅面上有颗粒状瘤突。卵土黄色，稍弯。老熟幼虫体长约 75 mm，乳白色，前胸背板略呈方形，浅棕色，近中线处有 2 个小黄点，点上有 1 根刚毛。

黑星天牛：雌成虫体长 35～45 mm，漆黑色，有光泽。触角粗壮，略显黑褐色，长于身体 3 节。前胸背板宽大于长，侧刺突粗壮，顶端尖锐，鞘翅短于腹部，腹部末节外露。雄成虫体长 28～39 mm，触角长于身体 5 节，腹末全部被鞘翅覆盖。卵长卵圆形，长 8.0～9.2 mm，宽约 2 mm，中间稍弯，初产时为白色，孵化前逐渐变黄。老熟幼虫体长 47～58 mm，黄白色，头褐色，前胸背板棕褐色，后缘有"凸"字形骨化棕色纹。

蓝墨天牛：成虫体长 16～24 mm，宽 6～9 mm，黑色，全身着生淡蓝或略带淡绿色茸毛，鞘翅基部具黑色粒状刻点，其余部分均显黑色弯曲微隆起脊纹，同淡蓝色茸毛相间组成细致弯曲状花纹，前胸背板中央有 1 条黑色短纵斑，两侧各有 1 个黑色小斑点。

(2)发生特点

云斑天牛：一般 2 年发生 1 代，少数 1～3 年发生 1 代。一般 4 月上旬即见成虫，4 月下旬至 5 月下旬为活动最盛期，6 月开始产卵，7 月下旬为产卵盛期，卵单产于枝干的皮层。幼虫孵出后先在树皮下蛀食，后逐渐蛀入木质部，向上蛀食。经 1～2 年，老熟后的幼虫在蛀道末端作室化蛹，8 月化蛹，9 月羽化为成虫。

黑星天牛：2～3 年 1 代，以 3 年 1 代为主。以幼虫在隧道内越冬。成虫发生期在 6 月中旬至 8 月上旬，盛期在 7 月上旬，成虫羽化后向外咬羽化孔飞出。成虫飞行力弱，白天多在树干基部爬行或在树干上静伏，常啃食嫩枝皮，造成枝条死亡，产卵部位多在 1 m 以下的主干上，产卵前在树皮上咬一横槽，产卵于其中。卵期 20 d 左右，幼虫孵化后 10 余 d 即蛀入树皮取食韧皮部，造成横向蛀道，在被害处下方有排粪孔，从孔中排出新鲜虫粪，在春末夏初，长大后的幼虫蛀入木质部或主干髓部，从排粪孔排出的木屑和虫粪堆积于地面。

蓝墨天牛：国内主要分布于云南、湖南、广东、广西、贵州等省。2年完成1代，以老龄幼虫在蛀道内越冬。翌年3月开始活动取食，5月下旬始见成虫，成虫期可达3个月，末期可到8月中、下旬。成虫取食板栗树的枝皮作补充营养，选择树干光滑部位啃食1周，带宽0.2～0.4 cm，深0.11 cm，成虫将产卵管插入带沟形成层，均匀产卵排成1周，卵在带沟中孵化后，1～2龄取食韧皮部和木质部，受害部位形成大的肿瘤，3龄后横向蛀入木质部并向上或向下蛀食。

（3）防治措施

①在天牛成虫发生期，利用成虫不善飞行的特点，人工捕捉成虫，能收到很好的防治效果。

②在成虫产卵期，经常检查树干上有无成虫的产卵痕，发现后可用小刀刮除或刺破卵粒。

③发现树干上有新的排粪孔时，用铁丝掏出虫粪和木屑，刺死其中的幼虫。

④冬季结合修剪，清除虫枝，并将被害濒于死亡的树木连根挖出做烧毁处理，以减少越冬基数，生长期发现虫枝时及早剪除并集中烧毁。

⑤树干涂白。在成虫发生期，用生石灰12 kg＋食盐2.0～2.5 kg＋大豆汁0.5 kg＋水36 kg或生石灰10份＋硫黄1份＋食盐1份＋水30份配成涂白剂涂刷树干，或用80％的敌敌畏乳油10倍液加黄土拌成的药泥浆涂刷树干，以防成虫产卵或直接药杀卵和初孵幼虫。

⑥药剂防治。在成虫产卵盛期，用具有内吸作用的药剂如40％的辛硫磷乳油5～10倍液涂刷产卵刻槽，然后用塑料薄膜捆绑包扎，闷杀卵和初孵幼虫，效果很好。亦可用棉球或海绵蘸80％的敌敌畏乳油10倍液塞入虫孔内，或用注射器吸取药液注入孔内，其外用塑料薄膜包扎或用黄泥封住虫孔，熏杀虫道内的幼虫。

8. 板栗透翅蛾

为害板栗的透翅蛾主要有2种：板栗兴透翅蛾（*Synanthedon castanevora* Yang et Wang）和赤腰透翅蛾（*Sesia molybdoceps*）。它们均以幼虫蛀食树干、大枝，轻者影响板栗树体的正常生长而使板栗减产，严重时可以造成板栗的主、侧枝死亡，甚至造成整株死亡。

（1）形态特征

兴透翅蛾：雌成虫体长约10 mm，翅展约19 mm，全体黑色，具蓝绿紫色光泽。触角黑褐色，棍棒状，末端稍弯曲，并具有小毛束。足黑色，具黄白色斑。前翅透明，翅端具有黑色宽边，中室端具黑色横带，翅脉均被黑鳞。

后翅透明，前缘黄色，翅外缘至后缘均具黑边，缘毛黑灰色。

赤腰透翅蛾：该虫的成虫与黄蜂非常相似。雌成虫体长 14～21 mm，腹部各节橘黄色或赤黄色。翅透明，翅脉及缘毛茶褐色。足黄褐色，后足胫节赤褐色，毛丛尤其发达。雄成虫体长 13～19 mm，色泽较为鲜艳，尾部有红褐色毛丛。

（2）发生特点

兴透翅蛾：在我国北方 1 年发生 2 代，以 3～5 龄幼虫越冬，翌年 4 月初开始活动，5 月上旬越冬成虫开始羽化。第 1 代幼虫 5 月底至 6 月初开始孵化，7月中旬开始化蛹，7 月下旬第 1 代成虫开始羽化，8 月中、下旬为羽化盛期，成虫喜欢在伤口、粗皮和旧虫道产卵。越冬代幼虫的孵化盛期在 8 月中、下旬。

赤腰透翅蛾：主要发生在南方的板栗产区。以幼虫在树干或枝干韧皮部内取食为害，在主干嫁接口附近为害频繁。受害部位表皮粗糙皱缩、开裂，并呈环状肿瘤隆起。为害严重时，大量幼虫环绕韧皮部横向穿食，虫道内充满木屑与虫粪，一般不排出树外。1 年发生 1 代，以 2 龄幼虫在受害树枝老树皮下越冬，翌年 3 月下旬越冬幼虫开始活动，7 月中旬老熟幼虫在附近的树皮表面处筑室化蛹，8 月下旬至 9 月下旬为成虫羽化盛期，成虫羽化后随即产卵在树皮裂缝、旧的羽化孔及树皮机械伤痕等粗糙部位，以从根部到树高 1 m处产卵最多。卵经过 13～16 d 孵化，9 月中旬为幼虫孵化盛期，幼虫孵化后，立即蛀入树皮下为害，10 月进入越冬。

（3）防治措施

①刮除粗糙老树皮。在 7～9 月成虫羽化产卵盛期及幼虫孵化时，刮除主干上的老树皮，刮皮时不能过深，以免伤及木质部。刮下的树皮要集中烧毁，刮皮后及时用煤油 1 kg 对 5％的敌敌畏乳油 50 mL 涂抹已刮树皮的枝干。

②挖杀幼虫。经常检查树体，发现枝干上有隆肿鼓疤时用利刀挖除受害组织，杀死幼虫，掏净木屑与虫粪，并涂上保护剂保护伤口，防止感染板栗疫病。保护剂配方为 90％的乙膦铝可湿性粉剂 100 倍液＋58％的甲霜灵锰锌可湿性粉剂 100 倍液或石硫合剂原液。

③9～10 月在树干及主枝上喷布 2.5％的敌杀死乳油 2 500 倍液，每隔 15d 喷 1 次，连喷 3～4 次，灭杀卵和初孵幼虫。

④加强果园管理。合理追肥，增强树势，避免主干形成伤口，冬季做好树干涂白和培土工作，及时剪除和烧毁树冠内的受害枝。

9. 栗绛蚧

栗绛蚧是板栗枝干上主要的刺吸性害虫之一，广泛分布于安徽、江苏、浙江、湖南、湖北、贵州、四川、江西等地的板栗产区。以若虫和雌成虫寄生于板栗树枝干上刺吸汁液为害，大发生时枝条上密布蚧虫，轻则导致新芽萌发推迟，影响生长和结实，重则造成枯枝、枯顶，甚至整株乃至成片死树。

形态特征：雌成虫体呈球形或半球形，直径 5 mm 左右，初期为嫩绿色至黄绿色，背面稍扁，体壁软而脆，腹末有一小水珠，称为"吊珠"，至体内卵成熟时小水珠消失，后期体表有光泽，黄褐色或深褐色，上有黑褐色不规则的圆形或椭圆形斑，并有数条黑色或深褐色横纹。1 龄初孵若虫长椭圆形，肉黄色，1 龄寄生若虫长椭圆形，黄棕色，胸部两侧各具白色蜡粉 1 块，2 龄寄生若虫体椭圆形，肉红色，体背常黏附有 1 龄若虫的脱皮壳。

发生特点：1 年发生 1 代，以 2 龄若虫在枝条基部、枝干伤疤、芽痕、树皮裂缝等隐蔽处越冬，于翌年 3 月上旬日平均气温达到 10℃以上时越冬若虫恢复取食，3 月中旬以后，部分若虫脱皮变为成虫，继续取食为害，3 月下旬至 4 月下旬雌蚧迅速膨大介壳变硬，4 月中旬，雌成虫开始孕卵，卵在母体内孵化。5 月中旬当气温达到 25～26℃时，1 龄初孵若虫从母体下爬出，从 6 月中、下旬开始，1 龄若虫脱皮变为 2 龄，取食一段时间后，于 7 月上、中旬开始越夏，至秋末开始越冬。

温度、降雨、光照强度是影响栗绛蚧发生的关键气候因子。通过观察，当温度在 30℃以上、光照强度在 90 lx 以上、若虫直接曝晒在 10 h 以上时，死亡率为 100％。5～7 月，当温度达到 30℃以上、连续晴 7～10 d，固定在枝干朝阳面的若虫死亡率为 100％。黑缘红瓢虫、寄生蜂和芽枝状芽孢霉菌是控制该虫的重要天敌。

防治措施：当栗绛蚧偏重发生和大发生时，抓住越冬若虫膨大期喷药，此时正好避开了寄生蜂的羽化高峰期和黑缘红瓢虫的卵孵化期，可避免大量杀伤天敌。用 10％的高渗吡虫啉可湿性粉剂 1 000～2 000 倍液，或 3％的啶虫脒乳油 1 000～2 000 倍液均匀喷洒枝干。

第三节　板栗园安全防控与天敌利用

一、板栗病虫防治中存在的问题

在板栗病虫害防治中主要存在以下问题：

①栗园的立地条件不利。多数栗园建于山地，山路陡峭狭窄，不便于施药机械出入与行进。山区缺水、缺电，树体高大(有的树高达 10 m)，给喷药防治工作带来一定的困难。

②缺少对板栗病虫防治技术的研究。目前主要沿用过去的防治方法，使用一些高毒、长残留的化学农药，许多资料还在推荐乐果、甲胺磷、敌敌畏、

对硫磷等国家禁止使用的化学农药。

③对防治工作不够重视。多数果农对栗园的管理粗放，甚至只收不管，缺少板栗病虫害的防治知识，没有掌握病虫的发生规律，对栗园的病虫防治得不够及时，一旦病虫暴发就手足无措，防治起来相当困难，甚至难以奏效，直接影响板栗的生长和经济效益。

④病虫防治基础薄弱。尽管各市县都设有森林病虫防治检疫管理机构，各乡镇也有森林植物疫情监测员，但由于经费不足，病虫知识欠缺，虫情调查、虫情预测、预测设备工具简陋等因素，使得栗园的管理现状不能满足病虫防治工作发展的需要。

二、未来板栗病虫害防治的方向

为确保板栗产业的健康发展，必须加强病虫害防治工作，着重解决以下问题：

①选育抗病、抗虫和矮化品种，研究一些适应山区作业的新技术、新药械。

②研究板栗主要病虫的灾变规律，找出防治的关键时期，筛选出高效、低毒、安全的新农药。利用病虫习性，研究简便、高效的无害化防治技术和安全施药技术，制定综合的防治措施，通过通俗易懂的宣传材料，向果农推广科学的病虫害防治知识。

③加强对检疫病虫的监管与处理技术的研究，特别是在苗木、接穗调运与果实储运等环节。

④充分利用天敌，提倡病虫害的生物、生态防控。栗园中生存着大量的天敌，赵丽芳等人在云南滇中地区板栗园调查时发现，板栗害虫的天敌昆虫有 32 种，其中中华长尾小蜂、盘蚧花翅跳小蜂是控制栗瘿蜂和白生盘蚧的重要天敌，还有瓢虫、草蛉、蜘蛛、寄生蜂、寄生蝇、白僵菌等。应维持自然界中有害生物和有益生物的自然平衡，创造良性的生态环境。在防治病虫害时，必须考虑有益生物的保护和利用，以利于形成一个稳定、健康的生态体系。

如何保护利用天敌？首先需要调查摸清栗园的天敌种类，了解优势天敌的消长规律与发生特点，避开天敌发生期喷药。其次应研究优势天敌的人工饲养和田间释放技术，通过人工释放的方式快速提高栗园内的天敌数量。

参 考 文 献

[1] 徐志宏. 板栗病虫害防治彩色图谱 ［M］. 杭州：浙江科学技术出版社，2001.

[2] 冯玉增,刘小平.板栗病虫害诊治原色图谱[M].北京:科学技术文献出版社,2010.

[3] 唐正轰. 经济林病虫害防治技术 [M]. 南宁：广西科学技术出版社，2006.

[4] 蔡志辉,尹四,金白杨. 昆明地区板栗病虫害种类及综合防治 [J]. 云南林业科技,
1996(3):66-70.

[5] 王毅,张跃宁,宋晓斌,等.陕西板栗病虫害调查与主要病害发生特点[J].西北林学院学
报,2005,20(3):120-123.

[6] 毋亚梅.云南板害虫名录及主要种简述[J].云南林业科技,1997(3):74-82.

[7] 赵丽芳,王海林,陈鹏.云南滇中地区板栗病虫害及天敌调查研究[J].林业调查规划,
2008,33(2):70-75.

[8] 汤才,袁荣兰,虞国跃,等.浙江省板栗害虫种类及其危害状况调查[J].浙江林学院学报,
1988,5(2):222-235.

[9] 袁昌经.江西板栗害虫种类记述[J].江西农业大学学报,1986(1):37-44.

[10] 刘惠英,汤建华,黄大庄,等.河北省燕山区板栗害虫调查初报[J].河北林果研究,2000,
15(2):175-179.

[11] 梅汝鸿,陈宝琨,陈璧,等.板栗干腐病研究(Ⅱ)症状及病原[J].中国微生态学杂志,
1991,3(1):75-79.

[12] 贺伟,沈瑞祥,王晓军.北京地区板栗实腐病病原菌的致病性及侵染过程[J].北京林业
大学学报,2001,23(2):36-39.

[13] 赵忠仁,王冬兰,刘建业,等.板栗贮藏期病害及药剂处理保鲜技术研究[J].落叶果树,
1996(4):6-10.

[14] 丁强,刘永生.板栗病害发生规律及综合防治[J].植物检疫,2001(3):144-147.

[15] 张松强,徐基琼.板栗病害发生特点及防治对策[J].安徽科技,2000(12):34.

[16] 方明刚.广东板栗主要病虫名录及无公害防治探讨[J].现代农业科技,2007(18):71-
72,75.

[17] 田寿乐,许林,沈广宁,等.红蜘蛛不同防治效果对板栗生长结实的影响[J].山东农业科
学,2012,44(4):84-85,90.

[18] 朱晓清,林彩丽,李志朋,等.北京怀柔区板栗黄化皱缩病害调查[J].中国森林病虫,
2011(5):24-26.

[19] 曹恒生,蔡华.安徽板栗病害及其新记录[J].安徽农业大学学报,1997,24(4):327-331.

[20] 戴法大.新害虫——板栗中沟象[J].中国果树,1987(3):22-23.

[21] 陶金星,张敏,俞福仁.板栗病虫害可持续控制策略[J].浙江林业科技,21(4):98-100.

[22] 吴浙东,郑建甫.板栗病虫防治用药技术措施[J].江西园艺,2000(2):15-16.

[23] 张海旺,张国珍,曹庆昌,等.北京地区板栗主要病虫害种类初步调查[J].植物保护,
2009,35(2):121-124.

[24] 王植,曹均,曹庆昌,等.高光遥感监测板栗病虫害的可行性初探[J].中国农学初报,
2010,26(13):380-384.

[25] 程远渡,易有金,周金伟,等.板栗病害防治研究进展[J].安徽农业科学,2013,41(19):
8170-8171,8174.

第九章　板栗采后增值技术

采后处理是板栗生产增值的重要阶段，该阶段涉及采收、贮藏、加工等环节。我国北方栗主产区的采收一直沿用打、拾结合的方法，这种方法基本可以保证坚果自然成熟时的品质；南方一些产区为提早上市，多有"采青"现象发生，即在板栗尚未完全成熟时剥出，这不仅造成减产，也加重了贮藏期的腐烂程度。现阶段的板栗贮藏以冷库贮藏为主，分为风冷和水冷，普通栗农除留种外，多不存放板栗，即剥即售。板栗加工一直是我国板栗产业的短板，无论在设备上还是在工艺上，与发达国家相比都存在着不小的差距。我国板栗的加工业起步虽晚，但处于加速发展阶段，只要解决设备、工艺和营销等环节的关键问题，我国就能成为名副其实的板栗产业强国。

第一节　我国板栗采后现状与发展对策

板栗采后处理是产品增值和进入商品市场的最后一道管理程序，也是实现板栗生产优质、高效的重要环节。加强对采收后坚果的贮藏、保鲜、加工等环节的管理，是提高板栗的商品性状、产品价值和市场竞争力的重要措施。板栗的贮藏有其独特性，贮藏期间既怕湿又怕干，贮藏不当很容易出现霉烂、失水、生虫以及后期发芽等现象。如桂林地区 1977 年运往梧州口岸的 460 t 鲜栗，仅在途中就损失了 220 t。

一、板栗贮藏现状

板栗属坚果类，外有总苞，内有坚硬的种壳，含水量较高（50％左右），呼吸强烈。板栗种壳为纤维状结构，与苹果等果品表面为蜡层覆盖相比，不仅无法防止水分蒸发，反而极易通过纤维状结构失去水分，所以板栗在贮藏中很易失水变干而失去鲜态，进而霉烂变质。栗果还易受栗实象甲、桃蛀螟等害虫的为害，采收时往往不易发现。

相比发达国家，我国的板栗贮藏加工环节薄弱，板栗采后耐贮藏能力严重不足。我国板栗的栽培地区绝大部分为山区，作为生产主体的栗农缺乏有效的贮藏手段，从而导致栗农的板栗多是低价销售，不当的贮藏方法也造成虫果率较高。板栗坚果的虫果率很高，这不仅影响栗果外观，还可诱发病菌感染，增加腐烂损耗。国内对板栗贮藏进行了大量的研究，总结了多种贮藏方法，如北方常用的沙层积贮藏，湖北罗田的带球苞贮藏，南京植物园的砻糠、锯屑低温贮藏，广西植物所的 ^{60}Co 辐照贮藏以及涂料贮藏，北京植物所的 2-萘乙酸甲酯化学拌种法，华中农业大学、陕西柞水县板栗研究所的硅窗、窑洞气调贮藏法，华理工大学的空气放电保鲜贮藏，江西靖安县林科所的酸碱盐竹篓松针薄膜覆盖贮藏的，包月祥的板栗自然保鲜法，湖北省粮油食品进出口公司的板栗速冻法等，各种方法各有优缺点，可根据各地、各品种的特点选择。

目前板栗的短期、少量贮藏多采用沙藏，但随着产量的增加，沙藏等常温贮藏方法无法适应板栗的中长期贮藏的需要，特别是在南方栗产区，采后一段时间的气温相对较高，降低贮藏温度就成为板栗保鲜的重要条件。因此，建设并合理布局各种冷库成为板栗长期贮藏、保持周年供应的关键措施。但是我国板栗的低温冷藏和气调贮藏技术仍缺乏科学的工艺及参数来支撑。

二、板栗加工现状

从 20 世纪 90 年代中期以来我国的板栗加工有了较大的发展，板栗加工业已有了一定的规模。随着市场需求的变化，国内板栗加工企业也在努力适应市场的特点及要求。以前市场上的产品主要为糖水栗子罐头、糖炒栗子、栗羊羹等少数产品，近年来板栗加工产品的种类有了快速的增加，发展到近百个品种，如营养栗粉、栗子鸡、栗子酱、涂衣栗子、板栗奶、栗脯、栗糕、栗脆片、糖衣栗子、板栗饮料等，对板栗市场的调节发挥了一定的缓解作用。在外销方面，我国大陆生产的板栗主要以原材料或初级加工品形式销往日本、我国的港澳台地区和东南亚的一些国家，外销量一直稳定在 4 万 t 左右。外销板栗绝大部分产自北京和河北 2 地，其余大部分在国内销售。

与板栗市场的规模相比，我国板栗产品的深加工表现出明显的不足。现阶段参与板栗加工的企业大多由最初做初级产品贸易的企业转化而来，既没有良好的基础，也缺乏板栗产品的开发平台，对产品研发的投入与重视也不够。由于自身技术的限制，这些企业不得不延续以板栗原材料为主的贸易，很多加工属于代加工，缺少自主的知识产权，不能开发出适销对路的产品。目前，我国板栗仍以生鲜板栗的原料销售为主，加工产品多属于粗加工，科技含量不高，加工技术落后，相关产品缺乏市场竞争力，综合利用程度低，部分地区的板栗加工转化率仅为 20%～30%，远低于发达国家（90% 以上）。精深加工技术和功能开发不成熟，板栗加工品标准与质量控制体系缺乏推广，加工附加值较低，不适应市场需求。以板栗罐头为例，国内生产的板栗罐头保质期仅为 1 年，而且褐变严重、汁液浑浊，而日本的同类产品则清澈透明、栗仁呈金黄色，价格高出我国同类产品 7 倍多。板栗加工过程中的褐变现象是影响板栗加工业发展的重要原因，目前加工中消除板栗褐变所用的物理及化学方法对加工产品的商品质量影响较大，如何在消除褐变的同时保持原料特有的感官质量、风味、营养成分和完整性，是我国板栗加工业亟待解决的问题，也是我国板栗产业开拓国际市场的重要障碍。在板栗脱壳技术上，韩国、意大利等发达国家的栗脱壳去衣机的脱皮率达 92%～98%，成品率达 71.2%。目前，我国已引进了此类设备，但生产线不足 10 条，板栗脱壳仍以人工剥壳或削壳为主，费工费时、加工成本较高。

三、板栗采后产业发展对策

（1）加强对板栗贮藏技术的研发

板栗贮藏要求必须是鲜果贮藏，糖炒栗、加工栗等均需要板栗含有较高的水分，因此，贮藏环境必须保持恒定的湿度和温度。随着我国板栗产量的日益增长和加工产业的发展，板栗贮藏保鲜逐渐成为影响板栗产业可持续发展的关键环节。要延长板栗的贮藏保鲜期，关键是要做到选择耐贮藏品种并适时采收，入库前做好散热处理、防霉防虫和防发芽处理。应根据生产实际因地制宜地选用合适的贮藏方法和工艺条件，在一些大面积种植板栗或已形成产业化优势的地区建造并合理布局专用冷藏库或气调库，推广普及板栗低温冷藏及气调贮藏中科学的工艺及参数，如贮藏温度、相对湿度、气体组成、贮前预处理等。同时，加强对贮藏新技术的研发，如超低温保存技术、解冻保鲜技术等，减少板栗的贮藏损失、病虫果等。

（2）加强对板栗多元化加工技术的研发

我国板栗的主要产品为糖炒栗子，产品单一，其他产品如营养栗粉、栗子鸡、栗子酱、涂衣栗子、板栗奶等产品的生产规模普遍偏小，生产设备和工艺落后。因此，应该在其他产品的研发、生产上给予扶持，对关键技术的研发给予资金支持。将产业链条向两端延伸，即上游向种植业延伸，下游向多元化产品、精深加工发展，力求板栗加工产品的多元化健康发展。重点研究解决板栗在消除褐变的同时保持原料原有品质的相关技术，开展对板栗淀粉加工的研究，加强对栗苞、栗枝、栗雄花序等的综合利用研究。通过技术进步，提升板栗加工品的品种和质量，提高栗产品的市场竞争力。

（3）产学研亟须搭建紧密的合作平台

企业的发展离不开科技创新，目前我国的板栗加工企业以中小型企业为主，只专注于板栗原料的初级加工和粗加工，企业的技术人员少、没有研发机构、研发力量薄弱，自主创新能力不强，生产技术、工艺保守落后。应通过加工企业与科研单位的紧密合作，改变栗产品加工的落后局面。企业应利用高校、科研院所的科研资源，搭建政府支持、金融扶持的产学研合作平台联合开展技术攻关，以提高研发能力。同时，还可以在合作中引进人才，培养企业自身的研发力量，提高企业的自主创新能力，加速技术成果的转移和产业化。

第二节　板栗采收与贮藏技术

一、板栗采收

1. 采收时期

我国板栗的分布范围很广，品种较多，各产区的生态条件差异也较大。不同品种在同一地域的成熟期不同，同一品种在不同地域的成熟期也不同。最早熟品种一般在 8 月下旬成熟，最晚熟品种要到 10 月底，甚至是 11 月上旬才能成熟，而大部分品种在 9 月下旬至 10 月上旬成熟。

栗果增重和营养物质的积累主要在生长后期，一般在充分成熟前 15～20 d 增长最快。试验表明，板栗提早 5 d 采收单粒重减少约 20%，提前 13 d 采收单粒重减少约 50%。随着采收期的提前，板栗果实在保鲜贮藏过程中的腐烂损失率也相应增加，采收越早腐烂率越高。如采收过晚，栗苞开裂后果实会从栗苞中自然脱落而被污染，遇阴雨天气也易造成腐烂损失。所以采收过早或过晚，都会造成不必要的损失，正确把握采收时期是获得较好质量和较高产量的前提。

板栗的最佳采收期应是在栗苞开裂后而栗果尚未脱落前。由于每棵树的栗苞不可能在同一时间开裂，因此应在至少有 1/3 以上的栗苞开裂后进行采收。

2. 采收方法

应选择晴天进行采收，阴雨天、雨后初晴或早晨露水未干时都不宜采收，否则腐烂率，不利于贮藏。在采前要除尽树下杂草，松土并保持地面平整，以便收集栗果和球苞。主要有拾栗子和打栗子2种板栗采收方法。

（1）拾栗子

在板栗充分成熟，栗苞已经裂开并掉下后进行采拾。由于栗果在夜间脱落较多，为防止日晒失水，最好每天上午捡拾1次，捡拾前应先摇晃几下栗树。用这种方法采收的栗果发育较成熟，外观美观，富有光泽，风味良好，耐贮藏，产量较高。但由于此法费时费工，而现在农村的劳动力资源日趋紧缺，一般都不再采用此方法。

（2）打栗子

在板栗成熟季节，用竹竿或棍子将树上的栗苞打下来，捡拾栗苞集中堆放数天，待栗苞开裂后取出栗果。这种方法采收时期集中、省时省力，但有部分板栗未充分成熟，影响质量。

我国大部分的板栗产区都采用打栗子的方法进行采收，收回的栗苞大多数还没有充分成熟。这些栗苞含水量大、温度高、呼吸作用强烈，栗果也难以被取出，因此必须进行堆放以促进后熟和着色，促使栗苞开裂以利于脱粒。

二、板栗的保鲜贮藏

1. 板栗贮藏前的预处理

板栗是一种优良的干果，但不像其他干果一样耐贮藏，在贮藏过程中常遇到生虫、发芽、霉烂等问题，使果实的商品质量降低、贮藏时间缩短，造成大量的损失。板栗贮藏效果的好坏在很大程度上取决于采后的预处理。主要的预处理有以下4方面：

（1）预冷处理

预冷处理，即"发汗"散热处理，是板栗采收后进入贮藏前必不可少的环节。其目的是加速散发田间热，降低板栗果实的温度和呼吸强度，以延长保鲜贮藏期、改善保鲜贮藏的效果，减少腐烂，提高栗果的品质。

预冷处理的方法一般是将栗果摊开风凉。一般选择温度较低、通风条件好的室内或遮阴棚下，堆放厚度以15～25 cm为宜。在预冷过程中每天需翻动3～4次，一般预冷1～3 d即可进行贮藏。

（2）灭虫处理

防治虫害是板栗贮藏的一个关键问题。对于已采收的板栗要进行防虫处理，一般采用集中熏蒸灭虫的方法进行。根据板栗数量的多少，选择大小不同、密闭不漏气的室内，采用二硫化碳、溴甲烷、磷化铝等药剂进行熏蒸。有些山区把装袋的板栗浸没在流动的溪水中冲洗 2～3 d 进行隔氧灭虫也有一定的效果。

（3）防发芽处理

如果板栗采用常规的方法来贮藏，在遇到较高温度或贮藏时间较长时，其休眠状态易被打破，呼吸作用增强，胚芽萌动，并逐渐出现发芽的现象，降低果实的品质。防止或避免板栗在贮藏过程中发芽，是保证栗果贮藏效果、提高栗果品质和商品价值的一个重要措施。试验表明，采用 2％的焦亚硫酸钠加 4％的 NaCl 溶液浸果 30 min，或利用 NaCl 和 Na_2CO_3 的混合溶液处理，或采用一定浓度的青薛素、萘乙酸、B9 浸果 3 min，都可显著降低栗果在贮藏中的发芽率。

由于板栗的冰点在 $-5～-4℃$，采用 $-4～-2℃$ 的临近板栗冰点的低温贮藏板栗，也可以完全抑制板栗在贮藏中的发芽现象。另外，利用 200～250 Gy 辐照剂量的 γ 射线辐射板栗，对抑制板栗发芽效果也很显著。

（4）防腐处理

栗果腐烂是影响板栗保鲜贮藏的最重要因素之一。为了减少和防止板栗果实在保鲜贮藏中的腐烂现象，除在生长季节加强对病害的防治外，还应在贮藏前做好防腐预处理。防腐预处理有药剂处理和辐照处理等方法。

通常用于防止栗果腐烂的杀菌药剂有焦亚硫酸钠、甲基托布津、高锰酸钾、多菌灵、溴氯乙烷和仲丁胺等。一般防腐预处理所使用的辐照剂量在 500～2 000 Gy，辐照剂量过低时灭菌效果不好，辐照剂量过大时会导致板栗组织受伤而加速腐烂。

2. 板栗的保鲜贮藏方法

板栗属于不耐贮藏的干果，在贮藏过程中有五怕：怕干、怕水、怕闷、怕热、怕冻。贮藏方法、贮藏工艺以及管理措施实施的好坏，直接影响板栗的贮藏效果。板栗的保鲜贮藏方法很多，既有窖藏法、窑洞贮藏法、带苞贮藏法、沙藏法等传统的贮藏方法，也有低温冷藏法、空气离子贮藏法等现代贮藏方法。当前，我国板栗的贮藏已经很少用传统方法，多用低温冷藏或气调贮藏，但种用板栗的贮藏还经常采用传统方法。

（1）传统的贮藏方法

1）窖藏

窖藏法以地窖为贮藏场所。地窖内的温度与地温相同，湿度较大，温湿度比较稳定，只要加强管理、严格把握各个环节，就能收到很好的贮藏效果。

栗果入贮前首先要把贮藏窖打扫干净，并进行消毒灭菌处理。准备入贮的栗果先散热预冷 3～4 d，拣除病虫果、裂口果以及色泽不良的果实，对栗果进行灭虫、防腐、防发芽等处理。将处理好的栗果按15～20 kg定量装入事先经过消毒的藤条筐、竹筐或塑料筐，在贮藏窖内按3～5层摆放整齐，中间留有30～50 cm的过道，以便随时检查。

在贮藏过程中要定期下窖进行检查，发现问题及时解决。一般窖藏法能贮藏板栗2～3个月，效果较好。

2）窑洞贮藏

我国大部分板栗产区都在山区，因此可采用窑洞贮藏法保鲜贮藏板栗。窑洞受外界条件的影响较小，具有很好的恒温高湿条件和密封性能，所以对板栗具有较好的贮藏效果。

贮藏前要对窑洞进行消毒处理。在贮藏期间，窑内的温度和湿度要通过换气进行调整，每次换气的时间应依窑内的温度和湿度而定，在贮藏开始时每次换气的时间可控制在8～10 h，随着贮藏时间的延长，可适当缩短换气时间。窑内的相对湿度也会随着不断换气而渐渐降低，这时要视情况进行增湿，使窑内湿度始终保持在90%以上。

3）带苞贮藏

贮藏量不大时可采用带栗苞贮藏的方法进行贮藏。贮藏场所一般选择阴凉、排水良好的场地或室内。要求在晴天采收栗苞，采回的栗苞应完整、无病虫，晾干苞刺上的水分。

首先在贮藏场地上铺1层10 cm厚的沙子，在沙上堆放栗苞，栗苞堆放高度一般以40～60 cm为宜，最高不宜超过1 m，以防止堆内发热而霉变腐烂。堆好后覆盖秸秆或草帘，秸秆或草帘须用高锰酸钾溶液浸泡或用硫黄熏蒸消毒。苞堆应每隔25～30 d翻动1次，检查堆内是否发热或出现霉烂等异常现象。有时苞堆上层的栗苞及栗果会失水干燥，这时可适当喷水来降温和保湿，也可喷洒0.03%的高锰酸钾溶液，既能降温保湿，还有消毒灭菌的效果。此法贮藏板栗的优点是栗苞带刺，具有保护作用，不易玷污和擦伤栗果，还能减少鼠害，一般可贮藏5～6个月。

4）沙藏

沙藏法是我国北方板栗产区最传统的板栗贮藏方法。场地要求选择在冷凉背阴、排水方便的地方，或在四周及顶部搭遮阴棚，也可在室内进行。贮藏所用的沙子用筛洗干净的粗河沙，先在阳光下曝晒2～3 d，用时加入0.1%的甲基托布津水溶液，在加湿的同时消毒灭菌。河沙湿度以6%～8%的含水量为宜。

板栗在贮藏前先用0.03%的高锰酸钾水溶液漂洗，去除浮于水面的不成熟、风干果以及病虫果、霉烂果，并拣出受伤裂口等次果，捞出下沉的成熟栗果，摊开晾干表面水分。一般1份果用2份沙，先在地面上铺1层10

cm厚的沙子，然后按1层栗1层沙的顺序进行堆放。沙堆的高度以40～50 cm为宜，最后在上面和四周覆盖10 cm厚的湿沙。

应隔5～7 d翻倒1次沙藏堆，以利散热并拣出烂栗，保持含水均匀。当气温下降到0℃左右时，要注意在贮藏堆上进行覆盖保温。另外，在沙藏时可每隔1～1.5 m埋入1根竹竿或高粱秆进行换气，这样可不用翻堆。一般用作种子的栗果多用此法贮藏。

（2）现代贮藏技术

1）低温冷藏

低温冷藏法对板栗有很好的保鲜贮藏效果。利用低温冷藏法贮藏板栗能够抑制板栗发芽，有效地减少栗果的损耗，许多大型企业一般都采用此法。但建设冷藏库的投资比较大，小型企业和板栗生产专业户难以承担。现在有些地方经过试验，已建成经济实用的小型板栗保鲜贮藏库，其占地面积小、投资少、容易建设，保鲜贮藏的效果也不错。

2）空气离子贮藏

空气离子法贮藏板栗的基本原理是：利用空气离子发生器使板栗贮藏环境中的空气在电晕放电的情况下电离，产生大量的臭氧和负离子，从而钝化酶的活性、抑制板栗果实的呼吸强度、延缓生命代谢活动、防止有害物质的产生、杀死病原微生物，达到防止腐烂和失重变质、实现保鲜贮藏的目的。

此法一般选用阴凉通气的民房、仓库、地下室作为板栗的贮藏场所。在板栗的存放过程中，定时通电让空气离子发生器工作，以产生空气离子和臭氧进行栗果的保鲜贮藏。另外，由于贮藏初期板栗的呼吸作用比较强烈，塑料帐内的二氧化碳浓度增加较快，间隔5 d左右需要打开塑料帐进行换气，在贮藏中期可以不换气，后期每周换气1次。使用此法贮藏板栗具有简便、易操作、管理方便等特点。

（3）其他的板栗保鲜贮藏法

在板栗产区，少量贮藏板栗时经常用到下列几种方法：

1）木屑混藏

木屑松软，具有隔热性能，是良好的贮藏填充材料。在板栗保鲜贮藏时，以含水量在30%～35%的新鲜木屑为好。如果用干木屑，可用0.5%的高锰酸钾溶液进行加湿、消毒。有2种木屑混藏法：一是将完好的栗果与木屑混合后装入箱等盛具内，上面盖8～10 cm厚的木屑，置于阴凉通风处；二是在通风凉爽的室内，用砖头围成面积为1 m²、高40 cm的框，先垫上约5 cm厚的木屑，然后将板栗与木屑按1∶1的比例混合后倒入框内，上面再覆盖约10 cm厚的木屑。

2)塑料薄膜袋贮藏

刚采收的板栗由于呼吸强度大，不宜立即装入无孔塑料薄膜袋中进行贮藏。栗果要经过杀虫灭菌处理、表面晾晒干燥后再装入带孔塑料袋，置于筐中堆放在消毒后的干净仓内。当室温在 10℃ 以上时打开袋口，室温在 10℃ 以下时则要把塑料袋口扎紧。在贮藏初期，每隔 7～8 d 翻动 1 次，1 个月后翻动的次数可适当减少。

3)坛罐保藏

去除蛀果、霉烂果以及未熟的板栗果，经灭菌处理后放入干净的坛罐内（切忌用装过油脂、酒、醋等带有异味的坛罐），装至八成满时，上面用栗叶、稻草以及栗苞壳等物塞实，然后将坛罐口朝下倒置于干燥的地面上，置于不受阳光照射的阴凉处，一般可保鲜板栗 3～5 个月。

4)与豆类混藏

秋收时将黄豆、绿豆等杂豆晒干存放于坛内。板栗采收后，将新鲜的板栗果实与豆类混合后装于坛内存放，可保存板栗 6～8 个月不霉烂、不被虫蛀、味甜新鲜。

5)缸藏

用普通大水缸，将缸底架空，铺上鲜松针，上面放 1 层有孔塑料编织网，在缸中央竖立 1 根竹编圆筒，在缸四周垫鲜松针。将板栗放入缸后，在上面再覆盖 1 层 50 cm 厚的松针。为了保持缸内的湿度并有利于杀菌，在缸底可倒入约 5 cm 高的 10% 的高锰酸钾溶液。用该法贮藏的板栗果实外观新鲜饱满、色泽光亮，风味品质优于沙藏。

6)干藏和挂藏法

此法常在交通不便的山区使用。采收后脱除栗苞，除去虫蛀果、霉烂果后倒入已烧开的沸水中煮 5 min，捞出摊开、晾干，装入通风的袋内或篮内，挂在屋内通风干燥处自然风干。用此法贮藏的板栗因果实失水太多，风味不及新鲜的板栗，商品价值也有所下降。

此外，在民间还有糠藏法、竹篮浸水贮藏法以及池藏法等多种其他方法。

第三节　板栗的加工产品

一、板栗食品的加工

板栗营养丰富，果肉含水量在 50% 左右，除含淀粉和糖以外，还含蛋白质 5.7%～10.7%、脂肪 2%～7.4%，并含维生素 C、维生素 B_1、维生素 B_2、维生素 B_6、维生素 A 等多种维生素以及钙、磷、铁、钾等多种矿质元素。

在板栗的加工利用方面，国外主要将板栗加工成粉，再作为食品添加料用来加工面包、糕点等食品；我国以糖炒栗子为主，沿用古老的炒食方式，现炒现售，不能长期存放。为了科学合理地利用我国的板栗资源，我国科研人员开展了对板栗加工制粉及板栗新食品的研发工作，取得了一系列的成果，开发出了板栗粉、板栗罐头、速冻板栗仁、板栗脯、板栗酱、板栗饮料、板栗酒等系列新产品。

1. 糖炒栗子

糖炒栗子是我国传统的板栗加工产品，具有浓郁的板栗芳香，深受消费者欢迎。其加工工艺简单，投入很小。

2. 板栗生粉

（1）工艺流程

鲜板栗→剥壳、去衣→浸泡修整→漂洗→切片→干燥→粉碎→包装。

（2）操作要点

①剥壳去衣。选择符合要求的板栗，采用手工或机械方法剥壳去衣。

②浸泡修整。将去皮后的栗仁立即投入护色液中浸泡，并将有锈斑的部位修去。护色液为 0.1% 的柠檬酸＋0.05% 的亚硫酸氢钠溶液，浸泡时间为 20～30 min，浸泡后用清水将栗仁漂洗干净。

③切片。用不锈钢刀将栗仁切成 2～3 cm 厚的薄片。

④干燥。切片后用烘干机干燥，干燥温度为 50℃。

⑤粉碎。将干燥后的栗片进行粉碎，并使栗粉细度达到 80 目以上。

⑥包装。采用复合膜包装，常温贮存。

3. 板栗熟粉

（1）工艺流程

鲜板栗→剥壳、去衣→浸泡修整→预煮→漂洗→打浆→酶解→调配→均质→喷雾干燥→包装。

（2）操作要点

①剥壳、去衣。选择符合要求的板栗，采用手工或机械的方法剥壳、去衣。

②浸泡修整。将剥壳、去衣后的栗仁立即投入护色液中浸泡，并将有锈斑的部位修去。护色液为 0.05% 的 EDTA-2Na＋0.15% 的亚硫酸氢钠＋0.05% 的维生素 C＋0.1% 的柠檬酸溶液。

③预煮。直接在护色液中预煮，煮沸后在 100℃ 下维持 30 min，使板栗充分熟化。

④漂洗。将预煮后的栗仁用 50~60℃的清水漂洗 3 次。

⑤打浆。将栗仁与水按 1∶2.5 的比例混合，用胶体磨进行磨浆。

⑥酶解。在胶磨后的栗浆中加入适量淀粉酶，在 60~65℃下反应 30 min，然后升温至 95~100℃，保持 5 min 灭酶。

⑦均质。灭酶后在 40 MPa 的压力下进行均质。

⑧喷雾干燥。采用喷雾干燥机进行喷雾干燥。入口温度＜200℃，出口温度＜80℃。

4. 速溶即食板栗粉

（1）工艺流程

挑选板栗→脱壳、去衣→切片→热烫→护色→漂洗→打浆→过滤→精磨→调配→均质→喷雾干燥→过筛→真空包装。

（2）操作要点

1）栗仁的制取与护色

①挑选板栗。挑选成熟板栗，将霉烂、有虫眼的板栗拣出。先将板栗外壳用刀划 1 个小缝，然后在 60~70℃的水中煮 1.5~2.0 min，可方便干净地脱去板栗的壳衣。

②切片。将栗仁切成 1~2 mm 厚的薄片，以利于板栗的熟化和护色。

③热烫与护色。将栗仁片在沸水（100℃）中热烫 2 min，然后捞出放入护色液中护色。护色液的最佳配比为：0.14％的柠檬酸＋0.20％的 EDTA-2Na＋0.5％的 NaCl＋0.03％的维生素 C。护色液的 pH 值为 3.25，温度为 70℃，护色时间为 20 min。

2）栗浆的制取与调配

①打浆。将护色后的栗仁片漂洗后送入打浆机打浆。为了得到浓度合适的浆液，栗、水的质量比选为 1∶5。

②精磨。打浆后的浆液经过滤后送入 JMS-50 变速胶体磨中进行精磨，使栗浆组织细腻、均匀。

③调配。精磨后的栗浆需进行调配，以使产品具有良好的稳定性和口感。

采用加入稳定剂来提高栗浆的稳定性。稳定剂的配比为：0.3％的黄原胶＋0.12％的羧甲基纤维素钠（CMC-Na）＋0.04％的琼脂＋0.40％的蔗糖醋＋0.35％的分子蒸馏单甘酯。另外加入风味调节料：7％的砂糖、0.1％的柠檬酸。

栗浆调配时，预先将琼脂浸泡 12 h 以上，其他稳定剂可与砂糖混匀后在不断搅拌的情况下加入栗浆。

3）速溶即食板栗粉的制取

①均质。调配好的栗浆用均质机在 70℃、40 MPa 的压力下均质，使粒径

在 2 μm 左右，栗浆组织达到均匀、细腻状态。

②喷雾干燥。将均质好的栗浆迅速进行喷雾干燥，这样即能节约能源，又能提高产品的质量。喷雾干燥的热风温度为 160～170℃，排风温度为 35～40℃。

③过筛。将喷雾干燥后的栗粉用 80 目的筛网过筛，使栗粉得到及时冷却，并使粒度均匀。

④真空包装。采用铝箔袋真空包装。

5. 板栗果酒

(1)工艺流程

原料→精选→去壳衣→磨浆→糊化、糖化→过滤→调配→(用活化的干酵母)接种→发酵→陈酿→澄清→过滤→灌装→灭菌→成品。

(2)操作要点

①原料脱壳去衣。板栗挑选后经振动筛分级，然后用板栗脱壳机去除板栗的外壳和内衣，将栗仁浸入混有 0.1％的柠檬酸＋0.2％的偏重亚硫酸钾的水溶液中。

②磨浆。栗仁经粉碎后用磨浆机磨浆，磨浆前按浆液质量的 0.01％加入偏重亚硫酸钾，并按栗仁质量的 2.5～3.0 倍加入水。

③糊化、糖化。浆液磨好后，泵入夹层锅中，开启搅拌，调整浆液 pH 值至 6.0，按其质量的 0.02％加入活化好的淀粉酶，并按 0.02 mol/L 的浓度加入氯化钙，加热至 70℃后保温 30 min，然后升温至 90℃保温 20 min，再降温至 60℃，调整浆液的 pH 值至 5.0，按其质量的 0.1％加入活化的糖化酶，60℃保温至糖化醪中的可发酵性糖含量不再增加为止，降温至 55℃，按质量的 0.1％加入果胶酶，50℃保温酶解 1 h。

④过滤。将糖化醪用 100 目滤布过滤。

⑤调配。用蔗糖调整，使糖化醪中的糖度达到 15％，同时，用柠檬酸溶液调节，使糖化醪的 pH 值在 3.5 左右，既利于酵母菌生长繁殖，也可抑制杂菌生长。

⑥接种、发酵。将活性干酵母按 1∶15 的比例溶于 35～40℃的温水中进行活化，当料液的温度降至 30℃时，即可按料液质量的 0.3％接入活化酵母，于 25℃的密闭发酵罐中发酵 5 d 左右，待发酵液中的残糖降至 0.5～0.6 g/100mL 时，降温至 20℃左右继续发酵 4 d，然后终止发酵。此时残糖降至 0.2～0.3 g/100mL，挥发酸为 0.5 g/100mL。

⑦陈酿。经 2 次换桶，每次均需加入一定量的偏重亚硫酸钾，以抑制美拉德反应，使游离 SO_2 的浓度保持在 20～50 mg/L，并控制温度在 10～15℃，时间为 6～12 个月。

⑧澄清。板栗酒液采用酪蛋白-单宁法进行澄清，在每升酒液添加酪蛋白0.2~0.4 g、单宁0.1~0.16 g，搅拌均匀后进行絮凝澄清。用该法澄清的酒液更富光泽。

⑨过滤。在10~25℃的条件下，用硅藻土过滤机过滤。

⑩灌装。采用棕色瓶灌装，灌装前用氮气喷射，排除瓶内的空气。灌装后及时压盖密封，避光保存。

⑪成品。灌装后在60~70℃条件下保温10 min进行灭菌，经检验、贴标后即为成品。

6. 板栗乳酸发酵饮料

（1）工艺流程

板栗剥皮、去内衣→煮沸糊化→破碎→液化→糖化→灭酶→冷却→过滤→调配→杀菌→接种发酵→检验→成品。

（2）操作要点

①剥皮、去内衣。板栗原料经过挑选，采用手工或机械法除去外壳和内衣。

②煮沸糊化。加入4倍栗仁质量的蒸馏水，加热至沸，并保持微沸状态10~15 min，使板栗淀粉充分糊化。

③破碎。糊化后的板栗连同浆液直接用组织捣碎机进行破碎，时间控制在1~1.5 min。

④液化。按板栗果肉质量的0.4%添加α-淀粉酶，在85~90℃下保温处理10 min，使淀粉液化分解成小分子糊精和低聚糖。

⑤糖化。向液化完全的板栗浆液中加入0.3%的β-淀粉酶，在60~65℃下糖化6~7 h。

⑥过滤。用滤布过滤去糖化残渣，得到板栗水解液备用。

⑦调配、发酵。将板栗水解液与牛乳按1∶1的比例混匀，加入占混合液8%的蔗糖和6%的乳酸菌菌种液在45℃下进行发酵，发酵4 h即得到板栗发酵饮料。

⑧成品。发酵好的乳酸饮料可直接饮用或经过罐装、灭菌后出售。

7. 板栗营养面包

（1）原料配方

面粉、10%的板栗粉（相当于面粉的重量百分比）、1.5%的低聚木糖、1.5%的砂糖、2.1%的食盐、4%的人造奶油、8%的活性干酵母、1%的脱脂奶粉、1.5%的鸡蛋、0.8%的面包改良剂、65%的水。

（2）工艺流程

原辅料处理→第1次调粉（面粉60%）→第1次发酵→第2次调粉→第2

次发酵→分割搓圆→成形→入盘→醒发→烘烤→冷却→包装→成品。

（3）操作要点

①原辅料称量及预处理。按配方分别称好各原辅料，然后进行预处理。将水加热到30℃，鸡蛋用清水洗净，奶油熔化待用，面包改良剂、板栗粉与面包粉混合均匀。

酵母活化：按照配方称取定量的干酵母，加适量的30℃的水，在28℃条件下静置6～7 min，当酵母体积膨胀，出现大量气泡时，即可调制面团。

②面团的调制。将水、糖、盐、鸡蛋液加入和面机中，低速搅拌2 min，使糖、盐充分溶化并混匀，然后投入预混粉，换用高速继续搅拌6 min，直至原辅料调制成软硬适宜的面团为止。

③第1次发酵。将调制好的面团置于温度为25～28℃、相对湿度为75%～80%的条件下发酵2～4 h，当面团起发并开始略微塌陷时，可进行第2次调粉。

④第2次调粉。将剩余的原辅料经预处理后，加至第1次发酵好的面团中进行再次调粉，当面团基本光滑，再加入适量的油脂，搅拌均匀后即可进行第2次发酵。

⑤分割搓圆。将发酵好的大块面团按成品质量要求分割成小块面团，再将不规则的面团搓揉成圆球形状，使之表面光滑、结构均匀、不溢气。

⑥醒发。将搓圆整形后的面包坯置于醒发箱内，调节温度在30～36℃，相对湿度为80%～90%。醒发1～1.5 h，待面包坯膨大到适当的体积，便可进行烘烤。

⑦烘烤。在面包坯表面涂上蛋液，并在烤箱内大量喷水，调节炉温，面火为190～200℃、底火为190℃，在烘烤过程中可适量喷水1～2次，烘烤10～15 min，直到面包成熟。成熟后的面包要及时出炉。

⑧冷却包装。等产品出炉冷却后，方可进行包装。

8. 低糖板栗脯

（1）工艺流程

原料挑选→剥壳、去衣→护色→糖煮、填充→糖渍→沥干→包裹→烘干→包装→杀菌→成品。

（2）工艺操作要点

①原料的挑选。挑选新鲜饱满、风味正常、每粒果重在7 g以上的果实，剔除虫蛀果、霉烂干缩果、破碎果及发芽果。

②剥壳。用不锈钢刀将板栗切1个小口，注意切口不要伤及栗肉，在75℃条件下烘烤2 h后剥壳、去衣。

③护色。将剥壳以后的栗仁迅速投入护色液中浸泡护色30 min，护色剂

配比为：0.9％的 EDTA-2Na＋2％的柠檬酸＋1％的亚硫酸氢钠。

④填充剂配制。填充剂选用 CMC-Na，将称好的 CMC-Na 加入等体积的水中，缓慢搅拌使其溶解，搅拌至糊状，无结块，充分溶解均匀。

⑤煮制。配制浓度为 30％的糖液（按比例加入护色剂），并按 1％的比例加入填充剂。按料液比为 1∶3 的质量比放入栗仁，加热至沸腾，维持微沸 30 min。

⑥糖渍。采用冷果热糖的方法进行糖渍。将煮制好的板栗取出冷却，然后投入原糖液中糖渍 1 d。

⑦包裹。取出糖渍后的栗子，用清水冲洗干净表面黏附的糖液，沥干水分，然后将栗仁在 1％的壳聚糖溶液中蘸 1 min 进行包裹。

⑧烘干。将包裹后的板栗整齐地摆在托盘上，放入 70℃的烘干机中烘干，中间要翻动 2 次。烘干约 50 min，至表面不黏手为止。

⑨包装、排气、杀菌。将烘好的栗脯放入清洁无菌的罐头瓶中，沸水排气 5 min，封口，在 121℃的温度下杀菌 15 min，冷却至常温。

9. 原色栗脯

（1）工艺流程

原料选择→烘烤→剥壳、去衣→护色→糖煮（40％的糖液）→浸糖→沥干表面糖液→烘干→冷却→分级装袋→密封→成品。

（2）操作要点

①原料准备。选择新鲜饱满，大小均匀，无虫蛀、霉烂、破碎或发芽的优质栗果，清洗后用不锈钢刀在板栗上刻口，以不伤果肉为宜，然后放入烘箱，于 75℃烘烤 2 h 后剥壳、去衣。

②护色。将剥壳、去衣后的栗仁立即放入护色液中护色 50 min。护色剂的配比为：0.3％的柠檬酸＋0.05％的 EDTA-2Na＋0.5％的维生素 C＋0.15％的亚硫酸氢钠。

③糖煮。把护色后的栗仁放入烧开的 40％的糖液中，同时在糖液中加入护色剂，加热糖煮 25 min。

④浸糖。糖煮后的栗仁连同糖液一起倒入不锈钢容器中，浸糖 10～12 h。

⑤再糖煮、浸糖。将浸糖后的栗仁连同糖液一起再加热煮沸 10 min，浸糖 4～6 h。

⑥烘干。浸糖完毕后，捞出栗仁放入竹筛中沥干表面糖液，放入烘干机中先在 45℃烘烤 2～3 h，然后升温到 70～75℃烘烤 8～10 h。

⑦冷却、包装。将烘好的栗仁取出放入无菌室，待其完全冷却后进行分级包装。

10. 速冻板栗仁

（1）工艺流程

板栗选料→剥壳、去衣→钝化酶→冷却→护色→沥水→速冻→包装→冻藏。

（2）操作要点

①选料。以新鲜、无霉变的板栗为宜，同时按果粒的大小分级，以便提升商品的价值。

②剥壳、去衣。采用剥壳机剥壳，不可伤及果肉。用于小型试验时可以用手工剥壳。

③钝化酶。将剥壳后的栗仁立即投入 95～98℃ 的热水中，时间为 3 min，杀灭表面微生物及酶活性，热烫后需要立即冷却。在钝化酶热水中加入 0.3% 的植酸、0.3% 的抗坏血酸、0.7% 的柠檬酸、1% 的氯化钠，用磷酸调节 pH 值至 3.0。

④冷却。采用分段冷却法：50～60℃ 水冷却 1 min，室温水冷却 1 min，再用 0℃ 冷水使其充分冷透。

⑤护色。将冷却后的板栗仁投入护色液中，浸泡 30 min 取出。护色液的配方为：0.3% 的抗坏血酸、0.7% 的柠檬酸、0.3% 的植酸、1% 的氯化钠。

⑥沥水。将栗仁表面的水沥干，如果栗仁表面的水分过多，冻结时易成块，不利于包装，影响商品的外观，还可能与设备冻结在一起，影响正常的生产。本工艺采用离心机沥水，将栗仁置于离心机中，开机 10～15 s 沥水。

⑦速冻。采用流化冷冻法，将板栗仁铺放在网带上，厚度为 10～15 cm、冷空气温度为 -40～-35℃、网带转动的速度为 4～6 m/s。板栗仁由室温降至 -18℃ 一般需要 20～25 min。

⑧包装。包装应在 -5℃ 的低温条件下进行，防止因包装温度过高而使板栗仁表面结霜。采用真空包装。包装材料选择阻隔性好、机械强度高、耐热的复合薄膜包装袋，包装质量一般以 1～10 kg 为宜，抽真空，热合封袋；或者用纸箱包装。

⑨冻藏。将包装后的速冻板栗仁迅速放入 -18℃ 以下的条件下冻藏。速冻板栗仁的冻藏保质期为 12～18 个月。

11. 真空冻干栗仁

（1）工艺流程

板栗剥壳、去衣→清洗→预煮→护色→沥水→装盘→预冻→冻干→出仓→包装。

（2）操作要点

①原料与处理。板栗经挑选后，剥壳去衣，清洗干净表面后在 100℃ 的沸

水中预煮 1.5 min，然后立即放入护色液中护色。护色液用 0.15% 的 EDTA-2Na＋0.05% 的维生素 C＋0.15% 的半胱氨酸配制，用磷酸调护色液的 pH 值至 3.0。

②预冻。由于栗仁的共晶温度为 -28～-26℃，预冻时速度控制在每分钟下降 1～4℃，预冻至温度为 -35℃。

③真空干燥。将预冻的栗仁移入干燥仓内，在 3～5 min 内将冷冻温度降至 -50℃，再启动真空泵抽真空，当干燥箱内的真空度达到 40 Pa 时，给隔板加热，开始进行真空冷冻干燥。升温至 60℃ 升华，升华时间为 8 h。然后升温到 75℃，在 75℃ 条件下解析 3 h，真空度一直保持在 40 Pa 不变。在升华过程中除去栗仁全部水分的 90% 左右，解析后栗仁的含水量降到 5% 以下。

④包装。物料出仓后及时进行真空包装或充氮包装，以防止物料的吸水和氧化。

12. 板栗泥罐头

（1）工艺流程

原料挑选→剥壳→除内衣→护色→漂洗→预煮→磨浆→配料→浓缩→装罐密封→灭菌→成品。

（2）操作要点

①原料挑选、剥壳、除内衣、护色、漂洗和预煮。这 6 个工序与糖水罐头的加工方法基本相同。不同之处在于加工板栗泥罐头对原料板栗的大小重量无要求，只要无病虫害及霉烂、香味正常的板栗果实都可加工。由于不要求栗果完整，所以可采用机械方法去皮。

②磨浆。用不锈钢片磨或石磨将经过预煮后的果肉磨成浆，磨浆时要适量加水。

③配料浓缩。板栗的淀粉含量很高，具有形成凝胶的良好条件，只需要在加工过程中适量配糖，采用慢火熬煮，并边熬边搅拌，以保证均匀受热。一般加糖量为原料板栗质量的 50%～80%。接近浓缩终点时加入 0.03% 的山梨酸钾、0.03% 的柠檬酸后充分拌匀，即可出锅装罐。

④装罐封口。采用玻璃瓶灌装板栗泥产品。灌装前必须对玻璃瓶进行清洗消毒，灌装好后立即加盖密封。

⑤灭菌。装瓶密封后的产品应马上送入灭菌室进行灭菌处理。灭菌公式为：10 min—30 min—10 min/100℃。

⑥成品。灭菌完毕待其冷却后，擦净罐头表面水分即可进行贴标、装箱、入库。

13. 栗子蜜饯

（1）工艺流程

原料→清洗→去皮→预处理(护色)→第 1 次煮制→糖渍→第 2 次煮制→糖渍→第 3 次煮制→糖渍→分级包装→灭菌→成品。

(2)工艺操作要点

①原料选择。加工栗子蜜饯应选择果形均匀、大小一致的板栗果实作为加工原料。栗果采收后，沙藏 40 d，散热后在加工前将栗果放在阴凉通风的地方使其稍许失水而萎蔫，以避免加工中果肉碎裂。

②去皮。采用机械或人工的方法去皮。为防止栗果破碎，一般加工栗子蜜饯时最好采用人工去皮。

③预处理。将去皮、洗净的精选出的板栗果肉放入不锈钢夹层锅内进行预煮处理。栗子与预煮液之比为 1∶1。预煮液内可加入适量的褐变抑制剂，用文火缓慢加热，大约用 50 min 的时间，使水温升到 93℃，并维持 10～15 min，如颜色仍不理想，可在出锅时停留 10～30 min。

④煮制与糖渍。预煮好的板栗果仁经温水漂洗后，首先在浓度为 30％的糖液内煮制，温度从常温升到 93℃时维持约 15 min，然后从锅内取出放在不锈钢容器内糖渍 24 h；第 2 次煮制时，将第 1 次煮制的果肉连同糖液一起从糖渍容器内取出，放入糖煮锅内，调节糖液浓度到 45％，煮制约 15 min，温度不超过 85℃，将煮后的栗肉同糖液再放入糖渍容器内浸渍 24 h；第 3 次煮制时调节糖液浓度到 55％，煮制时间约为 10～15 min，在这段时间内加入适量的甘草、香兰素、桂花和蜂蜜等搅拌均匀，再出锅进行糖渍，第 3 次糖渍时间可从 24 h 延长到 48 h。

⑤分级包装。经数次煮制的栗仁有可能出现开裂和破损，应按破损程度进行分级，然后再分别装入玻璃瓶和蒸煮袋内密封。

⑥灭菌。装入玻璃瓶或蒸煮袋内的栗仁，由于渗糖浓度还没有达到 67％以上，单靠糖的渗透压还不能抑制微生物的生长繁殖，所以还要进行灭菌。灭菌时将糖浸栗仁装入 250 mL 的玻璃瓶或 100～200 g 的蒸煮袋内，在 100℃的条件下蒸煮 15 min，然后冷却至常温。

二、板栗的功能保健食品

板栗不仅含有丰富的营养物质，而且具有保健价值。现代研究认为，板栗中含有丰富的不饱和脂肪酸和多种维生素、矿物质，能预防高血压病、冠心病、动脉硬化、骨质疏松等疾病，是延年益寿的滋补佳品；板栗含有核黄素，常吃板栗对日久难愈的小儿口舌生疮和成人口腔溃疡有益；板栗还是碳水化合物含量较高的干果品种，能供给人体较多的热能，并能帮助脂肪代谢，具有益气健脾、厚补胃肠的作用；含有丰富的维生素 C，能够维持牙齿、骨骼、血管、肌肉的正常功能，可以预防骨质疏松、腰腿酸软、筋骨疼痛、乏力等症状，是老年人理想的保健果品。

板栗的功能保健食品较多，在此我们就不做详细的介绍了。

参 考 文 献

[1] 北京农业大学. 果品贮藏加工学(第二版)［M］. 北京：农业出版社，1992.

[2] 陈志周，张子德，田金强，等. 板栗果酒生产工艺研究［J］. 酿酒科技，2005(2)：59-61.

[3] 杜双奎，唐兴芳，于修烛，等. 板栗乳酸发酵饮料加工技术研究［J］. 西北农业学报，2005(5)：135-138.

[4] 高海生，常学东，蔡金星. 我国板栗加工产业的现状与发展趋势［J］. 中国食品学报，2006，6(1)：429-436.

[5] 高海生，刘新生. 不同干燥方法对板栗赖氨酸含量的影响［J］. 食品工业，1993(3)：23.

[6] 管伟举，王海清，郑家丰，等. 速溶即食板栗粉加工过程中的褐变及护色的研究［J］. 食品工业科技，2007(3)：83-86.

[7] 黎继烈. 速冻板栗仁关键加工技术研究［D］. 株洲：中南林学院，2002.

[8] 鲁周民，桑大席，冯剑南. 原色栗脯加工工艺研究［J］. 食品科学，2006(4)：278-280.

[9] 鲁周民，张忠良，丁仕升，等. 板栗新品种与贮藏加工技术［M］. 杨凌：西北农林科技大学出版社，2010.

[10] 马少春. 迁西板栗文化［M］. 北京：九州出版社，2012.

[11] 时兴春，张志富. 栗果贮藏与加工调查研究［J］. 经济林研究，1988，6(1)：29-33.

[12] 田鸣华，周连第，韩长青. 板栗粉的加工［J］. 食品工业科技，2002(8)：103-104.

[13] 王清章，张黄梁. 板栗夹心糕的试制［J］. 中国林副特产，1994(1)：6-7.

[14] 王蕊. 板栗营养面包生产工艺研究［J］. 粮油加工与食品机械，2005(7)：74-75.

[15] 肖玫，刘学伟，廖海，等. 低糖板栗果脯的生产工艺研究［J］. 食品科学，2008(12)：786-788.

[16] 赵丰才. 中国栗文化初探［M］. 北京：中国农业出版社，2006.

[17] 朱京涛，常学东，高海生. 不同干燥方法对板栗赖氨酸含量的影响［J］. 食品科学，2004，25(11)：68-71.

第十章　板栗林下经济与休闲农业

　　林下经济和休闲农业是随着我国经济发展和产业需求而涌现出的新经济活动。板栗作为我国重要的干果树种,在干旱、瘠薄的山区和河滩地可正常地生长结果,既发挥着重要的经济林生产功能,也起着生态防护林保持水土、保护环境的作用,尤其是在坡度陡峭、土层瘠薄、种植环境恶劣的砂石山区,板栗发挥着支柱性作物的作用。近几年来,我国板栗的产量快速增长而经济效益却相对较低,栗农栽培管理的积极性随之降低。林下经济和休闲农业的发展,在不影响板栗栽培的前提下,充分利用板栗的林下空间进行复合高效种植,同时从板栗文化开发和休闲采摘等入手,开发板栗的林下种养经济,打造以板栗为主题的休闲产业和生态循环经济,已成为提高板栗复合效益的新途径,具有广阔的发展前景。

第一节　板栗林下经济

一、板栗林下经济的概念

　　板栗林下经济是指利用板栗的林下空地和林间生态环境,发展农、林、养复合经营的高效生产模式,其特点是以林业用地(特别是山区林地)为主要活动范围,包括与之相连的生态文化资源,以生态学、生态经济学、系统工程为基础理论,以获得经济、生态和社会的综合效益最大化为直接目标,以合理布局、充分利用林下资源发展循环经济为基本思路,以可持续发展为指导原则,不仅能有效地提高板栗园光能、土地和空间的利用率,调动栗农的生产积极性,增加栗农的收益,同时还起到防风保土、改善栗园生态环境、增加生物多样性的作用。

板栗林下经济是近几年兴起的农业耕作方式，有些技术模式比较成熟，有些技术模式还在不断地探索当中。实施板栗林下经济，一是要重视板栗主导产业，不能本末倒置；二是要因地制宜，有效地利用板栗产区的环境和农业废弃物资源，结合市场特点，结合休闲农业对农产品的需求来策划设计；三是要考虑到林下经济的技术全面性，要把板栗管理和林下种养技术进行有机结合，形成配套的完善技术来指导生产，以实现板栗和林下生产的双丰收。

二、板栗林下经济的主要效应

板栗林下经济主要有以下 3 项突出的效应：

（1）板栗林下经济可以增强栗园生态系统的稳定性

板栗林下经济是以充分利用栗园资源和林阴空间为依托发展的产业经济。从林层结构讲，形成上层是乔木层、中间是灌木层、下边是草本和动物、地下是微生物的复合生态结构，进一步提高了栗园生态系统中生物多样性的指数和稳定性。如进行栗桑、栗草、栗药的间作种植，可增加栗园生态系统的生产者；发展栗禽、栗菌产业，可增加栗园生态系统的消费者和分解者（禽类和微生物等），从而使栗园生态系统的物种结构、营养结构和空间结构更趋合理和稳定。从增加栗园的生物多样性方面来讲，林下经济的发展增加了栗园中的动物、植物和微生物，形成了栗园的生态群落，丰富了生物多样性。

（2）板栗林下经济是一种循环经济

板栗林下经济是在充分保护和利用栗园园地资源的基础上发展的，形成的是"资源—产品—再生资源—再生产品"的循环经济网络模式，实现了物质能量流的闭合式循环。一是小物质循环，在板栗林下经济中，栗树抚育和采伐的剩余物可制作成菌棒的培养基质，废弃的菌棒和畜禽粪经消毒处理后可作为栗树、饲料桑、牧草和药材的有机肥。施用有机肥后的饲料桑的蛋白质含量显著增加，提高了禽蛋的产量和质量，畜禽的粪便返土又可给栗树追肥。二是大物质循环，也就是栗园生态系统与其他生态因素的循环。板栗林下经济系统不但为外界提供了大量的有机产品，如食用菌、蛋、肉等，而且减少了废物的排放量，大多数原来的废弃物被循环利用。

（3）板栗林下经济可以提高资源的利用效率

在板栗林下种植适生经济作物，构建了复合生态系统，不仅提高了栗园土地资源的利用效率，还提高了单位面积的生物量和光能利用效率。利用其林下空间发展种植、养殖业，可以取得近期效益，实现长短效益的结合。通过生态效益与经济效益的有机结合，有限的土地资源得到了扩展，形成了土地资源的复合利用。

三、板栗林下经济的发展原则

(1)板栗林下种植的原则

板栗林下种植应以不影响板栗树生长发育为前提。间作物仅限于在栗园行间空地或缺株的空地上种植，要与板栗树保持一定的距离；间作物的生长期要短，养分和水分的吸收量应较少，而间作物大量需肥、需水的时期要和板栗树大量需肥、需水的时期错开；间作物的植株要求矮小或匍匐生长，不能影响板栗树的光照条件；间作物应病虫害较少，并能提高土壤的肥力。

(2)板栗林下种植作物种类的选择

栗园中常用的间作物有豆科、禾本科、甘薯类、草药类和蔬菜类等作物。适于间作的豆科作物有大豆、小豆、花生、绿豆、红豆等，这类作物植株矮小，其固氮作用能提高土壤的肥力，与栗树争肥的矛盾较小，尤其是花生，其植株矮小、需肥水较少，是沙地栗园间作的优良作物。甘薯、马铃薯前期需肥水较少，对栗树的影响不大，而后期需肥水较多，对幼旺栗树树体后期的生长有一定的影响。蔬菜类需要耕作精细、肥大水足，易使栗树不能按时进入休眠状态，从而造成枝条冻害，对栗树的越冬不利。草药类作物一般植株矮小、耐旱或抗旱、管理粗放，作为栗园间作物的效果较好。

(3)发展板栗林下经济应注意的问题

栗树与其他果树(草莓除外)之间不宜间作、混栽。植物间存在相生相克，有些间作物和栗树会发生水分和养分的竞争，有些间作物分泌的特殊分泌物会限制栗树的生长。间作时还需要考虑植物间的异株克生关系，马铃薯与茴香，向日葵、冬油菜与豌豆，芹菜与菜豆、洋葱、韭菜与莴苣，它们的分泌物水火不容，不宜搭配。一些田间杂草，如狗牙草、阿拉伯高粱、鸡脚草、俯仰马唐、小糖草、牛尾草、黑麦草和蓝茎冰草等，它们都能产生异株克生化合物，这些化合物作用于其他物种时，会影响其种子的萌发和幼苗的生长发育。

植物间的相生相克关系对防治、清除栗园的有害生物也有作用。黑麦秸秆在浸水的条件下会释放酚类物质从而抑制藻类的生长。现在发现豆科植物中的长柔毛野豌豆有异株克生作用，有望利用它来抑制栗园杂草。毛苕子当年秋插后，次年春夏便可覆盖栗园的裸地，在其生长区域内几乎不长杂草。由于石蒜(龙爪花)鳞茎中含具有毒性的生物碱，在栗园种植后，既可以抑制其他杂草的生长，还能有效地预防番茄顶枯病。夏至草对栗园害螨有明显的防治效果。荞麦中含有阿魏酸和咖啡酸等，对杂草也有很强的抑制作用。

四、板栗林下经济的主要模式

按照生产方式，板栗林下经济可分为林下种植和林下养殖 2 种类型。林下种植和养殖种类的合理搭配可以分为林粮、林菌、林药、林花等模式，详见表 10-1。

表 10-1 板栗林下经济的主要发展模式及特点

林下经济模式	特 点
林菌模式	利用较好的林下郁闭生态环境发展食用菌。还可探索食用菌野生、仿野生的人工和半人工栽培模式
林禽模式	利用林地空间的优良环境饲养鸡、鸭、鹅等禽类，生产高品质、无公害的蛋禽产品，禽类的粪便等又可增加林地的肥力。应控制单位面积禽类的养殖量，避免对林地环境造成破坏
林药模式	在林间空地间种柴胡、黄芩、板蓝根等药材，实现林药互养互惠。对这些药材实行半野化栽培，管理起来相对简单
林草模式	林间种植苜蓿、二月兰、三叶草、紫叶苏、薄荷等绿肥和趋避植物
林花模式	以林下种植玫瑰、茶菊、食用菊花为主。该模式适于幼树栗园
林粮模式	栗园间作绿豆、红小豆等特色小杂粮。这些作物属于浅根作物，不与栗树争肥争水，且覆盖地表，可防止水土流失。该模式适于幼树栗园
林菜模式	栗园间作特色蔬菜，发展无公害绿色蔬菜种植。该模式适于幼树栗园
林油模式	板栗林下种植花生、大豆等油料作物，覆盖地表，防止水土流失。利用油料作物的固氮根瘤菌可以提高土壤肥力

利用板栗林特有的生态景观和板栗民俗文化，结合以上多种板栗林下经济模式，可以开展休闲旅游、种植采摘、科普教育等丰富多彩的活动，这属于板栗林下经济的一种新型发展模式。这种模式迎合了当前休闲农业的发展需要，将单纯的板栗生产变为集休闲、观光、生产为一体的综合发展模式，可提高栗园的经济效益。

五、栗蘑栽培技术及效益分析

我国板栗林下的栗蘑种植较早，以河北、北京和浙江的种植面积较大。栗蘑又叫灰树花（图 10-1），是一种菌体，其子实体形似盛开的莲花，扇形菌盖重重叠叠。野生栗蘑发生于夏秋季节栗树的根部周围及栎、栲等阔叶树的树干及木桩周围，它会导致木材腐朽，是木腐菌。栗蘑是珍贵的食、药两用菌，无论是干品还是鲜品都为人们所喜爱。栗蘑高蛋白、低脂肪，必需氨基酸完全，富含多种维生素，食味清香，肉质脆嫩。栗蘑具有极高的医疗保健功能。据文献报道，口服栗蘑干粉片剂有抑制高血压和肥胖症的功效。我国的野生栗蘑主要分布于河北、黑龙江、吉林、四川、云南、广西、福建等地。

图 10-1　栗蘑

图 10-2　河北迁西板栗林下的栗蘑
仿野生种植

板栗林下栗蘑栽培的成功，是我国林下经济林菌栽培成功的重要典型之一。板栗林下具有宽敞的空间、栗蘑生长所需的优越的环境因子。将板栗树修剪下的废弃枝条和采收后的刺苞用作栗蘑菌袋制作的原料，采用小拱棚仿野生模式种植，投资少、见效快（图 10-2）。栗蘑的产销不但能够直接带来很高的经济效益，而且能够为大都市乡村休闲旅游增加采摘、种养等体验式项目，从而实现板栗林下综合高效的经济效益，使林地生态系统循环发展，维持了板栗林的生物多样性。

隗永青等连续 2 年在北京郊区的杏树台村进行了板栗林下栗蘑栽培的试验，并对经济效益进行了分析总结：

1. 试验地情况

北京市怀柔区九渡河镇杏树台村属华北经燕山山脉向内蒙古高原过渡的阶梯地带。全村海拔高度在 200～1 530 m，年平均气温为 6～8℃，夏季最高气温为 35℃，冬季最低气温为−29℃，日照时间长，光热充足，全年日照时间平均约为 2 500 h，无霜期为 160 多 d。平均降水为 400～600 mm，年平均相对湿度为 42.8%。水资源比较丰富，且水质优良。板栗产业是该村的主导产业，全村板栗的种植面积超过 333 hm²，人均拥有板栗 268 株，多为 10 年以上树龄，正值盛果期，每年修剪下来的板栗树枝多达 280 t，具备栗蘑的生产条件。同时该村及周边邻村有可观的乡村旅游接待能力，与北京市区之间交通便利。

2. 林下栗蘑的栽培技术

(1)栗蘑菌袋的生产技术

根据栗蘑适宜的出菇期来确定菌袋的生产期。北京地区一般在 11 月至次年 3 月制备菌袋，根据生产量要求可提前至 10 月，利用秋温发菌。栗蘑的菌丝耐寒，菌袋可越冬贮存。

1)备料与处理

利用板栗树的树枝加工成的木屑(颗粒大小为 3～5 mm)作为栗蘑栽培的主要原料。粉碎后的栗木屑经暴晒处理后装袋贮存备用。主料是栗木屑、棉籽壳，要求新鲜、洁净、干燥、无虫、无异味、无污染。辅料可用麦麸、玉米粉、蔗糖等，要求同主料。

2)配方、拌料

试验采用 2 种配方：

①栗木屑 45％、棉籽皮 35％、麦麸 10％、玉米粉 5％、黄豆粉 2％、糖 1％、石膏 1％、生长素 1％，含水量调至 60％。

②栗壳或栗苞(发酵、软化、粉碎)17％、栗木屑 17％、棉籽壳 34％、麦麸 10％、玉米粉 10％、糖 1％、石膏 1％、细土 10％，含水量调至 60％，pH 值自然。

选择好配方，称取原料，用拌料机按容量(一般每次拌 50 kg 干料)、比例将木屑、棉籽壳、麦麸、石膏等干拌 3～5 min，将糖和生长素用热水溶化，随水一起分 3～4 次加入，每加 1 次水，搅拌一会儿，水加足后，要充分拌匀，无干料团，水分均匀一致。也可人工拌料，先干拌 3～4 次，再将糖和促生素随水分次加入，拌 3～4 次，加棉籽壳的料要用旧竹扫帚将棉籽壳打散、拌匀。拌好的料以用手随机抓取后指缝有水滴而不流出为宜，此种状态的混合料含水量在 60％左右。若培养料偏酸，可用 5％的石灰水调节中和至 pH 值为 5.5～6.5，培养料的 pH 值掌握宁酸勿碱的原则，因为碱性会抑制菌丝的生长。

3)装袋

选用耐高温的高密度聚乙烯或聚丙烯塑料袋，脱袋覆土栽培的料袋较小，规格一般为 18cm×34cm，厚为 0.05 mm，能装湿料 1 kg 左右。装袋时应将料面按平压实，松手后指印能恢复，表面平滑无褶。培养料装好后，在料中心扎 1 个圆孔，方便接种后菌丝向下生长。最后套环加塞。装料时注意拣出料中的杂物如木棍、铁钉等，以免扎坏菌袋。装好的菌袋要轻拿、轻放，袋口朝上，不能乱堆乱挤，防止菌袋变形或脱塞。

4)灭菌

一般农户用常压灭菌锅，容积视生产量而定，可自行建造。灭菌温度不要高于100℃，以保证基质中的养分不被破坏。点火后产生蒸汽时，及时打开下面的排气孔，排出冷空气。当有直冲蒸汽排出时，即可关闭排气孔，或保持少许排气。待锅内温度升至100℃后，需连续保持8~12 h。使用时注意菌袋在锅内不能挤压，层与层间要用层屉或菌筐分开，便于蒸汽在锅内均匀流通。

5）接种

接种是菌种生产最关键的一道工序，可采用塑料接种帐，效果很好。塑料接种帐用幅宽为3 m、厚为0.5 mm的农用塑料薄膜制作，长、宽、高均为3 m。制作简单：首先剪取长13.5 m的薄膜作为接种帐的围墙，再取长3 m的薄膜作为帐顶，然后用塑料封口机或电烙铁将2块塑料膜沿边封好。在帐的一侧留1条掩合的交接线，作为接种帐的门，供接种人员进出和通风排湿用。在接种帐的4个顶角各系1条绳子，便于吊挂。

接种前清理好场地，吊挂好接种帐，帐高2.5 m，下面的0.5 m折向帐内。然后将冷却（温度降到30℃左右）的菌棒搬入帐内，沿帐壁堆放，将塑料帐折起部分压紧、压实。在帐中留出空地，放接种桌和便于工作人员走动。准备就绪后，关闭接种帐进行消毒。在接种前8 h，用二氧化氯消毒剂密闭熏蒸4~6 h。接种时挑取蚕豆大小的1~2块菌种接入栽培袋内，要求菌种与培养料接紧。接种完毕后菌棒可就地培养，用种块直接封口，待菌丝团长到5~10 cm后再摘帐。每次可接1 000袋，接种时间在5 h左右。

6）菌袋培养

接种好的栽培袋要放入培养室，立于培养架上保温培养，室内湿度保持在70%以下，避光，日通风1~2次。15 d后加强通风，30 d后菌丝长满袋，表面形成菌皮，然后逐渐隆起呈灰白色至深灰色，即形成原基，可进行出菇栽培管理。

7）栽培袋贮存

采用露地栽培的菌袋，发满菌后若还不到栽培季节，可入库临时贮存，贮存最好在低温下进行。−5~−2℃时可贮存2~3个月，0~3℃可贮存1~2个月，10℃以上时贮存不要超过1个月。贮存方式以层架摊放为佳，因场地限制堆放贮存时应掌握堆放高度不超过1 m。堆放时袋口相对，形成1条通气道。室内湿度大和温度高时，需在堆垛口撒石灰粉以避免污染。贮存时还应防止鼠害，定期检查室内的温度和菌丝的变化。

（2）栗蘑覆土栽培技术

利用板栗林下空间，仿野生出菇环境。栗蘑从栽植到出菇结束约需5个月，管理简单、成本低，栗蘑品质优。北京地区春季清明节前后，一般当地表以下 5 cm 内地温稳定在 10℃左右时开始栽培，各地可根据当地气温条件适时栽培。日光温室栽培可提早 1～2 个月。

1）整地做畦

选好栽培场地后，挖长 3～5 m、东西走向的小畦，过长不便于管理且通风不好。畦宽 50 cm、深 25～30 cm，畦间距为 80 cm，用于行走及排水。在畦四周筑成宽 15 cm、高 10 cm 的土埂，以便挡水。挖出的深层土放一边做覆土用。畦做好后曝晒 2～3 d，以消灭病虫害。栽培前 1 d，在畦内灌 1 次大水，水渗后在畦面撒少许石灰（地面见白即可），以增加钙质和消毒。撒石灰不宜过多，以不影响土壤的酸碱度为宜。

2）菌块脱袋排放

沿菌袋从上口用小刀纵向划开薄膜袋（先取下顶盖），然后用手撕开。如发现有杂菌斑，需用另一把小刀将杂菌块挖除干净，挖下的杂菌块放在 1 个专用桶或袋内，要远离菇场深埋处理。脱过袋的菌块直立排放畦内，菌块之间挨紧，上平，排完菌块后及时覆土，覆土时先填埋四周，再向畦面覆土，畦壁衬塑料薄膜，以防杂土入畦。覆土时须填满菌块间隙，覆土厚度约为 1～2 cm。然后向畦内喷水，小水慢喷，使土湿透。水渗透后，菌块缝隙出现，再覆第 2 层土，填满缝隙后，菌块上覆土约为 1～1.5 cm 厚，再用水淋湿，菌袋不外露即可，然后搭盖小拱棚，罩膜，覆草帘压牢。

3）出菇管理

出菇前棚内挂温湿度计，以便更好地了解棚内温湿度的变化。早春由于温度较低，不能及时出菇，要每隔 7～15 d 向畦内喷 1 次水。

经过 20～35 d 左右适宜温湿度的地下培养，菌丝开始扭结形成菇蕾。一般温度高、覆土薄、畦浅的出菇早，相反则出菇迟。原基形成后要注意增加畦内的湿度，加强通风，增强光照。出菇期菌块含水量应保持在 55%～65%，棚内空气的相对湿度应保持在 85%～95%。注意通风换气，原基形成后对氧气的需求量迅速增加，此时应注意加大通风量，但通风会降低空气的相对湿度，需注意。通风时间每次在 0.5 h 左右，每天 2～3 次，无风或阴天时可通风 1 h。原基形成后，一般棚上草帘斜放（放在南面，北面露着），透光量以棚内能看清书报为准。栗蘑的生长温度范围大多为 14～34℃，最适温度为 22～26℃，当棚内温度超过 30℃时，就应采取调控措施：一是增加喷水次数，二是加盖遮阴物，三是加强通风，还可以往草帘上喷水以降低环境温度。为防止栗蘑菇体沾染沙土，原基分化后可在菇体周围摆放一些小石子（小石子之间应有 2 cm 左右的空隙，使用前需用石灰水做灭菌处理）。

总体而言，栗蘑生长所需环境因子如表 10-2 所示。

表 10-2　栗蘑生长适宜环境条件

条件	菌丝生长阶段		原基分化阶段	菇体生长阶段	
	范围	适宜		范围	适宜
温度/℃	5～35	20～25	18～22	10～26	18～22
相对湿度/%		60	80～90	80～95	85～95
光照/lx		50	200	200～500	
O_2		少	多	多	
CO_2		多	少	少	
pH 值			5.5～6.5		

3）栗蘑的采收及采后管理

栗蘑从原基出现到采摘的时间，在其他条件相同的情况下，随温度的不同而有所变化。在温度适宜的条件下，一般 18～25 d 可以采摘。采摘时间应根据子实体的生长状况来定，一般八成熟就可采摘。采摘标准：一是观察菌孔，幼嫩的栗蘑菌盖背面洁白光滑，成熟时背面形成子实层体，出现菌孔。以刚出现菌孔、尚未释放孢子、菇体达到七八成熟时为最佳的栗蘑采摘时期。二是观察菌盖边缘，光线充足时，栗蘑菌盖的颜色较深，可以观察到菌盖的边缘有一轮白色的小边，当小边白色变得不明显、其边缘稍向内卷时，即为采摘适期。

适时采收栗蘑香味浓、肉质脆嫩，商品价值高。采摘时注意不能损坏栗蘑的根部下方，即菌根，且采前不要灌水。栗蘑采摘后用小刀将菇体上沾有的泥沙或杂质去掉，轻放入筐。拣净碎菇片，清理好畦面。畦内 2～3 d 不要浇水，让菌丝恢复生长。3 d 后浇 1 次透水，继续按出菇前的方法管理，过15～30 d 出下潮菇。栗蘑全部出菇结束后，需要做好场地处理，清理出所有的废弃菌棒做远离菇场处理，并对出菇场地进行灭菌消毒，以备来年继续栽培使用。

4）栗蘑的病虫害诊断及防治

①诊断。一般来说，北京郊区栽培栗蘑有木霉、青霉、毛霉或根霉等杂菌病害感染培养料或菇体，生理病害有栗蘑腐烂病、鹿角菇或空心菇等，虫害有烟灰虫、蛞蝓、鼠妇等。

②防治。

物理防治：选择新鲜、洁净、无虫、无霉、无变质的培养料，用前露天日光曝晒 3～4 d，利用日光中的紫外线杀菌消毒。生产培养中应严格无菌操作，调节好温湿度，加强通风换气，定期交叉喷洒消毒药品，保持空气清新和湿润。注意栽培场地要选在卫生、水电、通风条件比较好的地方，避开低洼、畜禽舍厕和垃圾场，清除四周的杂草、废料，污染物要深埋。

药剂防治：严格执行国家的有关规定，不使用高毒、高残留农药。科学使用农药，注意施药的浓度、方法和时间，有不同作用机理的农药要交替使用，以延缓病菌和害虫抗药性的产生时间，提高防效。允许使用高效低毒农药，每潮最多使用 2 次，施药后距采菇期间隔要在 10 d 以上。

3. 栗蘑林下栽培的效益分析

作者于 2008 年和 2009 年对试验林下栽培栗蘑作了经济效益分析，结果见表 10-3 至表 10-5。

表 10-3　栗蘑林下栽培基础物料投入及成本

所需物料	规格标准	数量	费用/元	备　注
菌袋	干重 0.4 kg	5 000 袋	10 000	2 元/袋
塑料薄膜	宽 1.5 m，厚 6 丝	200 m	800	搭建小拱棚
塑料地膜	宽 0.5 m，厚 2 丝	200 m	100	护畦壁用
木条	长 1.4 m	250 根	250	拱棚支架
竹竿或木棍	长 3～4 m	200 根	300	拱棚架杆
石子	直径 1～1.5 cm	0.3 m³	100	防菇体沾土，包括人工费
草帘	宽 1 m，厚 3～4 cm	200 m	300	用于幼龄树下拱棚遮阴
生石灰	粉末	10 kg	50	场地消毒

注：表中数据为每栽培 667 m² 所需的物料及成本。

从表 10-3 中可以看出，每 667 m² 林下栽培的基础物料成本为 11 900 元，主要为栽培菌袋和搭建小拱棚的投入。结合产量及售价（表 10-4），目前在北京地区林下栽培栗蘑每 667 m² 的纯收益约为 9 100 元（表 10-5）。

表 10-4　2008—2009 年在北京怀柔杏树台村栗蘑产量及售价

时间	栽培规模/袋	产量/kg	销售价格/(元/kg)	平均单棒产量/kg
2008 年	5 000	1 140	20	0.23
2009 年	23 100	4 857	20	0.20
合计	28 100	5 997		0.21

表 10-5　栗蘑林下栽培效益分析

菌棒数量/棒	产量/kg	总成本/元	销售价格/(元/kg)	纯收入/元	备　注
5 000	1 050	11 900	20	9 100	产量按 0.21 kg/袋计，价格为鲜售价格

注：表中数据为每栽培 667 m² 的效益分析。

4.结论

北京郊区板栗主产区有得天独厚的栗蘑生产条件，如果严格按照栗蘑栽培技术要求生产，栗蘑的产量可观。2 年的生产试验表明，北京郊区目前栗蘑林下栽培每 667 m² 的纯收益高达 9 000 多元。但目前北京地区栗蘑的生产规模还很小，市场上很难见到栗蘑销售。生产出来的栗蘑一部分零售给乡村旅游接待餐馆，一部分作为采摘等旅游项目用。因此，未来应扩大生产规模，使栗蘑得以进入北京普通百姓的餐桌。应继续加强对栗蘑栽培菌袋生产工艺的研究，降低投入成本，控制好产中环节，提高栗蘑的产量和质量。还要做好栗蘑产后的采收和贮运工作，以便最终获得更好的经济效益。除此之外，还需要对栗蘑生产过程中的一些关键环境因子做进一步的定量研究。

第二节　板栗文化与休闲产业开发

板栗是我国最早采集食用和栽培利用的果树之一，与桃、杏、李、枣并称五果，具有悠久的、较完善的板栗种植技术，并以此为基础形成了源远流长的板栗民俗文化。目前我国板栗产业面临着加工品带动不足、规模优势尚未得到有效利用等问题，导致板栗生产相对过剩、板栗种植的效益较低。因此，单纯发展板栗林果业已无法满足栗农收入的进一步增加和板栗产业经济的进一步增长。从提升板栗资源利用效率、促进栗产区经济发展的角度，通过对板栗文化的梳理与开发，提升板栗的"观、食、玩"功能，将板栗与休闲旅游相结合，营造板栗文化氛围，打造以板栗为主题的休闲产业，使之成为特色旅游产品，是发展板栗产业、促进栗农收入的重要途径。

在我国板栗的传统产区，板栗对栗乡人民的生活产生了深远的影响，并由此形成了丰富多彩的板栗文化。开发板栗的多元文化，要从景观农业角度出发，结合板栗产区的地形地貌，通过标示特色板栗古树资源，引进诸如红栗、垂枝栗等特色品种，展示板栗现代耕作方式，配以板栗科普与历史文化书画作品展示、古树考究、手工艺品销售等，打造板栗休闲观光走廊，开发板栗特色休闲产品，从板栗的食性、医食性和观赏性等方面营造板栗文化与生态旅游氛围。

一、板栗食文化

板栗饮食文化的开发，主要是从营养学和健康的角度，结合现代人饮食的养生和文化需求，通过包装板栗的传统食品、研究开发板栗的养生食品来营造板栗的特殊餐饮氛围。开发系列化的板栗特定饮食文化产品，让顾客在消费过程中，不仅获得健康养生的食物，而且还能感受到板栗的饮食文化渊源。

板栗浑身都是宝，其医食性价值非常丰富。吃板栗可以益气血、养胃、补肾、健肝脾，生食还有治疗腰腿酸痛、舒筋活络的功效，特别是冠心病、高血压患者，常吃板栗效果明显。常吃板栗对日久难愈的小儿口舌生疮和成人口腔溃疡有益。民间验方中多用栗子，每日早晚各生食1～2枚，可治老年肾亏、小便弱频。生栗捣烂如泥，敷于患处，可治跌打损伤、筋骨肿痛，有止痛止血、吸收脓毒的作用。

板栗所含的淀粉还可为人体提供高热量，富含的钾有助于维持正常的心律，纤维素则能强化肠道，保持排泄系统正常运作。由于板栗富含柔软的膳食纤维，糖尿病患者也可以适量品尝。板栗对肾虚有良好的疗效，故又被称为"肾之果"，特别是对老年肾虚、大便溏泻者更为适宜。但栗子生食难消化，熟食又易滞气，一次不宜多食。最好在两餐之间把栗子当成零食，或做在饭菜里吃。饭后不宜大量食用板栗，以免摄入过多的热量，不利于保持体重。

板栗的果壳和树皮有收敛作用，鲜叶外用可治疗皮肤炎症，栗花能治疗腹泻、根治疝气。中医认为板栗花性味微温、微苦、涩，有健脾止泻、散结消肿之功，适用于泻痢、便血等。板栗叶"为收敛剂，外用涂漆疮"，板栗壳"煮汁饮之，止反胃消渴"，板栗根"治偏肾（疝）气，酒煎服之"。

二、板栗手工艺品

板栗的雄花花型独特，一串串一簇簇生于枝头叶间，它没有芍药的娇艳、桃李的缤纷，但却有芬芳的香气，并具有很强的驱蚊虫效果。在板栗树多的乡村，历来就有将板栗花制成土蚊香——"火绳"，晾干后点燃用来驱蚊虫的习惯，不仅环保无害，而且驱蚊效果显著。因栗花盛开时极其茂盛，除自然掉落外，人工疏雄可为板栗树节约大量的养分，从而提高产量。每年的栗花资源相当丰富，很多栗农会编织出长长的栗花"火绳"供整个夏季使用。在长期的"火绳"编织过程中，勤劳聪明的栗乡人民创造出了丰富多彩的栗花编织技艺。板栗花可以编织出多种动物造型。河北迁西汗儿庄乡的冯国军就是民间栗花编织技艺的重要传承人之一，他编织的十二生肖惟妙惟肖、生动可爱，成为众人争相订制的礼物，还多次参加了国内外民间美术作品展。

板栗枝条具有极好的韧性，可以制作多种造型盆栽产品。板栗树木质较好，也可以雕刻出各种具有文化寓意的产品。对这些产品的开发还可以通过适当的形式让顾客参与体验，从而增加板栗文化对消费者的吸引力。

三、板栗观赏及休闲产业

板栗的观赏性主要体现于栗花、栗果、栗树姿态的美，使人获得心理上的满足感。板栗的雄花序在形态上为长条形，在西南民歌中寓意"直来直去"。北京怀柔的"栗花沟"以赏栗花为休闲主题。栗树的整体姿态优美，百年古栗尤能怡人心智。

发展板栗休闲农业，应以板栗为主题，通过资源配置、景观改造，结合观赏、采摘、休憩等功能进行整体设计，把板栗生产场地、栗产品消费场地与休闲旅游场地有机地结合起来，充分发挥板栗的观赏价值。

建立板栗观赏采摘休闲园是板栗衍生产业的一种很好的形式。园区内可以设置板栗造型雕塑群、板栗景观文化走廊，让游客感受板栗文化。结合园艺栽培与景观技术，种植红栗、垂枝栗等特色品种栗树，游客可以观景休闲、陶冶身心。宣传食用板栗的各种功效，游客可以获得有益的知识。此外，还可以开展板栗盆景开发、板栗艺术品营销、板栗树认养以及游客亲自参与板栗采摘、糖炒栗子等多种活动。

北京怀柔 2014 年第二届板栗文化节，围绕板栗开展了系列休闲文化活动，内容包括明代板栗园揭牌仪式、游园观赏古树、体验采摘、现场品尝、文化摄影展、产业研讨等活动，接待了上万名游客，直接带动了板栗销售量的大幅上升。

参 考 文 献

[1] 隗永青，曹均，曹庆昌. 北京郊区板栗林下栗蘑栽培技术及效益分析 [J]. 中国食用菌，2010，29(2)：21-23，53.

[2] 曹均，曹庆昌. 板栗密植栽培实用技术 [M]. 北京：中国农业科学技术出版社，2010.

[3] 李金海，胡俊，袁定昌. 发展林下经济　加快首都新农村建设步伐——关于发展城郊型林下经济探讨 [J]. 林业经济，2008(7)：20-23.

[4] 孙明德，曹均，王金宝. 板栗产业发展的关键环节分析 [J]. 北方园艺，2011(18)：190-192.

[5] 刘新波. 发展林下经济的几种模式 [J]. 林业科技情报，2007，39(2)：18-19.

索　引

（按汉语拼音排序）